#빠르게
#상위권맛보기
#2주+2주_완성
#어려운문제도쉽게

초등
일등전략

Chunjae
Makes
Chunjae

▼

[일등전략] 초등 수학 3-1

기획총괄 김안나
편집개발 이근우, 김정희, 서진호, 김현주, 최수정, 김혜민, 박웅, 김정민, 최경환
디자인총괄 김희정
표지디자인 윤순미, 심지영
내지디자인 박희춘, 이혜미
제작 황성진, 조규영

발행일 2022년 12월 1일 초판 2022년 12월 1일 1쇄
발행인 (주)천재교육
주소 서울시 금천구 가산로9길 54
신고번호 제2001-000018호
고객센터 1577-0902

※ 정답 분실 시에는 천재교육 교재 홈페이지에서 내려받으세요.
※ KC 마크는 이 제품이 공통안전기준에 적합하였음을 의미합니다.
※ 주의
책 모서리에 다칠 수 있으니 주의하시기 바랍니다.
부주의로 인한 사고의 경우 책임지지 않습니다.
8세 미만의 어린이는 부모님의 관리가 필요합니다.

21 나누어 담을 비닐봉지의 수

생선 가게에서 생선 2두름을 샀더니 생선 2마리를 공짜로 주셨습니다. 비닐 한 봉지에 6마리씩 담아서 냉동실에 넣으려고 합니다. 비닐 몇 봉지에 나누어 담을 수 있습니까?

생선 한 두름=생선 20마리

(　　　　　　　　)

핵심 기억해야 할 것

(생선 2두름)=(생선 한 두름)+(생선 한 두름)이므로 생선 2두름과 생선 2마리는 몇 마리인지 구한 뒤 6으로 나누면 됩니다.

풀이

(생선 2두름)=(생선 한 두름)+(생선 한 두름)
=20+20
=20×2
=❶☐(마리)

(생선 2두름과 생선 2마리)=40+2=42(마리)

⇨ (나누어 담을 비닐봉지의 수)=42÷6
=❷☐(봉지)

답 ❶ 40 ❷ 7

정답 7봉지

22 나누어 담을 상자의 수

바늘이 6개 있습니다. 바늘 2쌈을 사서 한 상자에 9개씩 담아두려고 합니다. 상자 몇 상자에 나누어 담을 수 있습니까?

바늘 한 쌈=바늘 24개

(　　　　　　　　)

핵심 기억해야 할 것

(바늘 2쌈)=(바늘 한 쌈)+(바늘 한 쌈)이므로 바늘 6개와 바늘 2쌈은 몇 개인지 구한 뒤 9로 나누면 됩니다.

풀이

(바늘 2쌈)=(바늘 한 쌈)+(바늘 한 쌈)
=24+24
=24×2
=❶☐(개)

(바늘 6개와 바늘 2쌈)=6+48
=54(개)

⇨ (나누어 담을 상자의 수)=54÷9
=❷☐(상자)

답 ❶ 48 ❷ 6

정답 6상자

23 둘째로 큰 두 자리 수를 5로 나눈 몫

수 카드 3장 중 2장을 골라 한 번씩만 사용하여 두 자리 수를 만들었습니다. 만든 수 중 둘째로 큰 수를 5로 나눈 몫을 구하시오.

(　　　　　　　　　)

핵심 기억해야 할 것

수 카드의 수가 ㉠>㉡>0일 때 만든 두 자리 수 중 가장 큰 수는 ㉠㉡이고 둘째로 큰 수는 ㉠0입니다.

십의 자리 수가 클수록 큰 수야.

풀이

수 카드의 수를 큰 수부터 쓰면 4>3>0이므로
만든 두 자리 수 중 가장 큰 수는 43,
둘째로 큰 수는 ❶ [　　] 입니다.
따라서 만든 수 중 둘째로 큰 수를 5로 나눈 몫은
40÷5=❷ [　　] 입니다.

주의

십의 자리에 0을 쓰면 03을 만들 수 있지만 03은 두 자리 수가 아닙니다.

답 ❶ 40 ❷ 8

정답 8

20 나누어 줄 사람 수

연필 3타를 한 명에게 4자루씩 주려고 합니다. 몇 명에게 나누어 줄 수 있습니까?

연필 한 타=연필 12자루

(　　　　　　　　　)

핵심 기억해야 할 것

(연필 3타)=(연필 한 타)+(연필 한 타)
　　　　+(연필 한 타)
이므로 연필 3타는 몇 자루인지 구한 뒤 4로 나누면 됩니다.

연필 3타는 몇 자루야?

풀이

(연필 3타)=(연필 한 타)+(연필 한 타)+(연필 한 타)
=12+12+12
=12×3
=❶ [　　](자루)

⇨ (나누어 줄 사람 수)=36÷4
=❷ [　　](명)

답 ❶ 36 ❷ 9

정답 9명

19 바구니 1개에 담을 수 있는 사과의 수

과수원에서 오전에 딴 사과 38개와 오후에 딴 사과 18개를 바구니 7개에 똑같이 나누어 담으려고 합니다. 바구니 1개에 담을 수 있는 사과는 몇 개입니까?

(   )

핵심 기억해야 할 것

(오전과 오후에 딴 사과의 수)
=(오전에 딴 사과의 수)+(오후에 딴 사과의 수)
이므로 오전과 오후에 딴 사과의 수를 7로 나누면 됩니다.

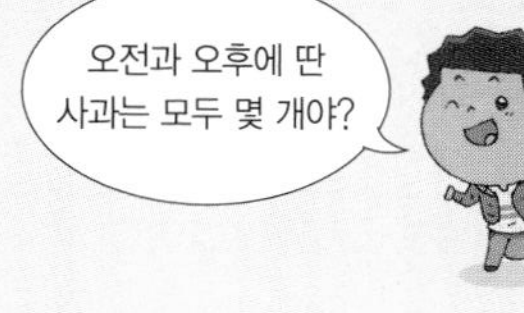

풀이

(오전과 오후에 딴 사과의 수)=(오전에 딴 사과의 수)+(오후에 딴 사과의 수)
=38+18
=❶ (개)

⇨ (바구니 1개에 담을 수 있는 사과의 수)=56÷7
=❷ (개)

답 ❶ 56 ❷ 8

정답 8개

24 둘째로 작은 두 자리 수를 4로 나눈 몫

수 카드 3장 중 2장을 골라 한 번씩만 사용하여 두 자리 수를 만들었습니다. 만든 수 중 둘째로 작은 수를 6으로 나눈 몫을 구하시오.

(   )

핵심 기억해야 할 것

수 카드의 수가 0<㉠<㉡일 때 만든 두 자리 수 중 가장 작은 수는 ㉠0이고 둘째로 작은 수는 ㉠㉡입니다.

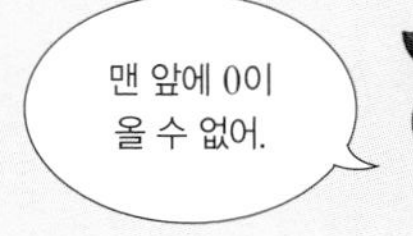
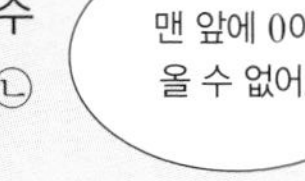

풀이

수 카드의 수를 작은 수부터 쓰면 0<2<4이고
0은 십의 자리에 올 수 없으므로
만든 두 자리 수 중 가장 작은 수는 20,
둘째로 작은 수는 ❶ 입니다.
따라서 만든 수 중 둘째로 작은 수를 6으로 나눈 몫은
24÷6= 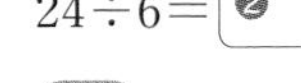 입니다.

주의

십의 자리에 0을 쓰면 02를 만들 수 있지만 02는 두 자리 수가 아닙니다.

답 ❶ 24 ❷ 4

정답 4

25 한 명이 가져갈 수 있는 멜론의 수

멜론이 한 상자에 4개씩 들어 있습니다. 멜론 9상자를 사서 6명이 똑같이 나누어 가져가려고 합니다. 한 명이 멜론을 몇 개씩 가져갈 수 있습니까?

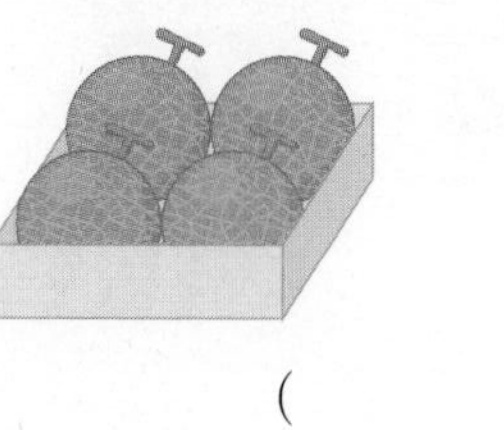

(　　　　　　　　　　)

핵심 기억해야 할 것

(한 명이 가져갈 수 있는 멜론의 수)
=(전체 멜론의 수)÷6

풀이

(전체 멜론의 수)=(한 상자에 들어 있는 멜론의 수)×(상자 수)
=4×9
=❶ (개)

⇨ (한 명이 가져갈 수 있는 멜론의 수)=(전체 멜론의 수)÷6
=36÷6
=❷ (개)

답 ❶ 36 ❷ 6

정답 6개

18 한 접시에 담을 수 있는 도넛의 수

도넛 32개를 사서 5개를 먹은 뒤 남는 도넛을 접시 3개에 똑같이 나누어 담으려고 합니다. 한 접시에 담을 수 있는 도넛은 몇 개입니까?

(　　　　　　　　　　)

핵심 기억해야 할 것

(남는 도넛의 수)
=(산 도넛의 수)−(먹은 도넛의 수)
⇨ (한 접시에 담을 수 있는 도넛의 수)
=(남는 도넛의 수)÷(접시의 수)

남는 도넛 수를 먼저 구하자.

풀이

산 도넛은 32개이고 먹은 도넛은 5개이므로
남는 도넛은 32−5=❶ (개)입니다.
따라서 한 접시에 담을 수 있는 도넛은
27÷❷ =9(개)입니다.

답 ❶ 27 ❷ 3

정답 9개

17 나눗셈식과 곱셈식으로 나타내기

뺄셈식 $42-6-6-6-6-6-6-6=0$을 나눗셈식으로 나타낸 뒤 곱셈식 2개로 나타내시오.

나눗셈식 ☐

곱셈식 ☐, ☐

핵심 기억해야 할 것

뺄셈식에서 빼는 수를 나눗셈식의 나누는 수로, 42에서 6을 뺀 횟수를 나눗셈식의 몫에 씁니다.

풀이

$42-6-6-6-6-6-6-6=0$ (7번) ⇨ $42\div6=$ ❶

⇨ ❷ $\times7=42$,

$7\times6=42$

참고

■÷▲=● (■: 빼는 수, ●: 뺀 횟수)

■÷▲=● ⇨ ▲×●=■

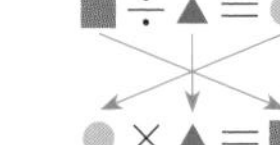
■÷▲=● ⇨ ●×▲=■

답 ❶ 7 ❷ 6

정답 $42\div6=7$; $6\times7=42$, $7\times6=42$

26 ☐ 안에 알맞은 수 (1)

☐ 안에 알맞은 수를 구하시오.

$35\div☐=28\div4$

(　　　　　)

핵심 기억해야 할 것

$28\div4=$▲라 하면 $35\div☐=$▲이므로 ☐×▲=35 또는 ▲×☐=35를 계산합니다.

풀이

$28\div4=$▲라 하면 $35\div☐=$▲입니다.

▲=7이므로 $35\div☐=$▲ ⇨ $35\div☐=$ ❶ 입니다.

나눗셈식을 곱셈식으로 바꾸면

☐×7=35 또는 7×☐=35입니다.

따라서 $35\div7=☐$, ☐= ❷ 입니다.

답 ❶ 7 ❷ 5

정답 5

27 ♥에 알맞은 수

뺄셈식에서 같은 모양은 같은 수를 나타낼 때 ♥에 알맞은 수를 구하시오.

40－♥－♥－♥－♥－♥－♥－♥－♥＝0

(　　　　　　　　)

핵심 기억해야 할 것

뺄셈식을 나눗셈식으로 나타낼 때 40에서 0이 될 때까지 ♥를 뺀 횟수가 나눗셈식에서 몫이 됩니다.

뺄셈식을 나눗셈식으로 나타내자.

풀이

뺄셈식을 나눗셈식으로 나타낼 때 40에서 0이 될 때까지 ♥를 8번 뺐으므로 나눗셈식의 몫은 ❶ 입니다.

40－♥－♥－♥－♥－♥－♥－♥－♥＝0 (8번)

⇨ 40÷♥＝8

⇨ 8×♥＝40

⇨ 40÷8＝♥, ♥＝❷

답 ❶ 8 ❷ 5

정답 5

16 남은 색 테이프의 길이

길이가 5 m인 색 테이프 중 슬리퍼를 포장하는 데 136 cm를 잘라서 사용했고 인형을 포장하는 데 157 cm를 잘라서 사용했습니다. 사용하고 남은 색 테이프의 길이는 몇 cm입니까?

(　　　　　　　　)

핵심 기억해야 할 것

(사용하고 남은 색 테이프의 길이)
＝(색 테이프의 전체 길이)
－(슬리퍼와 인형을 포장하는 데 사용한 색 테이프의 길이)

1 m＝100 cm임을 기억하지?

풀이

(사용하고 남은 색 테이프의 길이)
＝(색 테이프의 전체 길이)－(슬리퍼와 인형을 포장하는 데 사용한 색 테이프의 길이)
이므로
(슬리퍼와 인형을 포장하는 데 사용한 색 테이프의 길이)
＝(슬리퍼를 포장하는 데 사용한 색 테이프의 길이)
＋(인형을 포장하는 데 사용한 색 테이프의 길이)
＝136＋157＝❶ (cm)입니다.

5 m＝❷ cm이므로

(사용하고 남은 색 테이프의 길이)＝500－293＝207 (cm)입니다.

답 ❶ 293 ❷ 500

정답 207 cm

15 여학생 수의 합

영아네 학교 학생은 734명이고 그중 남학생이 469명입니다. 가은이네 학교 학생은 816명이고 그중 남학생이 558명입니다. 영아와 가은이네 학교의 여학생은 모두 몇 명입니까?

( )

핵심 기억해야 할 것

(학생 수)=(남학생 수)+(여학생 수)이므로
(남학생 수)=(학생 수)−(여학생 수),
(여학생 수)=(학생 수)−(남학생 수)입니다.

풀이

(영아네 학교 여학생 수)
=(영아네 학교 학생 수)−(영아네 학교 남학생 수)이므로
=734−469= ❶ (명)입니다.
(가은이네 학교 여학생 수)
=(가은이네 학교 학생 수)−(가은이네 학교 남학생 수)이므로
=816−558= ❷ (명)입니다.
⇨ (영아네 학교 여학생 수)+(가은이네 학교 여학생 수)
=265+258=523(명)

답 ❶ 265 ❷ 258

정답 523명

28 어떤 수로 나눈 몫

어떤 수에 7을 곱했더니 56이 되었습니다. 24를 어떤 수로 나누면 얼마입니까?

( )

핵심 기억해야 할 것

어떤 수를 □라 하면 □×7=56입니다.
곱셈과 나눗셈의 관계를 이용하여 □의 값을 구합니다.

풀이

어떤 수를 □라 하면 □×7=56입니다.
곱셈과 나눗셈의 관계를 이용하면
56÷7=□, □= ❶ 입니다.
구하려는 것은 ❷ ÷□이므로
24÷8=3입니다.

참고

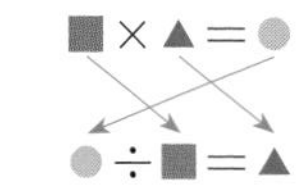

■×▲=●
●÷▲=■

답 ❶ 8 ❷ 24

정답 3

29 □ 안에 알맞은 수 (2)

80보다 작은 두 자리 수 □6은 8로 나누어집니다. □ 안에 알맞은 수를 모두 구하시오.

□6÷8

(　　　　　　)

핵심 기억해야 할 것

□6÷8=▲라 하고 곱셈과 나눗셈의 관계를 이용하면 8×▲=□6이므로 8단 곱셈구구를 외워 봅니다.

풀이

□6÷8=▲라 하고 곱셈과 나눗셈의 관계를 이용하면
8×▲=□6이므로
8단 곱셈구구에서 곱의 일의 자리 숫자가 6이 되는 것을 찾습니다.
8×2=❶□, 8×3=24, 8×4=32,
8×5=40, 8×6=48, 8×7=❷□,
8×8=64, 8×9=72입니다.
따라서 □ 안에 알맞은 수는 1, 5입니다.

답 ❶ 16 ❷ 56

정답 1, 5

14 몇 마리 더 많은지 구하기

생선 가게에서 오늘 판 생선은 모두 823마리이고 그중 오전에 판 생선은 574마리입니다. 오전에 판 생선은 오후에 판 생선보다 몇 마리 더 많습니까?

(　　　　　　)

핵심 기억해야 할 것

오후에 판 생선의 수는 오늘 판 생선의 수에서 오전에 판 생선의 수를 빼면 됩니다.

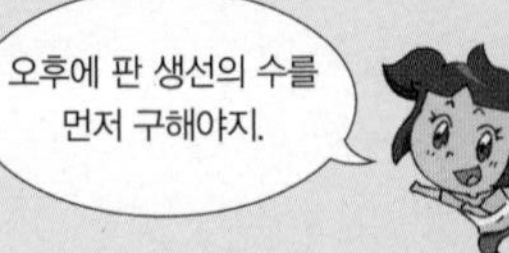

풀이

(오후에 판 생선의 수)
=(오늘 판 생선의 수)−(오전에 판 생선의 수)이므로
823−574=❶□(마리)입니다.
따라서 오전에 판 생선은 오후에 판 생선보다
574−249=❷□(마리) 더 많습니다.

답 ❶ 249 ❷ 325

정답 325마리

13 가장 큰 세 자리 수와 가장 작은 세 자리 수의 차

수 카드 4장 중 3장을 골라 한 번씩만 사용하여 세 자리 수를 만들었습니다. 만든 수 중 가장 큰 수와 가장 작은 수의 차를 구하시오.

(　　　　　　)

핵심 기억해야 할 것

만든 세 자리 수 중 가장 큰 수는 백 → 십 → 일의 자리에 큰 수부터 차례로 놓으면 됩니다.
만든 세 자리 수 중 가장 작은 수는 백 → 십 → 일의 자리에 작은 수부터 차례로 놓으면 됩니다.

백의 자리 수가 작을수록 작은 수야.

풀이

수 카드의 수를 큰 수부터 쓰면 $9>7>5>4$이므로 만든 세 자리 수 중 가장 큰 수는 975입니다.
수 카드의 수를 작은 수부터 쓰면 $4<5<7<9$이므로 만든 세 자리 수 중 가장 작은 수는 ❶ 　입니다.
따라서 만든 수 중 가장 큰 수와 가장 작은 수의 차는 $975-457=$ ❷ 　입니다.

답 ❶ 457 ❷ 518

정답 518

30 나무 사이의 간격

길이가 63 m인 도로의 한쪽에 나무를 같은 간격으로 심었습니다. 처음부터 끝까지 심은 나무가 10그루일 때 나무 사이의 간격은 몇 m인지 구하시오. (단, 나무의 두께는 생각하지 않습니다.)

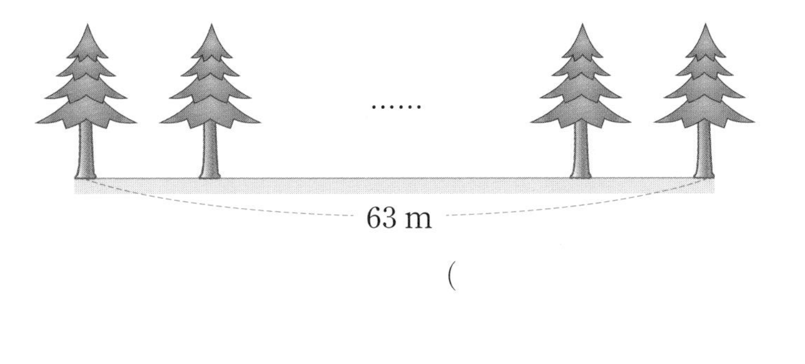

(　　　　　　)

핵심 기억해야 할 것

(도로의 길이)
=(나무 사이의 간격)×(나무 사이의 간격 수)
(나무 사이의 간격 수)
=(처음부터 끝까지 심은 나무의 수)−1

풀이

(도로의 길이)=(나무 사이의 간격)×(나무 사이의 간격 수)입니다.
처음부터 끝까지 심은 나무가 10그루이므로
(나무 사이의 간격 수)=(처음부터 끝까지 심은 나무의 수)−1
$=10-1=$ ❶ 　(군데),
나무 사이의 간격을 □ m라 하면 $□\times9=63$입니다.
⇨ $63\div9=□$, $□=$ ❷ 　

답 ❶ 9 ❷ 7

정답 7 m

31 세 변의 길이의 합

세 변의 길이가 모두 같은 삼각형입니다. 한 변의 길이가 28 cm일 때 세 변의 길이의 합은 몇 cm입니까?

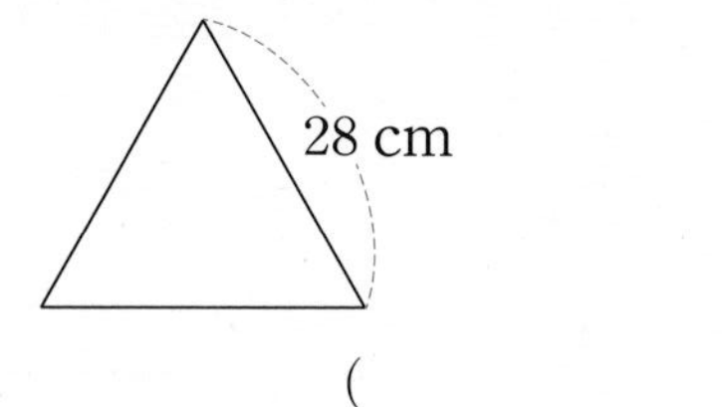

(　　　　　　　　)

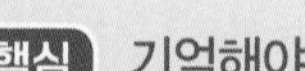

핵심 기억해야 할 것

변 3개로 이루어진 도형이 삼각형이고
세 변의 길이가 모두 같으므로
(세 변의 길이의 합)=(한 변의 길이)×3을 구합니다.

풀이

변 3개로 이루어진 도형이 삼각형이고 세 변의 길이가 모두 같으므로
(세 변의 길이의 합)=(한 변의 길이)+(한 변의 길이)+(한 변의 길이)
=(한 변의 길이)×❶
입니다. 한 변의 길이가 28 cm이므로
(세 변의 길이의 합)=(한 변의 길이)×3
=28×3=❷ (cm)
입니다.

답 ❶ 3 ❷ 84

정답 84 cm

12 □ 안에 들어갈 수 있는 가장 큰 세 자리 수 (2)

□ 안에 들어갈 수 있는 세 자리 수 중 가장 큰 수를 구하시오.

810−472>□

(　　　　　　　　)

핵심 기억해야 할 것

세 자리 수의 뺄셈을 계산하여 □의 범위를 구한 뒤 □ 안에 들어갈 수 있는 가장 큰 세 자리 수를 구합니다.

□의 범위를
구하자.

풀이

810−472=338이므로 ❶ >□입니다.
⇨ □=337, 336, ..., 101, 100
따라서 □ 안에 들어갈 수 있는 세 자리 수 중 가장 큰 수는
❷ 입니다.

주의

□ 안에 들어갈 수 있는 세 자리 수 중 가장 작은 수는 100입니다.

답 ❶ 338 ❷ 337

정답 337

11 둘째로 작은 세 자리 수와의 차

수 카드 3장을 한 번씩만 사용하여 세 자리 수를 만들었습니다. 만든 수 중 둘째로 작은 수와 700의 차를 구하시오.

(　　　　　　　　)

핵심 기억해야 할 것

만든 세 자리 수 중 가장 작은 수는 백 → 십 → 일의 자리에 작은 수부터 차례로 놓으면 됩니다.
만든 세 자리 수 중 둘째로 작은 수는 백 → 일 → 십의 자리에 작은 수부터 차례로 놓으면 됩니다.

풀이

수 카드의 수를 작은 수부터 쓰면 3<7<9이므로
만든 세 자리 수 중 가장 작은 수는 379,
둘째로 작은 수는 ❶ ☐ 입니다.
397과 700의 차는 397<700이므로 700−397입니다.
따라서 만든 수 중 둘째로 작은 수와 700의 차는
700−397= ❷ ☐ 입니다.

답 ❶ 397 ❷ 303

정답 303

32 네 변의 길이의 합

네 변의 길이가 모두 같은 사각형입니다. 한 변의 길이가 37 cm일 때 네 변의 길이의 합은 몇 cm입니까?

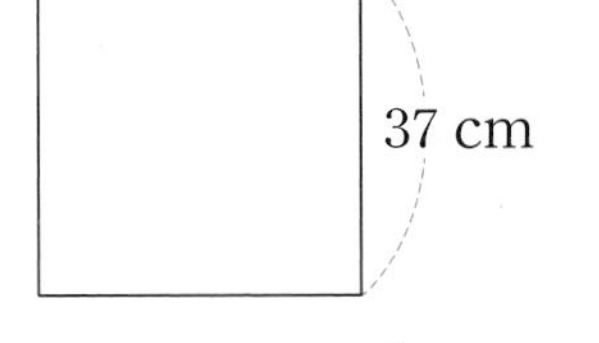

(　　　　　　　　)

핵심 기억해야 할 것

변 4개로 이루어진 도형이 사각형이고
네 변의 길이가 모두 같으므로
(네 변의 길이의 합)=(한 변의 길이)×4를 구합니다.

풀이

변 4개로 이루어진 도형이 사각형이고 네 변의 길이가 모두 같으므로
(네 변의 길이의 합)=(한 변의 길이)+(한 변의 길이)+(한 변의 길이)+(한 변의 길이)
=(한 변의 길이)× ❶ ☐
입니다. 한 변의 길이가 37 cm이므로
(네 변의 길이의 합)=(한 변의 길이)×4
=37×4= ❷ ☐ (cm)
입니다.

답 ❶ 4 ❷ 148

정답 148 cm

33 도로의 길이

도로의 한쪽에 처음부터 끝까지 가로등 10개를 세우려고 합니다. 가로등 사이의 간격은 18 m일 때 도로의 길이는 몇 m인지 구하시오.

(단, 가로등의 두께는 생각하지 않습니다.)

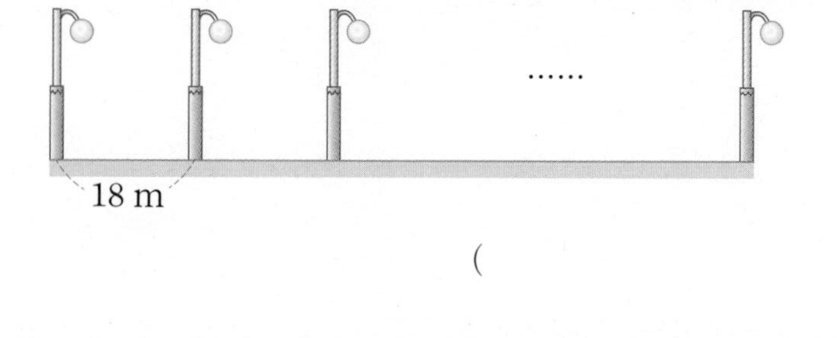

(　　　　　　　　)

핵심 기억해야 할 것

(도로의 길이)
=(가로등 사이의 간격)×(가로등 사이의 간격 수)
(가로등 사이의 간격 수)
=(가로등의 수)−1

풀이

(도로의 길이)=(가로등 사이의 간격)×(가로등 사이의 간격 수)이므로
(가로등 사이의 간격 수)=(가로등의 수)−1
=10−1=❶ (군데)입니다.
⇨ (도로의 길이)=(가로등 사이의 간격)×(가로등 사이의 간격 수)
=❷ ×9=162 (m)

답 ❶ 9 ❷ 18

정답 162 m

10 ~만큼 더 작은 수

다음이 나타내는 수보다 275만큼 더 작은 수는 얼마입니까?

100이 6개, 10이 19개, 1이 21개인 수

(　　　　　　　　)

핵심 기억해야 할 것

100이 ■개이면 ■00,
10이 ▲개이면 ▲0,
1이 ●개이면 ●입니다.

275만큼 더 작은 수
⇨ −275

풀이

100이 6개이면 600, 10이 19개이면 190, 1이 21개이면 21이므로
100이 6개, 10이 19개, 1이 21개 수는
600+190+21=❶ 입니다.
따라서 811보다 275만큼 더 작은 수는
811−❷ =536입니다.

답 ❶ 811 ❷ 275

정답 536

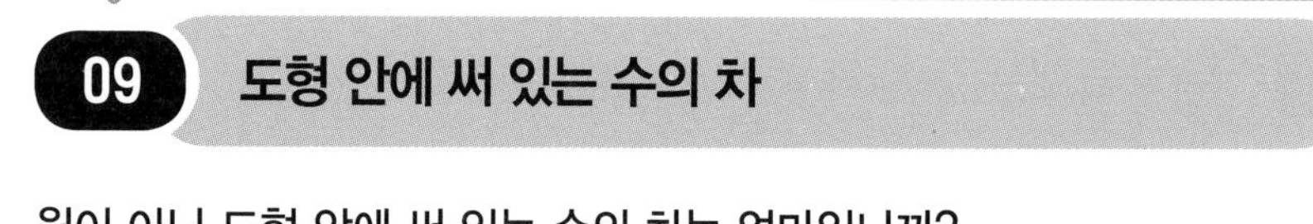

09 도형 안에 써 있는 수의 차

원이 아닌 도형 안에 써 있는 수의 차는 얼마입니까?

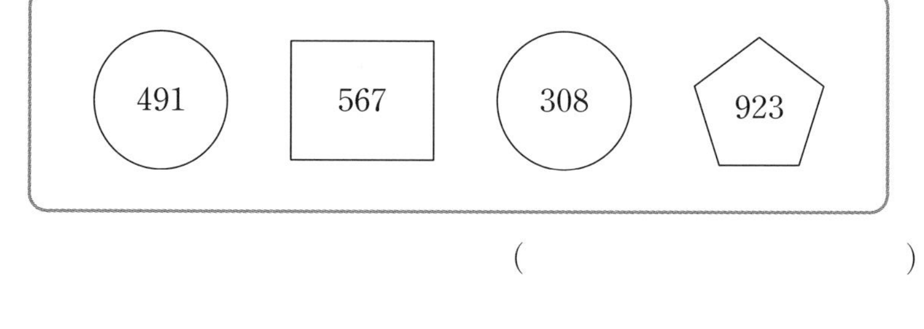

(　　　　　　　)

핵심 기억해야 할 것

동그란 모양의 도형이 원이므로 원이 아닌 도형은 꼭짓점 또는 변이 있는 도형입니다.

풀이

원이 아닌 도형은 사각형과 오각형이므로
사각형과 오각형 안에 써 있는 수는 567과 923입니다.
차는 큰 수에서 작은 수를 빼야 하므로
567과 923의 크기를 비교하면 567 ❶ 923입니다.
따라서 원이 아닌 도형 안에 써 있는 수의 차는
$923-567=$ ❷ 입니다.

답 ❶ < ❷ 356

정답 356

34 둘째로 큰 두 자리 수와 6의 곱

수 카드 3장 중 2장을 골라 한 번씩만 사용하여 두 자리 수를 만들었습니다. 만든 수 중 둘째로 큰 수와 6의 곱을 구하시오.

(　　　　　　　)

핵심 기억해야 할 것

수 카드의 수가 ㉠>㉡>㉢일 때 만든 두 자리 수 중 가장 큰 수는 ㉠㉡이고 둘째로 큰 수는 ㉠㉢입니다.

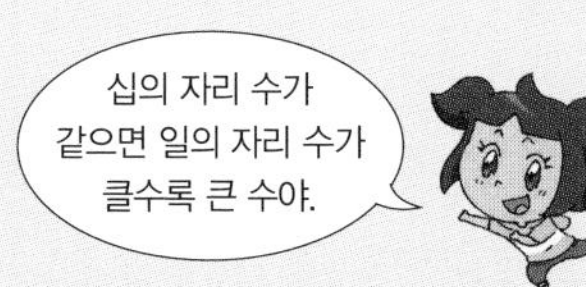

풀이

수 카드의 수를 큰 수부터 쓰면 $6>3>2$이므로
만든 두 자리 수 중 가장 큰 수는 63,
둘째로 큰 수는 ❶ 입니다.
따라서 만든 수 중 둘째로 큰 수와 6의 곱은
$62\times6=$ ❷ 입니다.

참고

$73>59$ ($7>5$)　　$45<48$ ($5<8$)

답 ❶ 62 ❷ 372

정답 372

35 둘째로 작은 두 자리 수와 9의 곱

수 카드 3장 중 2장을 골라 한 번씩만 사용하여 두 자리 수를 만들었습니다. 만든 수 중 둘째로 작은 수와 9의 곱을 구하시오.

( )

핵심 기억해야 할 것

수 카드의 수가 ㉠<㉡<㉢일 때 만든 두 자리 수 중 가장 작은 수는 ㉠㉡이고 둘째로 작은 수는 ㉠㉢입니다.

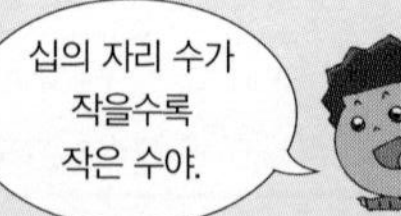

풀이

수 카드의 수를 작은 수부터 쓰면 $4<7<8$이므로

만든 두 자리 수 중 가장 작은 수는 47,

둘째로 작은 수는 ❶ ☐ 입니다.

따라서 만든 수 중 둘째로 작은 수와 9의 곱은

$48\times9=$ ❷ ☐ 입니다.

답 ❶ 48 ❷ 432

정답 432

08 둘째로 큰 수와 둘째로 작은 수의 합

수 카드 4장 중 3장을 골라 한 번씩만 사용하여 세 자리 수를 만들었습니다. 만든 수 중 둘째로 큰 수와 둘째로 작은 수의 합을 구하시오.

( )

핵심 기억해야 할 것

수 카드의 수가 $0<$㉠$<$㉡$<$㉢일 때 백의 자리에 0이 올 수 없으므로 만든 세 자리 수 중 가장 작은 수는 ㉠0㉡, 둘째로 작은 수는 ㉠0㉢입니다.

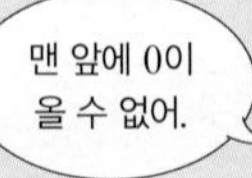

풀이

수 카드의 수를 큰 수부터 쓰면 $8>6>4>0$이므로

만든 세 자리 수 중 가장 큰 수는 864,

둘째로 큰 수는 ❶ ☐ 입니다.

수 카드의 수를 작은 수부터 쓰면 $0<4<6<8$이므로

만든 세 자리 수 중 가장 작은 수는 406,

둘째로 작은 수는 ❷ ☐ 입니다.

⇨ $860+408=$ ❸ ☐

답 ❶ 860 ❷ 408 ❸ 1268

정답 1268

07 오전과 오후의 방문객 수 비교

어느 날 도서관에 오전에는 남자 476명, 여자 289명이 방문하였고 오후에는 남자 237명, 여자 518명이 방문하였습니다. 오전과 오후 중 방문객 수가 더 많은 때는 언제입니까?

(　　　　　　　　　　)

 기억해야 할 것

(오전의 방문객 수)
=(오전의 남자 방문객 수)+(오전의 여자 방문객 수)
(오후의 방문객 수)
=(오후의 남자 방문객 수)+(오후의 여자 방문객 수)

풀이

(오전의 방문객 수)=(오전의 남자 방문객 수)+(오전의 여자 방문객 수)
$=476+289=$ ❶ ☐(명),
(오후의 방문객 수)=(오후의 남자 방문객 수)+(오후의 여자 방문객 수)
$=237+518=$ ❷ ☐(명)
입니다.
따라서 $765>755$ ($6>5$)이므로 오전의 방문객 수가 더 많습니다.

답 ❶ 765 ❷ 755

 오전

36 다리 수의 합

코끼리 28마리와 독수리 19마리의 다리 수의 합은 몇 개입니까?

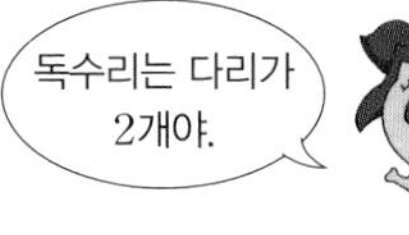

(　　　　　　　　　　)

 기억해야 할 것

(코끼리의 다리 수)=(코끼리 한 마리의 다리 수)×(코끼리의 마리 수)
(독수리의 다리 수)=(독수리 한 마리의 다리 수)×(독수리의 마리 수)

(코끼리 28마리의 다리 수)
=(코끼리 한 마리의 다리 수)×(코끼리의 마리 수)
$=4\times28=28\times4=$ ❶ ☐(개)
(독수리 19마리의 다리 수)
=(독수리 한 마리의 다리 수)×(독수리의 마리 수)
$=2\times19=19\times2=$ ❷ ☐(개)
따라서 코끼리 28마리와 독수리 19마리의 다리 수의 합은
$112+38=150$(개)입니다.

답 ❶ 112 ❷ 38

정답 150개

37 남은 사과의 수

과일 가게에 사과가 한 줄에 35개씩 8줄 있었습니다. 사과를 한 상자에 16개씩 담아서 9상자를 팔았다면 남은 사과는 몇 개입니까?

(　　　　　　　　)

핵심 기억해야 할 것

(처음 사과의 수)
=(한 줄에 있는 사과의 수)×(줄 수)
(판 사과의 수)
=(한 상자에 담은 사과의 수)×(상자 수)

풀이

(처음 사과의 수)=(한 줄에 있는 사과의 수)×(줄 수)
(판 사과의 수)=(한 상자에 담은 사과의 수)×(상자 수)이므로
(남은 사과의 수)=(처음 사과의 수)−(판 사과의 수)입니다.
(처음 사과의 수)$=35\times8=$ ❶ [　　] (개),
(판 사과의 수)$=16\times9=$ ❷ [　　] (개)이므로
(남은 사과의 수)$=280-144=136$(개)입니다.

답 ❶ 280 ❷ 144

정답 136개

06 줄넘기 횟수

줄넘기를 원석이는 356회 하였고, 정표는 원석이보다 264회 더 많이 하였습니다. 원석이와 정표는 줄넘기를 모두 몇 회 하였습니까?

(　　　　　　　　)

핵심 기억해야 할 것

(정표의 줄넘기 횟수)
=(원석이의 줄넘기 횟수)+264이므로
(원석이와 정표의 줄넘기 횟수)
=(원석이의 줄넘기 횟수)+(정표의 줄넘기 횟수)
입니다.

풀이

(정표의 줄넘기 횟수)
=(원석이의 줄넘기 횟수)+264
$=356+264=$ ❶ [　　] (회)
⇨ (원석이와 정표의 줄넘기 횟수)
=(원석이의 줄넘기 횟수)+(정표의 줄넘기 횟수)
$=356+620=$ ❷ [　　] (회)

답 ❶ 620 ❷ 976

정답 976회

05 가장 큰 세 자리 수와 가장 작은 세 자리 수의 합

수 카드 4장 중 3장을 골라 한 번씩만 사용하여 세 자리 수를 만들었습니다. 만든 수 중 가장 큰 수와 가장 작은 수의 합을 구하시오.

(　　　　　　　　)

핵심 기억해야 할 것

만든 세 자리 수 중 가장 큰 수는 백 → 십 → 일의 자리에 큰 수부터 차례로 놓으면 됩니다.
만든 세 자리 수 중 가장 작은 수는 백 → 십 → 일의 자리에 작은 수부터 차례로 놓으면 됩니다.

풀이

수 카드의 수를 큰 수부터 쓰면 $8>7>6>2$이므로
만든 세 자리 수 중 가장 큰 수는 ❶ ☐입니다.
수 카드의 수를 작은 수부터 쓰면 $2<6<7<8$이므로
만든 세 자리 수 중 가장 작은 수는 ❷ ☐입니다.
따라서 만든 수 중 가장 큰 수와 가장 작은 수의 합은
$876+267=1143$입니다.

답 ❶ 876 ❷ 267

정답 1143

38 ☐ 안에 들어갈 수 있는 수

2부터 9까지의 수 중 ☐ 안에 들어갈 수 있는 수를 모두 구하시오.

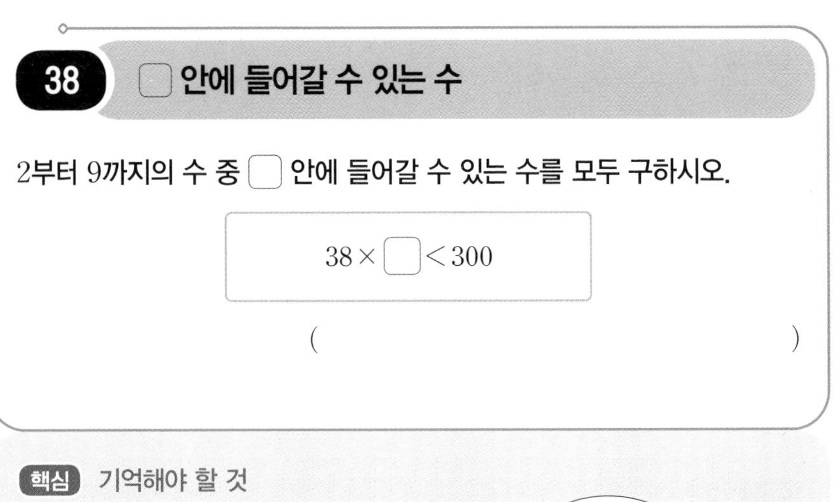

$38\times\square<300$

(　　　　　　　　)

핵심 기억해야 할 것

☐ 안에 5부터 넣어 계산한 결과와 300의 크기를 비교하여 5보다 작은 수를 넣을지, 5보다 큰 수를 넣을지 판단합니다.

풀이

☐ 안에 5부터 넣어 계산한 결과와 300의 크기를 비교하여
계산한 결과가 300보다 작으면 5보다 큰 수를 넣고
계산한 결과가 300보다 크면 5보다 작은 수를 넣습니다.
$38\times5=190<300$, $38\times6=228<300$,
$38\times7=$ ❶ ☐ <300, $38\times8=$ ❷ ☐ >300,
$38\times9=342>300$
따라서 ☐ 안에 들어갈 수 있는 수는 2, 3, 4, 5, 6, 7입니다.

답 ❶ 266 ❷ 304

정답 2, 3, 4, 5, 6, 7

39 □ 안에 알맞은 수 (3)

□ 안에 알맞은 수를 써넣으시오.

$$\begin{array}{r} 3\ 4 \\ \times\ \ \square \\ \hline 2\ \square\ 2 \end{array}$$

핵심 기억해야 할 것

4×□의 일의 자리 숫자가 2이므로
4단 곱셈구구에서 일의 자리 숫자가 2인 곱을 모두 찾습니다.

풀이

일의 자리 계산을 하면 4×□의 일의 자리 숫자가 2이므로
4단 곱셈구구에서 일의 자리 숫자가 ❶ [ ]인 곱을 찾습니다.

4×3=12, 4×8=❷ [ ]이므로

34×3=102 (×),
34×8=272 (○)입니다.

답 ❶ 2 ❷ 32

정답 (위부터) 8, 7

04 □ 안에 들어갈 수 있는 가장 큰 세 자리 수 (1)

□ 안에 들어갈 수 있는 세 자리 수 중 가장 큰 수를 구하시오.

□<279+365

( )

핵심 기억해야 할 것

세 자리 수의 덧셈을 계산하여 □의 범위를 구한 뒤 □ 안에 들어갈 수 있는 가장 큰 세 자리 수를 구합니다.

□의 범위를 구하자.

풀이

279+365=644이므로 □<❶ [ ]입니다.

⇨ □=643, 642, ..., 101, 100

따라서 □ 안에 들어갈 수 있는 세 자리 수 중 가장 큰 수는 ❷ [ ]입니다.

주의

□ 안에 들어갈 수 있는 세 자리 수 중 가장 작은 수는 100입니다.

답 ❶ 644 ❷ 643

정답 643

03 둘째로 큰 세 자리 수와의 합

수 카드 3장을 한 번씩만 사용하여 세 자리 수를 만들었습니다. 만든 수 중 둘째로 큰 수와 698의 합을 구하시오.

(　　　　　　　　)

핵심 기억해야 할 것

만든 세 자리 수 중 가장 큰 수는 백 → 십 → 일의 자리에 큰 수부터 차례로 놓으면 됩니다.
만든 세 자리 수 중 둘째로 큰 수는 백 → 일 → 십의 자리에 큰 수부터 차례로 놓으면 됩니다.

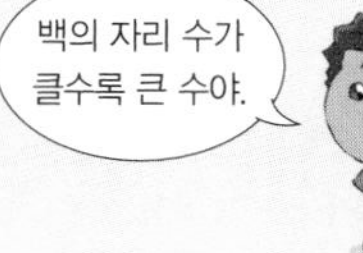

풀이

수 카드의 수를 큰 수부터 쓰면 7>5>4이므로
만든 세 자리 수 중 가장 큰 수는 754이고
둘째로 큰 수는 ❶ [　　] 입니다.
따라서 만든 수 중 둘째로 큰 수와 698의 합은
745+698= ❷ [　　]
입니다.

답 ❶ 745 ❷ 1443

정답 1443

40 곱이 가장 작게 되도록 곱셈식 만들기

수 카드 3장을 한 번씩만 모두 사용하여 다음 곱셈식의 곱이 가장 작게 되도록 만들고 곱을 구하시오.

 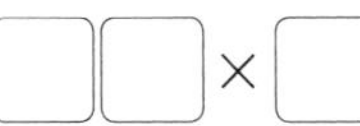

(　　　　　　　　)

핵심 기억해야 할 것

수 카드의 수가 ㉠<㉡<㉢일 때
한 자리 수에는 가장 작은 수인 ㉠을 놓고
남은 두 수로 더 작은 두 자리 수인 ㉡㉢을
만들면 됩니다.

풀이

수 카드의 수를 작은 수부터 쓰면 5<7<8이므로
한 자리 수에는 가장 작은 수인 ❶ [　　] 을/를 놓고
남은 두 수 7<8로 더 작은 두 자리 수인 ❷ [　　] 을/를 만듭니다.
⇨ 78×5=390

답 ❶ 5 ❷ 78

정답 7, 8, 5 ; 390

41 곱이 가장 크게 되도록 곱셈식 만들기

수 카드 4장 중 3장을 골라 한 번씩만 사용하여 다음 곱셈식의 곱이 가장 크게 되도록 만들고 곱을 구하시오.

   8

⇨ 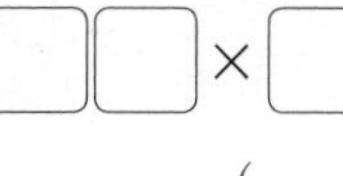 × 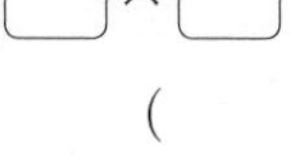

(   )

핵심 기억해야 할 것

수 카드의 수가 ㉠>㉡>㉢>㉣일 때
한 자리 수에는 가장 큰 수인 ㉠을 놓고
남은 세 수로 가장 큰 수인 ㉡㉢을 만들면
됩니다.

풀이

수 카드의 수를 큰 수부터 쓰면 $8>6>5>4$이므로

한 자리 수에는 가장 큰 수인 ❶ ☐ 을/를 놓고

남은 세 수 $6>5>4$로 가장 큰 두 자리 수인 ❷ ☐ 을/를 만듭니다.

⇨ $65\times8=520$

답 ❶ 8 ❷ 65

정답 6, 5, 8 ; 520

02 ~만큼 더 큰 수

다음이 나타내는 수보다 186만큼 더 큰 수는 얼마입니까?

> 100이 4개, 10이 23개, 1이 17개인 수

(   )

핵심 기억해야 할 것

100이 ■개이면 ■00,
10이 ▲개이면 ▲0,
1이 ●개이면 ●입니다.

풀이

100이 4개이면 400, 10이 23개이면 ❶ ☐, 1이 17개이면 17이므로

100이 4개, 10이 23개, 1이 17개 수는

$400+230+17=647$입니다.

따라서 647보다 186만큼 더 큰 수는

$647+186=$ ❷ ☐ 입니다.

답 ❶ 230 ❷ 833

정답 833

01 삼각형 안에 써 있는 수의 합

삼각형 안에 써 있는 수의 합은 얼마입니까?

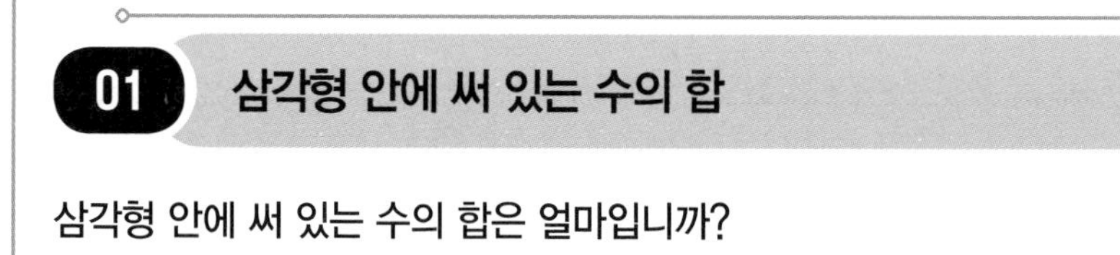

(　　　　　　　　　　)

핵심 기억해야 할 것

변 3개로 이루어진 도형이 삼각형이고 변 4개로 이루어진 도형이 사각형입니다.
삼각형 안에 써 있는 수를 찾아서 세로셈으로 계산합니다.

받아올림한 수 1을 더해 줍니다.

풀이

사각형 안에 있는 수는 374와 169이고
삼각형 안에 있는 수는 ❶ [　　] 와/과 ❷ [　　] 이므로

$$\begin{array}{r} {\scriptstyle 1\ 1} \\ 2\ 8\ 3 \\ +\ 4\ 5\ 7 \\ \hline 7\ 4\ 0 \end{array}$$

입니다.

답 ❶ 283 ❷ 457

정답 740

42 남은 철사의 길이

길이가 3 m인 철사가 있습니다. 한 변의 길이가 16 cm인 정사각형을 4개 만들었습니다. 남은 철사의 길이는 몇 cm입니까?

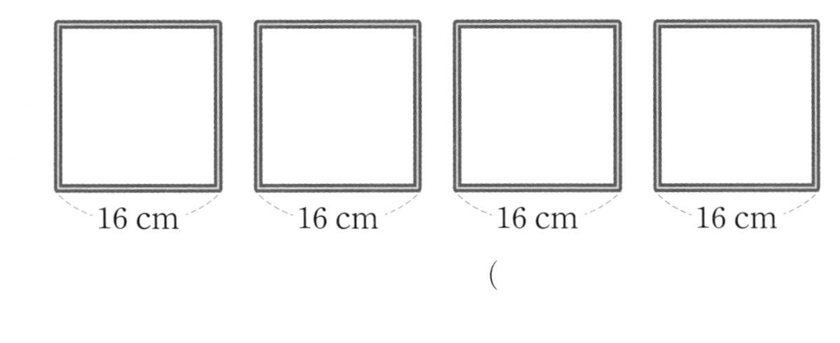

(　　　　　　　　　　)

핵심 기억해야 할 것

정사각형은 네 변의 길이가 모두 같습니다.
⇨ (정사각형의 네 변의 길이의 합)
=(한 변의 길이)×4

1 m=100 cm임을 이용하자.

풀이

3 m=300 cm입니다.
(정사각형 1개의 네 변의 길이의 합)
=(한 변의 길이)×4=16×4= ❶ [　　] (cm)이므로
(정사각형 4개의 네 변의 길이의 합)
=(정사각형 1개의 네 변의 길이의 합)×4=64×4= ❷ [　　] (cm)입니다.
⇨ (남은 철사의 길이)=(처음 철사의 길이)−(정사각형 4개의 네 변의 길이의 합)
=300−256=44 (cm)

답 ❶ 64 ❷ 256

정답 44 cm

43 바르게 계산한 값

어떤 수에 6을 곱해야 할 것을 잘못하여 나누었더니 16이 되었습니다. 바르게 계산한 값을 구하시오.

(　　　　　　　　)

핵심 기억해야 할 것

잘못 계산한 식은 (어떤 수) $\div$ 6 $=$ 16입니다.
바르게 계산한 값을 구하는 식은
(어떤 수) $\times$ 6입니다.

잘못 계산한 식에서 어떤 수를 구하자.

잘못 계산한 식에서 어떤 수 구하기 → 바르게 계산한 값을 구하기

풀이

어떤 수를 □라 하면 잘못 계산한 식은
□ $\div$ 6 $=$ 16입니다.
곱셈과 나눗셈의 관계를 이용하면
16 $\times$ 6 $=$ □, □ $=$ ❶ 입니다.
따라서 바르게 계산한 값을 구하는 식은 □ $\times$ 6이므로
96 $\times$ 6 $=$ ❷ 입니다.

답 ❶ 96 ❷ 576

정답 576

꼭 알아야 하는 대표 유형을 확인해 봐.

이 책의 차례

44 이어 붙인 전체 길이

길이가 87 cm인 색 테이프 8장을 14 cm씩 겹쳐서 한 줄로 이어 붙였습니다. 이어 붙인 전체 길이는 몇 cm입니까?

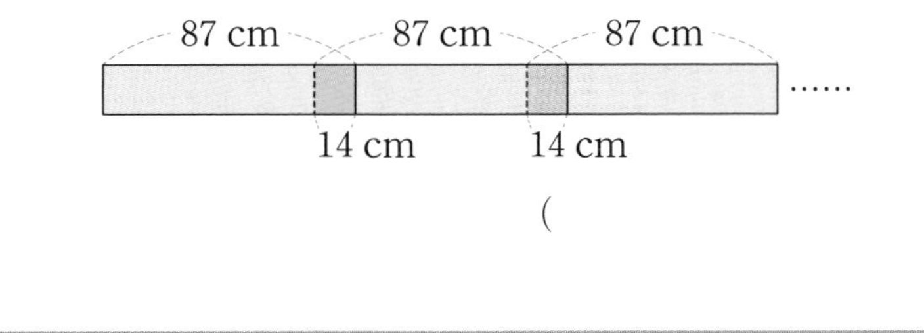

(　　　　　　)

핵심 기억해야 할 것

(이어 붙인 전체 길이)
=(색 테이프의 길이)−(겹친 부분의 길이)
(겹친 부분의 수)
=(색 테이프의 장수)−1

풀이

(이어 붙인 전체 길이)=(색 테이프 8장의 길이)−(겹친 부분의 길이)이므로
(색 테이프 8장의 길이)=(색 테이프 한 장의 길이)×8
=87×8=❶☐ (cm),
(겹친 부분의 수)=(색 테이프의 장수)−1=8−1=7(군데),
(겹친 부분의 길이)=(겹친 한 부분의 길이)×(겹친 부분의 수)
=14×7=❷☐ (cm)입니다.
⇨ (이어 붙인 전체 길이)
=696−98=598 (cm)

답 ❶ 696 ❷ 98

정답 598 cm

꼭 알아야 하는

대표 유형집

BOOK1

덧셈과 뺄셈

나눗셈

곱셈

초등 수학

3·1

일등 전략

꼭 알아야 하는

대표 유형집

꼭 알아야 하는

대표 유형집

초등 수학 3·1

BOOK 1

천재교육

자르는 선

BOOK1

덧셈과 뺄셈

나눗셈

곱셈

초등 **수학**

3·1

이 책의 구성과 특징

2주 완성

도입 만화

이번 주에 배울 내용의 핵심을 만화 또는 삽화로 제시하였습니다.

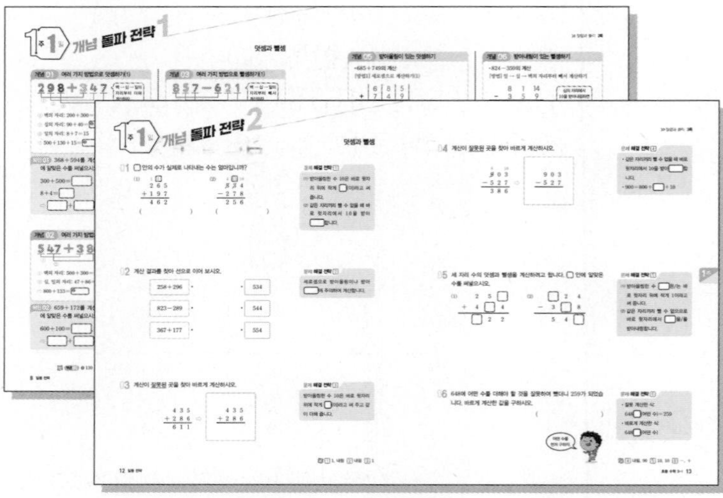

개념 돌파 전략 1, 2

개념 돌파 전략1에서는 단원별로 개념을 설명하고 개념의 원리를 확인하는 문제를 제시하였습니다.
개념 돌파 전략2에서는 개념을 알고 있는지 문제로 확인할 수 있습니다.

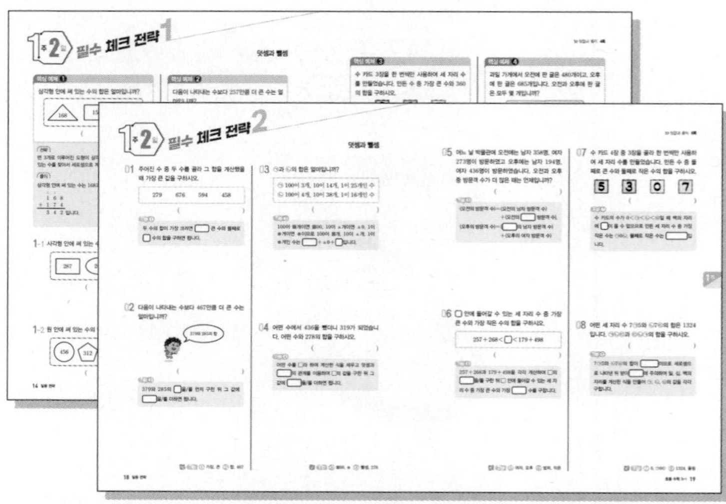

필수 체크 전략 1, 2

필수 체크 전략1에서는 단원별로 나오는 중요한 유형을 반복 연습할 수 있도록 하였습니다.
필수 체크 전략2에서는 추가적으로 나오는 다른 유형을 문제로 확인할 수 있도록 하였습니다.

1주에 3일 구성 + 1일에 6쪽 구성

부록 꼭 알아야 하는 대표 유형집

부록을 뜯으면 미니북으로 활용할 수 있습니다. 대표 유형을 확실하게 익혀 보세요.

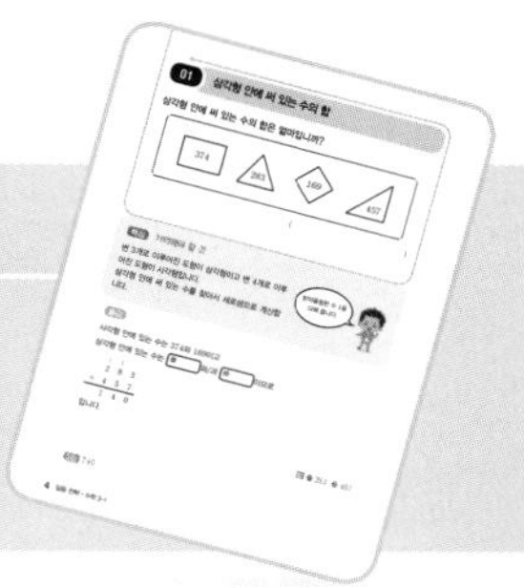

주 마무리 평가

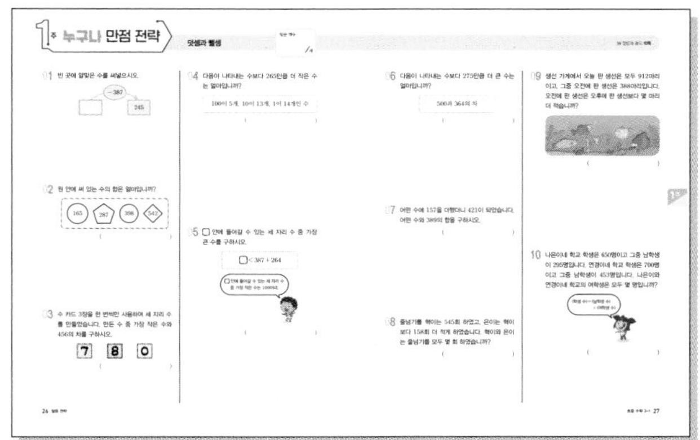

누구나 만점 전략

누구나 만점 전략에서는 주별로 꼭 기억해야 하는 문제를 제시하여 누구나 만점을 받을 수 있도록 하였습니다.

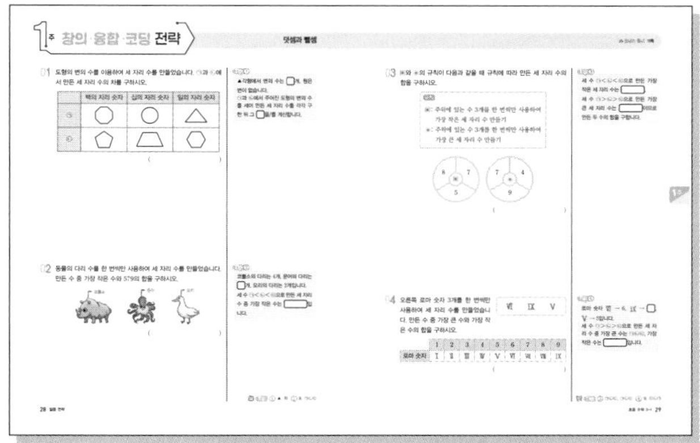

창의·융합·코딩 전략

창의·융합·코딩 전략에서는 새 교육과정에서 제시하는 창의, 융합, 코딩 문제를 쉽게 접근할 수 있도록 하였습니다.

마무리 코너

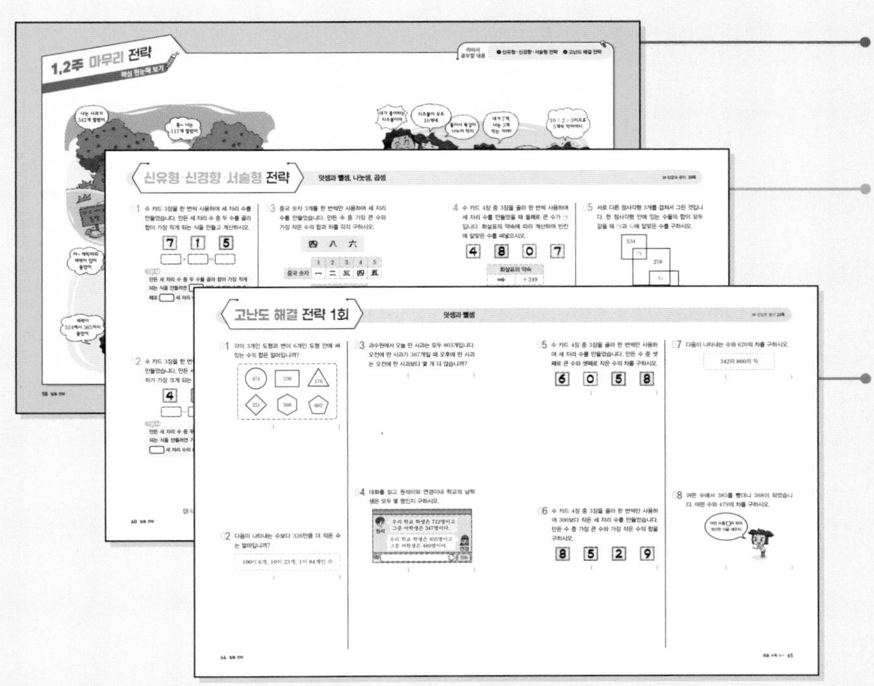

1, 2주 마무리 전략

마무리 전략은 이미지로 정리하여 마무리할 수 있게 하였습니다.

신유형·신경향·서술형 전략

신유형·신경향·서술형 전략은 새로운 유형도 연습하고 서술형 문제에 대한 적응력도 올릴 수 있습니다.

고난도 해결 전략 1회, 2회

실제 시험에 대비하여 연습하도록 고난도 실전 문제를 2회로 구성하였습니다.

이 책의 차례

BOOK1

1주에 3일 구성 + 1일에 6쪽 구성

1주 덧셈과 뺄셈

수 모형을 사용하여 세 자리 수의 덧셈과 뺄셈을 계산하면 이해하기 쉬워.
수 모형
수 모형
○○시장
$\begin{array}{r} 1\ 1\ \ \\ 3\ 8\ 7 \\ +\ 1\ 3\ 4 \\ \hline 5\ 2\ 1 \end{array}$
수첩에 세로셈으로 적어서 계산해야지.
알림장

공부할 내용

❶ 세 자리 수의 덧셈
❷ 세 자리 수의 뺄셈
❸ 덧셈과 뺄셈의 활용

개념 01 여러 가지 방법으로 덧셈하기(1)

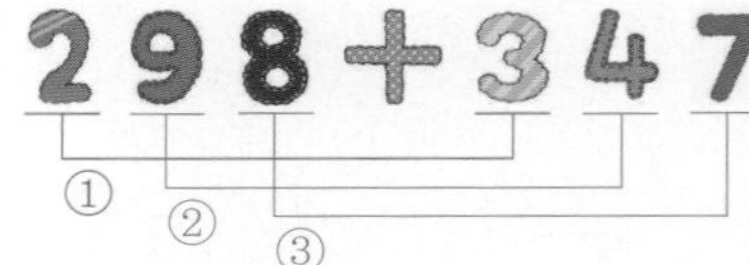

백 → 십 → 일의 자리부터 더해 계산하자.

① 백의 자리: $200+300=500$

② 십의 자리: $90+40=$ ❶

③ 일의 자리: $8+7=15$

⇨ $500+130+15=$ ❷

확인 01 $368+594$를 계산하려고 합니다. □ 안에 알맞은 수를 써넣으시오.

$300+500=\square$, $60+90=\square$, $8+4=\square$

⇨ $\square+\square+\square=\square$

개념 02 여러 가지 방법으로 덧셈하기(2)

547+386
①
②

백의 자리와 남은 십, 일의 자리의 합으로 계산하자.

① 백의 자리: $500+300=800$

② 십, 일의 자리: $47+86=$ ❶

⇨ $800+133=$ ❷

확인 02 $659+172$를 계산하려고 합니다. □ 안에 알맞은 수를 써넣으시오.

$600+100=\square$, $59+72=\square$

⇨ $\square+\square=\square$

답 개념 01 ❶ 130 ❷ 645 개념 02 ❶ 133 ❷ 933

개념 03 여러 가지 방법으로 뺄셈하기(1)

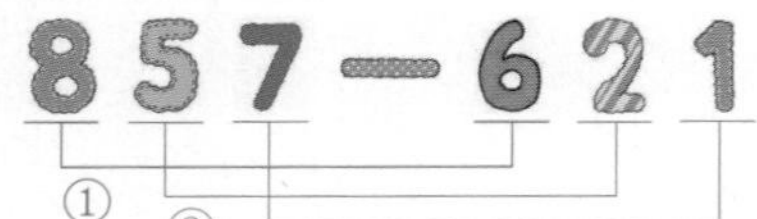

백 → 십 → 일의 자리부터 빼서 계산하자.

① 백의 자리: $800-600=200$

② 십의 자리: $50-20=$ ❶

③ 일의 자리: $7-1=6$

⇨ $200+30+6=$ ❷

확인 03 $739-214$를 계산하려고 합니다. □ 안에 알맞은 수를 써넣으시오.

$700-200=\square$, $30-10=\square$, $9-4=\square$

⇨ $\square+\square+\square=\square$

개념 04 여러 가지 방법으로 뺄셈하기(2)

986−452
①
②

백의 자리와 남은 십, 일의 자리의 차로 계산하자.

① 백의 자리: $900-400=500$

② 십, 일의 자리: $86-52=$ ❶

⇨ $500+34=$ ❷

확인 04 $857-315$를 계산하려고 합니다. □ 안에 알맞은 수를 써넣으시오.

$800-300=\square$, $57-15=\square$

⇨ $\square+\square=\square$

답 개념 03 ❶ 30 ❷ 236 개념 04 ❶ 34 ❷ 534

개념 05 받아올림이 있는 덧셈하기

• 685 + 749의 계산

[방법1] 세로셈으로 계산하기(1)

	6	8	5	
+	7	4	9	
		1	4	← 5+9=14(일의 자리)
	1	2	0	← 8+4=12(십의 자리)
1	3	0	0	← 6+7=13(백의 자리)
1	4	❶□	4	

[방법2] 세로셈으로 계산하기(2)

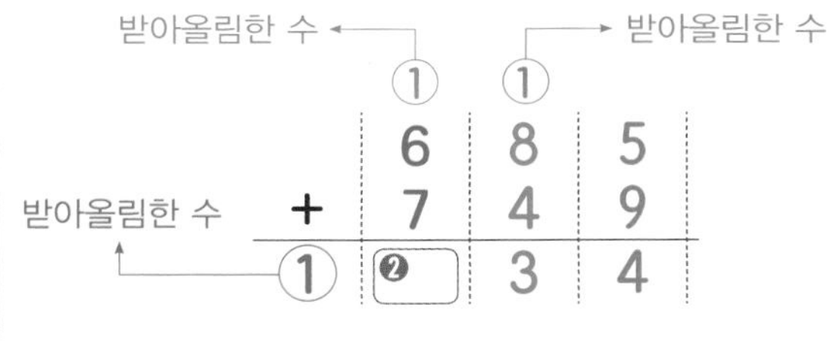

확인 05 □ 안에 알맞은 수를 써넣으시오.

	8	3	4	
+	5	7	6	
		□	□	← 4+6
	□	□	0	← 3+7
□	□	0	0	← 8+5
□	□	□	□	

답 개념 05 ❶ 3 ❷ 4

개념 06 받아내림이 있는 뺄셈하기

• 824 − 359의 계산

[방법] 일 → 십 → 백의 자리부터 빼서 계산하기

	8	1	14
−	3	5	9
			❶□

십의 자리에서 10을 받아내림하면 14−9=5입니다.

↓

	7	11	14
−	3	5	9
		❷□	5

백의 자리에서 10을 받아내림하면 11−5=6입니다.

↓

	7	11	14
−	3	5	9
	❸□	6	5

확인 06 □ 안에 알맞은 수를 써넣으시오.

(1)

	6	3	4			5	12	14
−	2	5	7	⇨	−	2	5	7
						□	□	□

(2)

	9	1	3			8	10	13
−	4	6	7	⇨	−	4	6	7
						□	□	□

(3)

	7	0	5			6	9	15
−	2	3	8	⇨	−	2	3	8
						□	□	□

답 개념 06 ❶ 5 ❷ 6 ❸ 4

1주

개념 07 덧셈식의 □ 안에 알맞은 수 구하기

	2	5	㉠
+	3	㉡	6
	㉢	4	3

• 일의 자리 계산

㉠+6=3이 될 수 없으므로
㉠+6=13이 되어야 합니다.

⇨ ㉠+6=13, 13−6=㉠, ㉠=❶□

• 십의 자리 계산

1+5+㉡=4가 될 수 없으므로
1+5+㉡=14가 되어야 합니다.
⇨ 1+5+㉡=14, 6+㉡=14, 14−6=㉡,
㉡=❷□

• 백의 자리 계산

십의 자리에서 받아올림이 있으므로
1+2+3=㉢입니다.

⇨ ㉢=❸□

확인 07 세 자리 수의 덧셈을 계산하려고 합니다. □ 안에 알맞은 수를 써넣으시오.

(1)

	3	6	□
+	4	□	8
	8	4	3

(2)

	2	□	5
+	5	3	□
	8	3	1

답 개념 07 ❶ 7 ❷ 8 ❸ 6

개념 08 뺄셈식의 □ 안에 알맞은 수 구하기

	㉢	2	1
−	3	㉡	4
	3	8	㉠

• 일의 자리 계산

1에서 4를 뺄 수 없으므로
10+1−4=㉠이 되어야 합니다.

⇨ ㉠=❶□

• 십의 자리 계산

2−1−㉡=8이 될 수 없으므로
10+2−1−㉡=8이 되어야 합니다.
⇨ 11−㉡=8, ㉡+8=11, 11−8=㉡,
㉡=❷□

• 백의 자리 계산

십의 자리로 받아내림이 있으므로
㉢−1−3=3입니다

⇨ ㉢=❸□

확인 08 세 자리 수의 뺄셈을 계산하려고 합니다. □ 안에 알맞은 수를 써넣으시오.

(1)

	8	4	2
−	5	□	6
	2	4	□

(2)

	7	□	2
−	2	6	□
	4	6	5

답 개념 08 ❶ 7 ❷ 3 ❸ 7

개념 09 덧셈식을 만들어 계산하기

- ■에 ▲를 더한 값
- ■보다 ▲만큼 더 큰 수
- ■와 ▲의 합
- ■개가 있고 ▲개를 더 사면 모두 몇 개

⇨ ❶ ☐ + ▲

확인 09 (1) 254보다 196만큼 더 큰 수는 얼마입니까?

(　　　　　　　　)

(2) 378과 269의 합은 얼마입니까?

(　　　　　　　　)

개념 10 뺄셈식을 만들어 계산하기

- ■에서 ▲를 뺀 값
- ■보다 ▲만큼 더 작은 수
- ■ > ▲일 때 ■와 ▲의 차
- ■ > ▲일 때 ▲와 ■의 차
- ■개에서 ▲개를 먹었을 때 남은 개수

⇨ ■ − ❶ ☐

확인 10 (1) 514보다 376만큼 더 작은 수는 얼마입니까?

(　　　　　　　　)

(2) 495와 713의 차는 얼마입니까?

(　　　　　　　　)

답 개념 09 ❶ ■ 개념 10 ❶ ▲

개념 11 바르게 계산한 값 구하기

어떤 수에 234를 더해야 할 것을 잘못하여 뺐더니 387이 되었을 때 바르게 계산한 값 구하기

어떤 수를 ■라 하여 잘못 계산한 식 세우기 | ■ − 234 = 387

덧셈과 뺄셈의 관계를 이용하여 ■의 값 구하기 | 234 + 387 = ■, ■ = ❶ ☐

바르게 계산한 값 구하기 | ■ + 234 = 621 + 234 = ❷ ☐

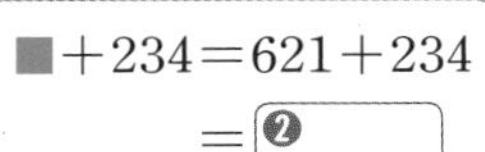

확인 11 (1) 어떤 수에 254를 더해야 할 것을 잘못하여 뺐더니 169가 되었습니다. 어떤 수는 얼마인지 구하시오.

(　　　　　　　　)

(2) 어떤 수에 178을 더해야 할 것을 잘못하여 뺐더니 263이 되었습니다. 바르게 계산한 값을 구하시오.

(　　　　　　　　)

잘못 계산한 식에서 어떤 수를 먼저 구하자.

답 개념 11 ❶ 621 ❷ 855

1주

1주 1일 개념 돌파 전략 2

01 ☐ 안의 수가 실제로 나타내는 수는 얼마입니까?

(1)
```
    1 [1]
  2  6  5
+ 1  9  7
---------
  4  6  2
```
(　　　　　　　)

(2)
```
  4 [12] 10
  5̸   3̸   4
- 2   7   8
-----------
  2   5   6
```
(　　　　　　　)

문제 해결 전략 1

(1) 받아올림한 수 10은 바로 윗자리 위에 작게 ☐(이)라고 써 줍니다.

(2) 같은 자리끼리 뺄 수 없을 때 바로 윗자리에서 10을 받아 ☐합니다.

02 계산 결과를 찾아 선으로 이어 보시오.

258+296 •	• 534
823−289 •	• 544
367+177 •	• 554

문제 해결 전략 2

세로셈으로 받아올림이나 받아 ☐에 주의하여 계산합니다.

03 계산이 잘못된 곳을 찾아 바르게 계산하시오.

```
  4 3 5            4 3 5
+ 2 8 6    ⇨    + 2 8 6
-------          -------
  6 1 1
```

문제 해결 전략 3

받아올림한 수 10은 바로 윗자리 위에 작게 ☐(이)라고 써 주고 같이 더해 줍니다.

답 1 1, 내림 2 내림 3 1

04 계산이 잘못된 곳을 찾아 바르게 계산하시오.

$$\begin{array}{r} \scriptstyle 8 \quad 10 \\ \not{9}\ 0\ 3 \\ -\ 5\ 2\ 7 \\ \hline 3\ 8\ 6 \end{array} \Rightarrow \begin{array}{r} 9\ 0\ 3 \\ -\ 5\ 2\ 7 \\ \hline \end{array}$$

문제 해결 전략 4

- 같은 자리끼리 뺄 수 없을 때 바로 윗자리에서 10을 받아 □ 합니다.
- 900=800+□+10

05 세 자리 수의 덧셈과 뺄셈을 계산하려고 합니다. □ 안에 알맞은 수를 써넣으시오.

(1)
$$\begin{array}{r} 2\ 5\ \square \\ +\ 4\ \square\ 4 \\ \hline \square\ 2\ 2 \end{array}$$

(2)
$$\begin{array}{r} \square\ 2\ 4 \\ -\ 3\ \square\ 8 \\ \hline 5\ 4\ \square \end{array}$$

문제 해결 전략 5

(1) 받아올림한 수 □은/는 바로 윗자리 위에 작게 1이라고 써 줍니다.
(2) 같은 자리끼리 뺄 수 없으므로 바로 윗자리에서 □을/를 받아내림합니다.

06 648에 어떤 수를 더해야 할 것을 잘못하여 뺐더니 259가 되었습니다. 바르게 계산한 값을 구하시오.

( )

문제 해결 전략 6

- 잘못 계산한 식: 648□(어떤 수)=259
- 바르게 계산한 식: 648□(어떤 수)

답 4 내림, 90 5 10, 10 6 −, +

1주

핵심 예제 1

삼각형 안에 써 있는 수의 합은 얼마입니까?

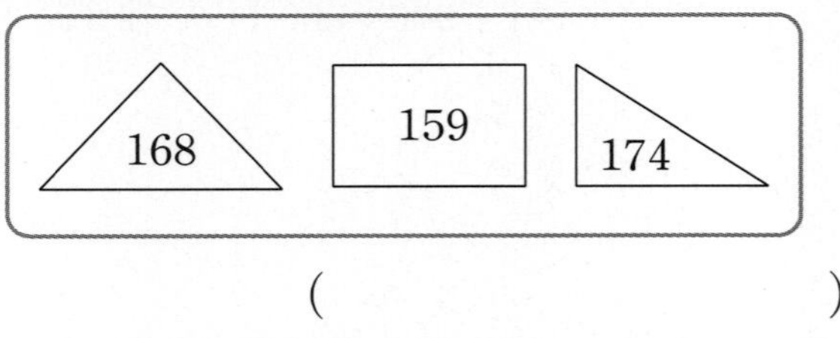

( )

전략

변 3개로 이루어진 도형이 삼각형이므로 삼각형 안에 써 있는 수를 찾아서 세로셈으로 계산합니다.

풀이

삼각형 안에 써 있는 수는 168과 174이므로

$$\begin{array}{r} {}^{1}\ {}^{1}\ \ \\ 1\ 6\ 8 \\ +\ 1\ 7\ 4 \\ \hline 3\ 4\ 2 \end{array}$$ 입니다.

답 342

핵심 예제 2

다음이 나타내는 수보다 257만큼 더 큰 수는 얼마입니까?

100이 3개, 10이 4개, 1이 18개인 수

( )

전략

100이 ■개이면 ■00, 10이 ▲개이면 ▲0, 1이 ●개이면 ●입니다.

257만큼 더 큰 수 ⇨ $+257$

풀이

100이 3개이면 300, 10이 4개이면 40, 1이 18개이면 18이므로 $300+40+18=358$입니다.

따라서 358보다 257만큼 더 큰 수는 $358+257=615$입니다.

답 615

1-1 사각형 안에 써 있는 수의 합은 얼마입니까?

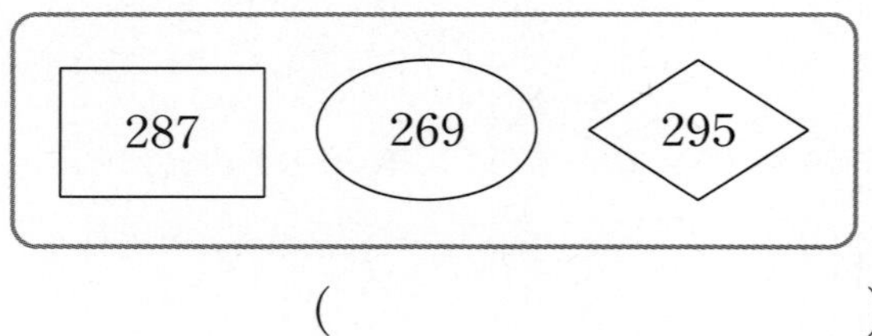

( )

1-2 원 안에 써 있는 수의 합은 얼마입니까?

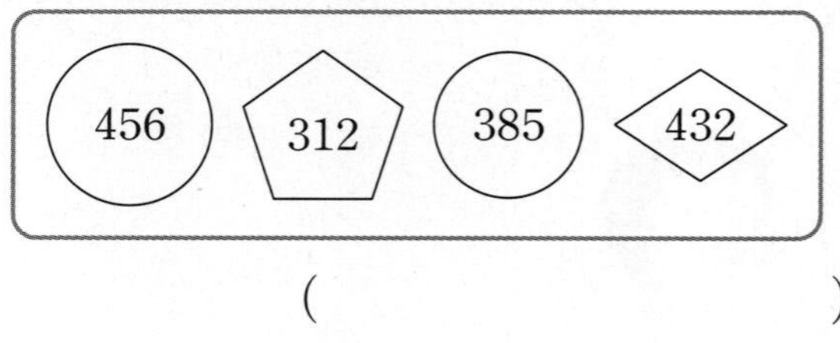

( )

2-1 다음이 나타내는 수보다 314만큼 더 큰 수는 얼마입니까?

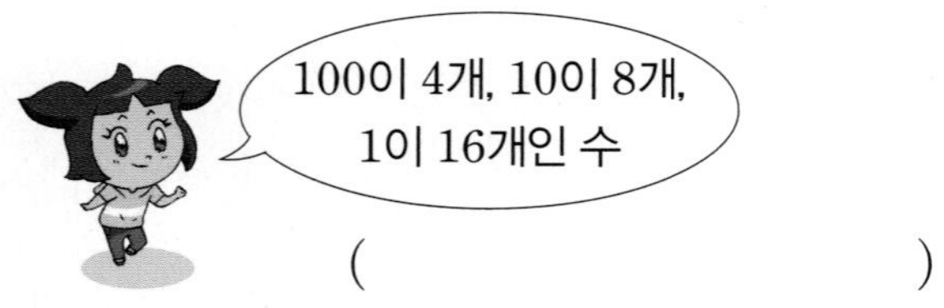

( )

2-2 다음이 나타내는 수보다 666만큼 더 큰 수는 얼마입니까?

100이 2개, 10이 11개, 1이 37개인 수

( )

핵심 예제 3

수 카드 3장을 한 번씩만 사용하여 세 자리 수를 만들었습니다. 만든 수 중 가장 큰 수와 360의 합을 구하시오.

( )

전략

만든 수 중 가장 큰 세 자리 수는 백 → 십 → 일의 자리에 큰 수부터 차례로 놓으면 됩니다.

풀이

수 카드의 수를 큰 수부터 쓰면 $8>7>3$이므로 만든 수 중 가장 큰 세 자리 수는 873입니다.

⇨ $873+360=1233$

답 1233

3-1 수 카드 3장을 한 번씩만 사용하여 세 자리 수를 만들었습니다. 만든 수 중 가장 큰 수와 570의 합을 구하시오.

( )

3-2 수 카드 3장을 한 번씩만 사용하여 세 자리 수를 만들었습니다. 만든 수 중 둘째로 큰 수와 487의 합을 구하시오.

( )

핵심 예제 4

과일 가게에서 오전에 판 귤은 480개이고, 오후에 판 귤은 685개입니다. 오전과 오후에 판 귤은 모두 몇 개입니까?

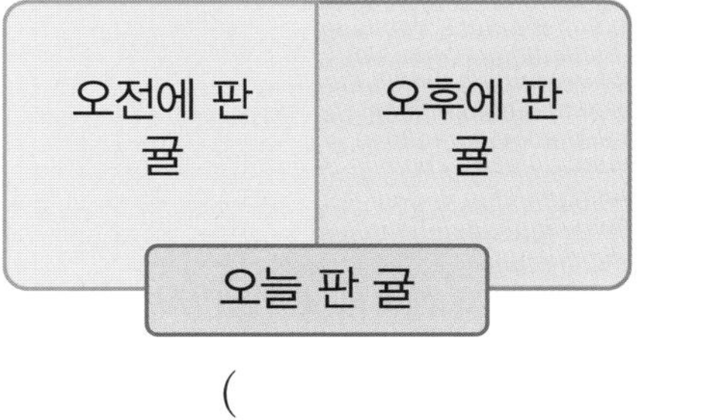

( )

전략

오전과 오후에 판 귤 수는 오전에 판 귤 수와 오후에 판 귤 수를 더하면 됩니다.

풀이

(오전과 오후에 판 귤 수)

=(오전에 판 귤 수)+(오후에 판 귤 수)이므로

$480+685=1165$(개)입니다.

답 1165개

4-1 과일 가게에서 오전에 판 귤은 565개이고, 오후에 판 귤은 785개입니다. 오전과 오후에 판 귤은 모두 몇 개입니까?

( )

4-2 과일 가게에서 오전에 판 귤은 695개이고, 오후에 판 귤은 835개입니다. 오전과 오후에 판 귤은 모두 몇 개입니까?

( )

1주

핵심 예제 5

□ 안에 들어갈 수 있는 세 자리 수 중 가장 큰 수를 구하시오.

356+246>□

(　　　　　　　　)

전략

세 자리 수의 덧셈을 계산하여 □의 범위를 구합니다.

풀이

356+246=602이므로 602>□입니다.

⇨ □=601, 600, ..., 101, 100

따라서 □ 안에 들어갈 수 있는 가장 큰 세 자리 수는 601입니다.

답 601

5-1 □ 안에 들어갈 수 있는 세 자리 수 중 가장 큰 수를 구하시오.

574+289>□

(　　　　　　　　)

5-2 □ 안에 들어갈 수 있는 세 자리 수 중 가장 작은 수를 구하시오.

□>469+453

(　　　　　　　　)

핵심 예제 6

수 카드 3장을 한 번씩만 사용하여 세 자리 수를 만들었습니다. 만든 수 중 가장 큰 수와 가장 작은 수의 합을 구하시오.

(　　　　　　　　)

전략

만든 세 자리 수 중 가장 큰 수와 가장 작은 수를 구합니다.

풀이

수 카드의 수를 큰 수부터 쓰면 9>6>5이므로 만든 세 자리 수 중 가장 큰 수는 965이고 가장 작은 수는 569입니다.

⇨ 965+569=1534

답 1534

6-1 수 카드 3장을 한 번씩만 사용하여 세 자리 수를 만들었습니다. 만든 수 중 가장 큰 수와 가장 작은 수의 합을 구하시오.

(　　　　　　　　)

6-2 수 카드 3장을 한 번씩만 사용하여 세 자리 수를 만들었습니다. 만든 수 중 둘째로 큰 수와 가장 작은 수의 합을 구하시오.

(　　　　　　　　)

핵심 예제 7

놀이공원에 오늘 입장한 어른은 348명이고 어린이는 어른보다 196명 더 많습니다. 오늘 입장한 어린이는 몇 명입니까?

(　　　　　　　　)

전략

오늘 입장한 어린이 수는 오늘 입장한 어른 수에 196을 더하면 됩니다.

풀이

(오늘 입장한 어린이 수)
=(오늘 입장한 어른 수)+196이므로
348+196=544(명)입니다.

답 544명

7-1 놀이공원에 오늘 입장한 어른은 257명이고 어린이는 어른보다 365명 더 많습니다. 오늘 입장한 어린이는 몇 명입니까?

(　　　　　　　　)

7-2 놀이공원에 오늘 입장한 어른은 348명이고 어린이는 어른보다 196명 더 많습니다. 오늘 입장한 어린이는 몇 명입니까?

(　　　　　　　　)

핵심 예제 8

줄넘기를 원석이는 247회 하였고, 정표는 원석이보다 173회 더 많이 하였습니다. 원석이와 정표는 줄넘기를 모두 몇 회 하였습니까?

(　　　　　　　　)

전략

(정표의 줄넘기 횟수)
=(원석이의 줄넘기 횟수)+173이므로
(원석이와 정표의 줄넘기 횟수)
=(원석이의 줄넘기 횟수)+(정표의 줄넘기 횟수)입니다.

풀이

(정표의 줄넘기 횟수)
=247+173=420(회)이므로
(원석이와 정표의 줄넘기 횟수)
=247+420=667(회)입니다.

답 667회

8-1 줄넘기를 원석이는 346회 하였고, 정표는 원석이보다 135회 더 많이 하였습니다. 원석이와 정표는 줄넘기를 모두 몇 회 하였습니까?

(　　　　　　　　)

8-2 줄넘기를 원석이는 288회 하였고, 정표는 원석이보다 277회 더 많이 하였습니다. 원석이와 정표는 줄넘기를 모두 몇 회 하였습니까?

(　　　　　　　　)

1주

1주 2일 필수 체크 전략 2

01 주어진 수 중 두 수를 골라 그 합을 계산했을 때 가장 큰 값을 구하시오.

279	676	594	458

( )

Tip ①
두 수의 합이 가장 크려면 □ 큰 수와 둘째로 □ 수의 합을 구하면 됩니다.

02 다음이 나타내는 수보다 467만큼 더 큰 수는 얼마입니까?

( )

Tip ②
379와 285의 □을/를 먼저 구한 뒤 그 값에 □을/를 더하면 됩니다.

답 Tip ① 가장, 큰 ② 합, 467

03 ㉠과 ㉡의 합은 얼마입니까?

㉠ 100이 3개, 10이 14개, 1이 25개인 수
㉡ 100이 4개, 10이 38개, 1이 16개인 수

( )

Tip ③
100이 ■개이면 ■00, 10이 ▲개이면 ▲0, 1이 ●개이면 ●이므로 100이 ■개, 10이 ▲개, 1이 ●개인 수는 □+▲0+□입니다.

04 어떤 수에서 436을 뺐더니 319가 되었습니다. 어떤 수와 278의 합을 구하시오.

( )

Tip ④
어떤 수를 □라 하여 계산한 식을 세우고 덧셈과 □의 관계를 이용하여 □의 값을 구한 뒤 그 값에 □을/를 더하면 됩니다.

답 Tip ③ ■00, ● ④ 뺄셈, 278

05 어느 날 박물관에 오전에는 남자 358명, 여자 273명이 방문하였고 오후에는 남자 194명, 여자 436명이 방문하였습니다. 오전과 오후 중 방문객 수가 더 많은 때는 언제입니까?

( )

Tip ⑤

(오전의 방문객 수)=(오전의 남자 방문객 수)
+(오전의 □ 방문객 수),
(오후의 방문객 수)=(□의 남자 방문객 수)
+(오후의 여자 방문객 수)

06 □ 안에 들어갈 수 있는 세 자리 수 중 가장 큰 수와 가장 작은 수의 합을 구하시오.

257+268<□<179+498

( )

Tip ⑥

257+268과 179+498을 각각 계산하여 □의 □을/를 구한 뒤 □ 안에 들어갈 수 있는 세 자리 수 중 가장 큰 수와 가장 □ 수를 구합니다.

답 Tip ⑤ 여자, 오후 ⑥ 범위, 작은

07 수 카드 4장 중 3장을 골라 한 번씩만 사용하여 세 자리 수를 만들었습니다. 만든 수 중 둘째로 큰 수와 둘째로 작은 수의 합을 구하시오.

5 3 0 7

( )

Tip ⑦

수 카드의 수가 0<㉠<㉡<㉢일 때 백의 자리에 □이 올 수 없으므로 만든 세 자리 수 중 가장 작은 수는 ㉠0㉡, 둘째로 작은 수는 □입니다.

1주

08 어떤 세 자리 수 7㉠5와 ㉡7㉢의 합은 1324입니다. ㉠㉡㉢과 ㉢㉡㉠의 합을 구하시오.

( )

Tip ⑧

7㉠5와 ㉡7㉢의 합이 □이므로 세로셈으로 나타낸 뒤 받아□에 주의하여 일, 십, 백의 자리를 계산한 식을 만들어 ㉠, ㉡, ㉢의 값을 각각 구합니다.

답 Tip ⑦ 0, ㉠0㉢ ⑧ 1324, 올림

핵심 예제 1

사각형 안에 써 있는 수의 차는 얼마입니까?

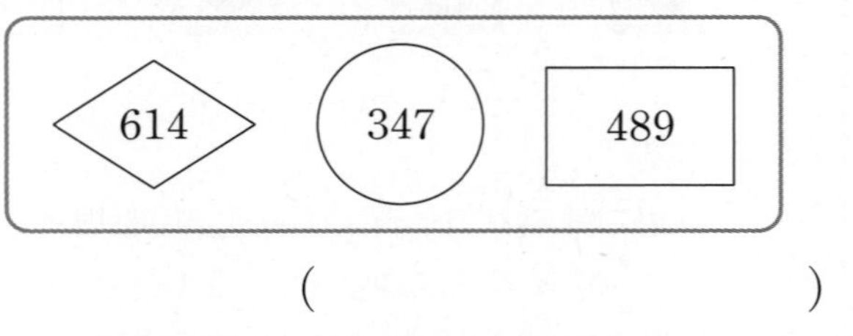

( )

전략

변 4개로 이루어진 도형이 사각형이므로 사각형 안에 써 있는 수를 찾아서 세로셈으로 계산합니다.

풀이

사각형 안에 써 있는 수는 614와 489이므로

$$\begin{array}{r} \scriptstyle 5\ \ 10\ \ 10 \\ \cancel{6}\ \ \cancel{1}\ \ 4 \\ -\ 4\ \ 8\ \ 9 \\ \hline 1\ \ 2\ \ 5 \end{array}$$

입니다.

답 125

핵심 예제 2

다음이 나타내는 수보다 369만큼 더 작은 수는 얼마입니까?

100이 6개, 10이 3개, 1이 15개인 수

( )

전략

100이 ■개이면 ■00, 10이 ▲개이면 ▲0, 1이 ●개이면 ●입니다.
369만큼 더 작은 수 ⇨ -369

풀이

100이 6개이면 600, 10이 3개이면 30, 1이 15개이면 15이므로 $600+30+15=645$입니다.
따라서 645보다 369만큼 더 작은 수는
$645-369=276$입니다.

답 276

1-1 삼각형 안에 써 있는 수의 차는 얼마입니까?

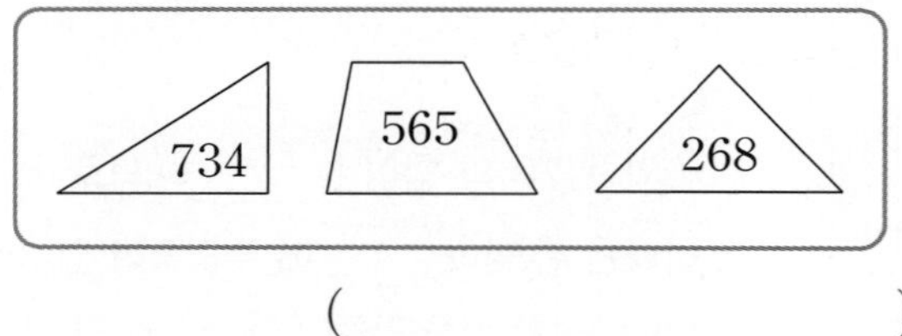

( )

1-2 원이 아닌 도형 안에 써 있는 수의 차는 얼마입니까?

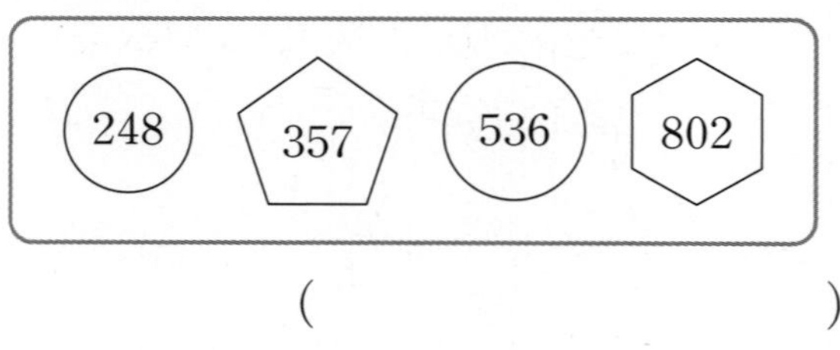

( )

2-1 다음이 나타내는 수보다 475만큼 더 작은 수는 얼마입니까?

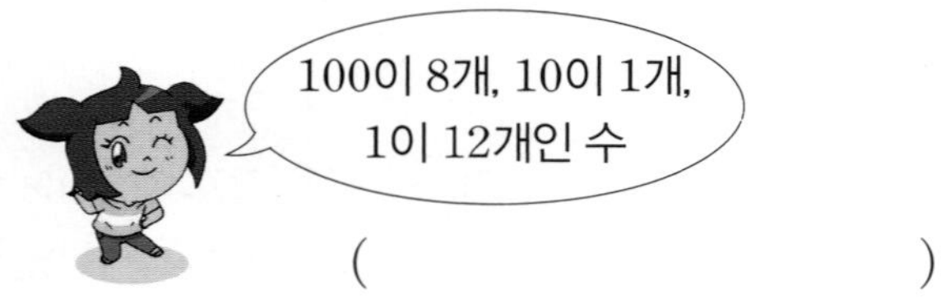

( )

2-2 다음이 나타내는 수보다 378만큼 더 작은 수는 얼마입니까?

100이 6개, 10이 11개, 1이 21개인 수

( )

핵심 예제 3

수 카드 3장을 한 번씩만 사용하여 세 자리 수를 만들었습니다. 만든 수 중 가장 작은 수와 455의 차를 구하시오.

( )

전략

만든 세 자리 수 중 가장 작은 수와 455의 크기를 비교하여 차를 구합니다.

풀이

수 카드의 수를 작은 수부터 쓰면 $2<6<8$이므로 만든 세 자리 수 중 가장 작은 수는 268입니다.
268과 455의 차는 $268<455$이므로 $455-268$입니다.
⇨ $455-268=187$

답 187

3-1 수 카드 3장을 한 번씩만 사용하여 세 자리 수를 만들었습니다. 만든 수 중 가장 작은 수와 534의 차를 구하시오.

( )

3-2 수 카드 3장을 한 번씩만 사용하여 세 자리 수를 만들었습니다. 만든 수 중 둘째로 작은 수와 198의 차를 구하시오.

( )

핵심 예제 4

과수원에서 오늘 딴 사과는 모두 835개입니다. 오후에 딴 사과가 578개일 때 오전에 딴 사과는 몇 개입니까?

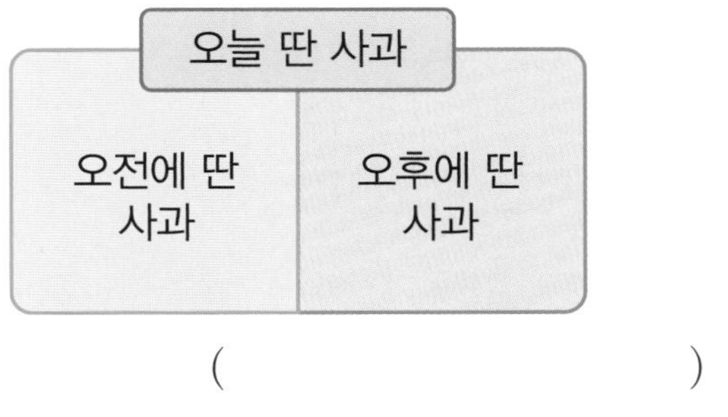

( )

전략

오늘 딴 사과 수에서 오후에 딴 사과 수를 빼면 됩니다.

풀이

(오전에 딴 사과 수)
=(오늘 딴 사과 수)−(오후에 딴 사과 수)이므로
$835-578=257$(개)입니다.

답 257개

4-1 과수원에서 오늘 딴 사과는 모두 720개입니다. 오후에 딴 사과가 438개일 때 오전에 딴 사과는 몇 개입니까?

( )

4-2 과수원에서 오늘 딴 사과는 모두 913개입니다. 오전에 딴 사과는 356개일 때 오후에 딴 사과는 몇 개입니까?

( )

1주

핵심 예제 5

□ 안에 들어갈 수 있는 세 자리 수 중 가장 큰 수를 구하시오.

531－384＞□

(　　　　　　　　)

전략

세 자리 수의 뺄셈을 계산하여 □의 범위를 구한 뒤 □ 안에 들어갈 수 있는 가장 큰 세 자리 수를 구합니다.

풀이

531－384＝147이므로 147＞□입니다.

⇨ □＝146, 145, ..., 101, 100

따라서 □ 안에 들어갈 수 있는 가장 큰 세 자리 수는 146입니다.

답 146

핵심 예제 6

수 카드 3장을 한 번씩만 사용하여 세 자리 수를 만들었습니다. 만든 수 중 가장 큰 수와 가장 작은 수의 차를 구하시오.

(　　　　　　　　)

전략

만든 세 자리 수 중 가장 큰 수와 가장 작은 수를 구합니다.

풀이

수 카드의 수를 큰 수부터 쓰면 9＞8＞2이므로 만든 세 자리 수 중 가장 큰 수는 982이고 가장 작은 수는 289입니다.

⇨ 982－289＝693

답 693

5-1 □ 안에 들어갈 수 있는 세 자리 수 중 가장 큰 수를 구하시오.

705－439＞□

(　　　　　　　　)

5-2 □ 안에 들어갈 수 있는 세 자리 수 중 가장 작은 수를 구하시오.

□＞915－378

(　　　　　　　　)

6-1 수 카드 3장을 한 번씩만 사용하여 세 자리 수를 만들었습니다. 만든 수 중 가장 큰 수와 가장 작은 수의 차를 구하시오.

(　　　　　　　　)

6-2 수 카드 3장을 한 번씩만 사용하여 세 자리 수를 만들었습니다. 만든 수 중 둘째로 큰 수와 가장 작은 수의 차를 구하시오.

(　　　　　　　　)

핵심 예제 7

생선 가게에서 오늘 판 생선은 모두 906마리이고, 그중 오전에 판 생선은 627마리입니다. 오전에 판 생선은 오후에 판 생선보다 몇 마리 더 많습니까?

(　　　　　　　　)

전략

오후에 판 생선 수는 오늘 판 생선 수에서 오전에 판 생선 수를 빼면 됩니다.

풀이

(오후에 판 생선 수) $=906-627=279$(마리)입니다.
따라서 오전에 판 생선은 오후에 판 생선보다 $627-279=348$(마리) 더 많습니다.

답 348마리

7-1 생선 가게에서 오늘 판 생선은 모두 854마리이고, 그중 오전에 판 생선은 476마리입니다. 오전에 판 생선은 오후에 판 생선보다 몇 마리 더 많습니까?

(　　　　　　　　)

7-2 생선 가게에서 오늘 판 생선은 모두 813마리이고, 그중 오전에 판 생선은 495마리입니다. 오후에 판 생선은 오전에 판 생선보다 몇 마리 더 적습니까?

(　　　　　　　　)

핵심 예제 8

영아네 학교 학생은 521명이고 그중 남학생이 257명입니다. 가은이네 학교 학생은 664명이고 그중 남학생이 289명입니다. 영아와 가은이네 학교의 여학생은 모두 몇 명입니까?

(　　　　　　　　)

전략

(학생 수) = (남학생 수) + (여학생 수)이므로
(여학생 수) = (학생 수) − (남학생 수)입니다.

풀이

(영아네 학교 여학생 수)
$=521-257=264$(명)입니다.
(가은이네 학교 여학생 수)
$=664-289=375$(명)입니다.
⇨ (영아네 학교 여학생 수) + (가은이네 학교 여학생 수)
$=264+375=639$(명)

답 639명

8-1 연실이네 학교 학생은 477명이고 그중 남학생이 289명입니다. 진호네 학교 학생은 536명이고 그중 남학생이 346명입니다. 연실이와 진호네 학교의 여학생은 모두 몇 명입니까?

(　　　　　　　　)

8-2 진기네 학교 학생은 743명이고 그중 여학생이 475명입니다. 초희네 학교 학생은 823명이고 그중 여학생이 368명입니다. 진기와 초희네 학교의 남학생은 모두 몇 명입니까?

(　　　　　　　　)

01 주어진 수 중 두 수를 골라 그 차를 계산했을 때 가장 큰 값을 구하시오.

(　　　　　　　　)

Tip ①
두 수의 차가 가장 크려면 가장 □ 수에서 가장 □ 수를 빼면 됩니다.

02 다음이 나타내는 수보다 186만큼 더 작은 수는 얼마입니까?

900과 237의 차

(　　　　　　　　)

Tip ②
900과 237의 □을/를 먼저 구한 뒤 그 값에서 □을/를 빼면 됩니다.

답 Tip ① 큰, 작은 ② 차, 186

03 어떤 수에 478을 더했더니 712가 되었습니다. 어떤 수와 603의 차를 구하시오.

(　　　　　　　　)

Tip ③
어떤 수를 □라 하여 계산한 식을 세우고 덧셈과 □의 관계를 이용하여 □의 값을 구한 뒤 그 값과 □의 차를 구하면 됩니다.

04 길이가 8 m인 색 테이프 중 인형을 포장하는 데 187 cm를 잘라서 사용했고 옷을 포장하는 데 165 cm를 잘라서 사용했습니다. 사용하고 남은 색 테이프의 길이는 몇 cm입니까?

(　　　　　　　　)

Tip ④
(사용하고 남은 색 테이프의 길이)
=(색 테이프의 □ 길이)−(인형과 □을/를 포장하는 데 사용한 색 테이프의 길이)

답 Tip ③ 뺄셈, 603 ④ 전체, 옷

05 종이 2장에 각각 세 자리 수를 1개씩 써 놓았는데 1장이 찢어져서 백의 자리 숫자만 보입니다. 두 수의 합이 924일 때 찢어진 종이에 적힌 세 자리 수를 구하시오.

576　　3

(　　　　　　)

Tip ⑤
576+3□△=[　　]이므로 덧셈과 [　　]의 관계를 이용하여 3□△를 구하면 됩니다.

06 수 카드 4장 중 3장을 골라 한 번씩만 사용하여 세 자리 수를 만들었습니다. 만든 수 중 둘째로 큰 수와 둘째로 작은 수의 차를 구하시오.

(　　　　　　)

Tip ⑥
수 카드의 수가 0<㉠<㉡<㉢일 때 백의 자리에 0이 올 수 없으므로 만든 세 자리 수 중 가장 작은 수는 [　　], 둘째로 작은 수는 [　　]입니다.

답 Tip ⑤ 924, 뺄셈 ⑥ ㉠0㉡, ㉠0㉢

07 □ 안에 들어갈 수 있는 세 자리 수 중 가장 큰 수를 구하시오.

□+274<812

(　　　　　　)

Tip ⑦
<를 =로 놓으면 □+274=[　　]에서 □의 값을 구한 뒤 □ 안에 들어갈 수 있는 세 자리 수 중 가장 [　　] 수를 구하면 됩니다.

08 어떤 세 자리 수 7㉠4와 ㉡8㉢의 차는 468입니다. ㉠㉡㉢과 ㉢㉡㉠의 차를 구하시오.

(　　　　　　)

Tip ⑧
7㉠4와 ㉡8㉢의 차가 [　　]이므로 세로셈으로 나타낸 뒤 받아[　　]에 주의하여 일, 십, 백의 자리를 계산한 식을 만들어 ㉠, ㉡, ㉢의 값을 각각 구합니다.

답 Tip ⑦ 812, 큰 ⑧ 468, 내림

1주

맞은 개수 /개

01 빈 곳에 알맞은 수를 써넣으시오.

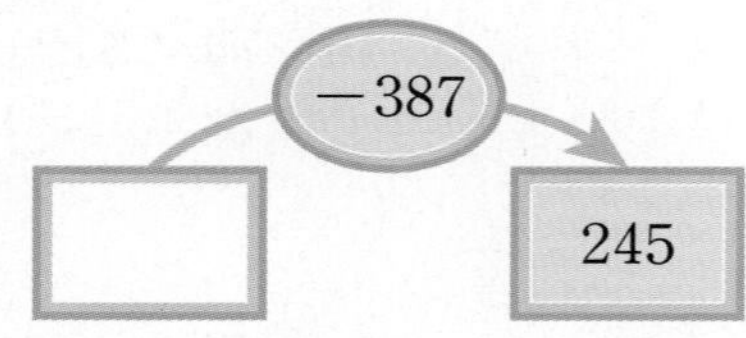

02 원 안에 써 있는 수의 합은 얼마입니까?

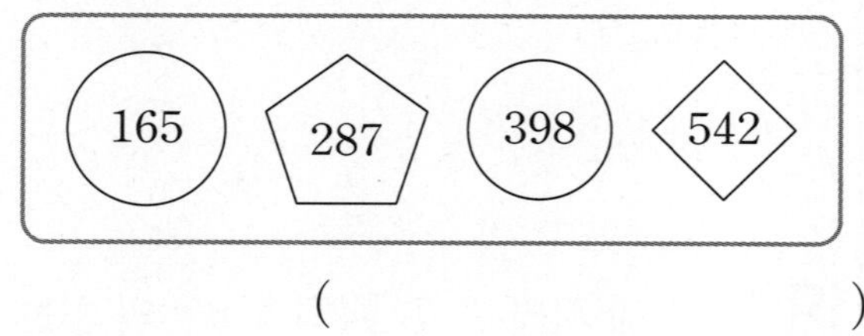

(　　　　　　　　)

03 수 카드 3장을 한 번씩만 사용하여 세 자리 수를 만들었습니다. 만든 수 중 가장 작은 수와 456의 차를 구하시오.

(　　　　　　　　)

04 다음이 나타내는 수보다 265만큼 더 작은 수는 얼마입니까?

100이 5개, 10이 13개, 1이 14개인 수

(　　　　　　　　)

05 □ 안에 들어갈 수 있는 세 자리 수 중 가장 큰 수를 구하시오.

□ $<387+264$

□ 안에 들어갈 수 있는 세 자리 수 중 가장 작은 수는 100이네.

(　　　　　　　　)

>> 정답과 풀이 10쪽

06 다음이 나타내는 수보다 275만큼 더 큰 수는 얼마입니까?

500과 364의 차

( )

07 어떤 수에 157을 더했더니 421이 되었습니다. 어떤 수와 389의 합을 구하시오.

( )

08 줄넘기를 혁이는 545회 하였고, 은이는 혁이보다 158회 더 적게 하였습니다. 혁이와 은이는 줄넘기를 모두 몇 회 하였습니까?

( )

09 생선 가게에서 오늘 판 생선은 모두 912마리이고, 그중 오전에 판 생선은 388마리입니다. 오전에 판 생선은 오후에 판 생선보다 몇 마리 더 적습니까?

( )

10 나은이네 학교 학생은 650명이고 그중 남학생이 295명입니다. 연경이네 학교 학생은 700명이고 그중 남학생이 453명입니다. 나은이와 연경이네 학교의 여학생은 모두 몇 명입니까?

( )

1주

01 도형의 변의 수를 이용하여 세 자리 수를 만들었습니다. ㉠과 ㉡에서 만든 세 자리 수의 차를 구하시오.

	백의 자리 숫자	십의 자리 숫자	일의 자리 숫자
㉠	팔각형	원	삼각형
㉡	오각형	사다리꼴	육각형

( )

Tip ①

▲각형에서 변의 수는 □개, 원은 변이 없습니다.
㉠과 ㉡에서 주어진 도형의 변의 수를 세어 만든 세 자리 수를 각각 구한 뒤 그 □을/를 계산합니다.

02 동물의 다리 수를 한 번씩만 사용하여 세 자리 수를 만들었습니다. 만든 수 중 가장 작은 수와 579의 합을 구하시오.

( )

Tip ②

코뿔소의 다리는 4개, 문어의 다리는 □개, 오리의 다리는 2개입니다.
세 수 ㉠<㉡<㉢으로 만든 세 자리 수 중 가장 작은 수는 □입니다.

답 Tip ① ▲, 차 ② 8, ㉠㉡㉢

03 ▣와 ◉의 규칙이 다음과 같을 때 규칙에 따라 만든 세 자리 수의 합을 구하시오.

> **규칙**
>
> ▣: 주위에 있는 수 3개를 한 번씩만 사용하여 가장 작은 세 자리 수 만들기
>
> ◉: 주위에 있는 수 3개를 한 번씩만 사용하여 가장 큰 세 자리 수 만들기

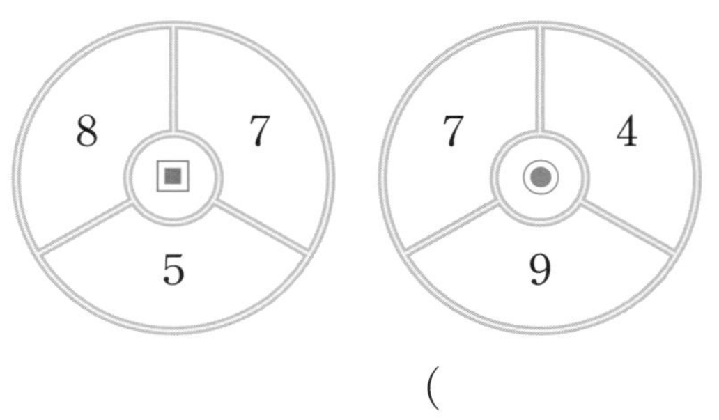

(　　　　　　　　　　)

Tip ③

세 수 ㉠<㉡<㉢으로 만든 가장 작은 세 자리 수는 [　　　],
세 수 ㉠>㉡>㉢으로 만든 가장 큰 세 자리 수는 [　　　]이므로 만든 두 수의 합을 구합니다.

04 오른쪽 로마 숫자 3개를 한 번씩만 사용하여 세 자리 수를 만들었습니다. 만든 수 중 가장 큰 수와 가장 작은 수의 합을 구하시오.

Ⅵ	Ⅸ	Ⅴ

	1	2	3	4	5	6	7	8	9
로마 숫자	Ⅰ	Ⅱ	Ⅲ	Ⅳ	Ⅴ	Ⅵ	Ⅶ	Ⅷ	Ⅸ

(　　　　　　　　　　)

Tip ④

로마 숫자 Ⅵ → 6, Ⅸ → [　], Ⅴ → 5입니다.
세 수 ㉠>㉡>㉢으로 만든 세 자리 수 중 가장 큰 수는 ㉠㉡㉢, 가장 작은 수는 [　　　]입니다.

답 Tip ③ ㉠㉡㉢, ㉠㉡㉢ ④ 9, ㉢㉡㉠

1주

05 수 카드 3장을 한 번씩만 사용하여 세 자리 수를 만들었습니다. 만든 수 중 둘째로 작은 수가 ㉠일 때 화살표의 약속에 따라 계산하여 빈칸에 알맞은 수를 써넣으시오.

화살표의 약속	
→	$+578$
↑	-465
←	-298

Tip ⑤

수 카드의 수가 ㉠<㉡<㉢일 때 만든 세 자리 수 중 가장 작은 수는 ☐, 둘째로 작은 수는 ☐입니다.

06 처음 수 1028을 거울에 비쳤을 때 보이는 수는 8501입니다. 258을 거울에 비치면 보이는 수와 258의 차를 구하시오.

처음 수	거울에 비친 수
1028	8501
258	?

(　　　　　　　　　　)

Tip ⑥

거울에 비쳤을 때 보이는 수를 알아보면 0은 0으로, 1은 1로, 2는 ☐(으)로, 8은 8로 보입니다.
258을 거울에 비쳤을 때 보이는 수를 구한 뒤 258과의 ☐를 계산합니다.

답 Tip ⑤ ㉠㉡㉢, ㉠㉢㉡ ⑥ 5, 차

07 다음은 세계의 높은 건축물의 높이입니다. 세 건물 중 어느 두 건물의 높이 차가 200 m에 가장 가까운지 구하시오.

▲ 에펠탑(324 m)

▲ 부르즈 할리파(829 m)

▲ 타이베이 101(509 m)

(　　　　　)와/과 (　　　　　)

Tip ⑦

두 건물의 [　　] 차를 각각 계산한 뒤 그 결과가 200 m에 가장 [　　] 것을 찾습니다.

08 상혁이와 가은이의 대화를 읽고 두 학생이 만든 두 수의 합과 차를 각각 구하시오.

수 카드 4, 8, 6을 한 번씩만 사용하여 둘째로 큰 세 자리 수를 만들었어.

수 카드 0, 7, 5를 한 번씩만 사용하여 둘째로 작은 세 자리 수를 만들었어.

합 (　　　　　)

차 (　　　　　)

Tip ⑧

수 카드의 수가 ㉠>㉡>㉢일 때 만든 세 자리 수 중 가장 큰 수는 [　　]입니다.

수 카드의 수가 0<㉠<㉡일 때 백의 자리에 0이 올 수 없으므로 만든 세 자리 수 중 가장 작은 수는 [　　]입니다.

답 Tip ⑦ 높이, 가까운
⑧ ㉠㉡㉢, ㉠0㉡

1주

2주 나눗셈, 곱셈

주차장에서 사파리 입구까지
54명이 버스 6대에 똑같이 나누어
타고 왔으니까 버스 한 대에는
$54 \div 6 = 9$(명)이 탔네.

사파리에 사자 10마리, 호랑이 9마리,
곰 12마리가 있으니까
모두 $10 + 9 + 12 = 31$(마리)이고
다리 수는 모두 $4 \times 31 = 124$(개)야.

조련사는 하루에 펭귄에게
생선을 3번씩 주고 한 번 줄 때
생선을 50마리씩 주니까 펭귄들이
하루에 먹는 생선은 모두
$50 \times 3 = 150$(마리)네.

초록색, 노란색, 빨간색, 주황색,
파란색 풍선이 각각 15개씩
있으니까 풍선은 모두
$15 \times 5 = 75$(개)가 있네.

SAFARI

SAFARI TOUR

Balloon

공부할 내용	❶ 똑같이 나누기, 곱셈과 나눗셈의 관계 ❷ 나눗셈의 몫 구하기	❸ (몇십)×(몇) ❹ (몇십몇)×(몇)

2주 1일 개념 돌파 전략 1

나눗셈, 곱셈

개념 01 똑같이 나누기

• 사탕 8개를 접시 2개에 똑같이 나누기

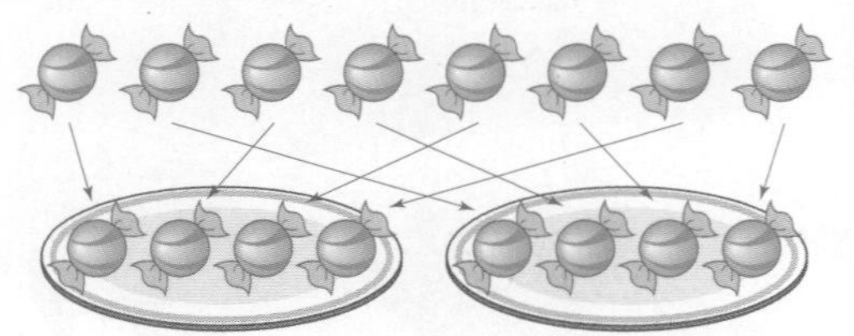

⇨ $8 \div 2 = 4$

① 전체 사탕 수는 나누어지는 수인 8입니다.

② 접시 수는 나누는 수인 ❶ ☐입니다.

③ 한 접시에 놓인 사탕 수는 몫인 ❷ ☐입니다.

확인 01 나눗셈식 $6 \div 3 = 2$를 보고 ☐ 안에 알맞은 수를 써넣으시오.

나누어지는 수는 ☐, 나누는 수는 ☐, 몫은 ☐입니다.

개념 02 뺄셈식을 나눗셈식으로 나타내기

$12 - 4 - 4 - 4 = 0$ ⇨ $12 \div 4 = 3$

① 나눗셈에서 나누는 수인 ❶ ☐은/는 뺄셈식에서 뺀 수입니다.

② 나눗셈식에서 몫인 ❷ ☐은/는 뺄셈식에서 0이 될 때까지 4를 뺀 횟수입니다.

확인 02 뺄셈식을 나눗셈식으로 나타내려고 합니다. ☐ 안에 알맞은 수를 써넣으시오.

$15 - 5 - 5 - 5 = 0$

⇨ ☐ ÷ ☐ = ☐

답 개념 01 ❶ 2 ❷ 4 개념 02 ❶ 4 ❷ 3

개념 03 나눗셈식을 뺄셈식으로 나타내기

$18 \div 3 = 6$ ⇨ $18 - 3 - 3 - 3 - 3 - 3 - 3 = 0$

① 뺄셈식에서 뺀 수인 ❶ ☐은/는 나눗셈식에서 나누는 수입니다.

② 뺄셈식에서 0이 될 때까지 3을 뺀 횟수인 ❷ ☐은/는 나눗셈식에서 몫입니다.

확인 03 나눗셈식을 뺄셈식으로 나타내려고 합니다. ☐ 안에 알맞은 수를 써넣으시오.

(1) $12 \div 6 = 2$ ⇨ ☐ − ☐ − ☐ = 0

(2) $16 \div 8 = 2$ ⇨ ☐ − ☐ − ☐ = 0

개념 04 곱셈식을 나눗셈식 2개로 나타내기

$2 \times 5 = 10$ → $10 \div 2 = 5$

$2 \times 5 = 10$ → $10 \div$ ❶ ☐ = ❷ ☐

확인 04 곱셈식을 나눗셈식 2개로 나타내려고 합니다. ☐ 안에 알맞은 수를 써넣으시오.

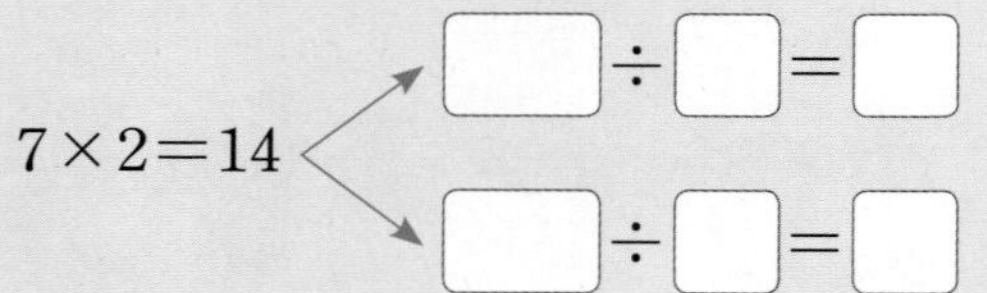

$7 \times 2 = 14$ → ☐ ÷ ☐ = ☐

$7 \times 2 = 14$ → ☐ ÷ ☐ = ☐

답 개념 03 ❶ 3 ❷ 6 개념 04 ❶ 5 ❷ 2

개념 05 나눗셈식을 곱셈식 2개로 나타내기

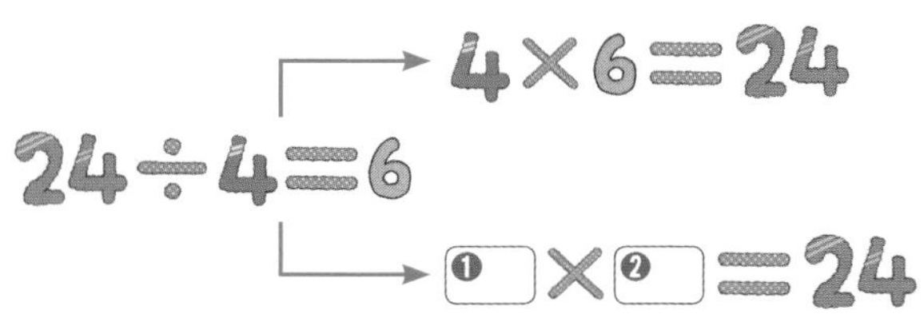

확인 05 나눗셈식을 곱셈식 2개로 나타내려고 합니다. □ 안에 알맞은 수를 써넣으시오.

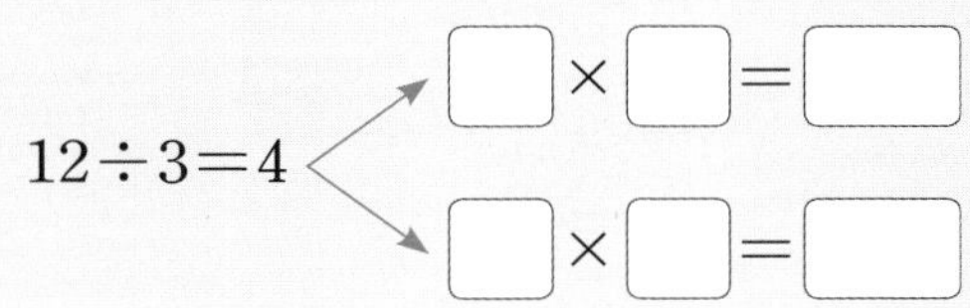

개념 06 나눗셈의 몫 구하기

• ■÷▲의 몫 구하기

▲단 곱셈구구를 외워 ■가 나오는 곱셈식을 만들기

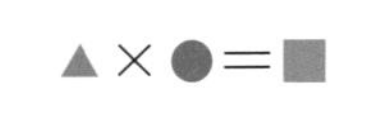

곱셈식을 나눗셈식으로 바꾸어 몫을 구하기

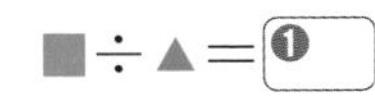

확인 06 18÷2의 몫을 계산하려고 합니다. □ 안에 알맞은 수를 써넣으시오.

2×□=18이므로 18÷2=□입니다.

답 개념 05 ❶ 6 ❷ 4 개념 06 ❶ ●

개념 07 나누어지는 수 구하기

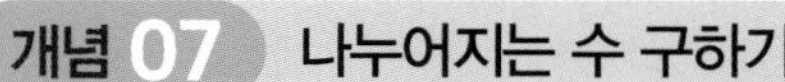

• □÷6=5에서 □ 구하기

나눗셈식을 곱셈식으로 나타내어 구하기

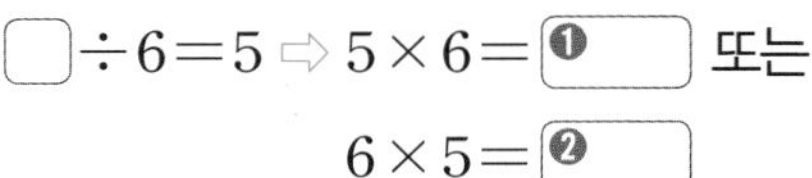

확인 07 □ 안에 알맞은 수를 써넣으시오.

(1)

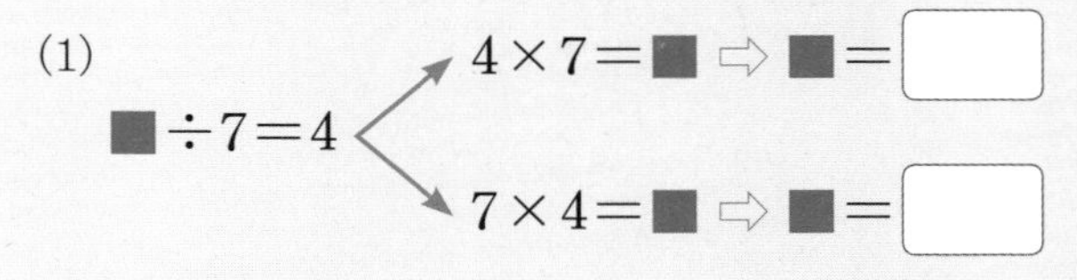

(2)

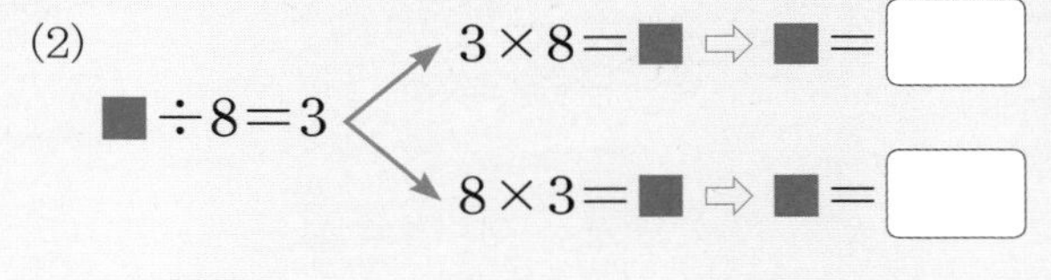

(3)

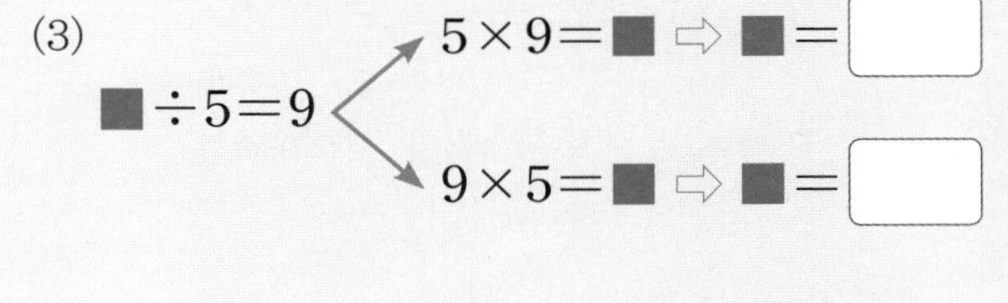

답 개념 07 ❶ 30 ❷ 30

개념 08 (몇십)×(몇)

0은 그대로

20×3= 6 ❶

2×3= ❷

확인 08 □ 안에 알맞은 수를 써넣으시오.

(1) 40×2= □

(2) 30×3= □

개념 09 올림이 없는 (몇십몇)×(몇)

2×2= ❶

12×2=20+4=24

1×2= ❷

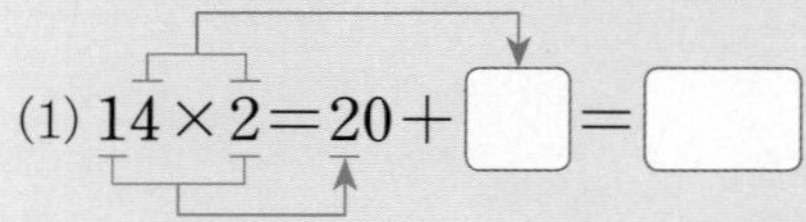

확인 09 □ 안에 알맞은 수를 써넣으시오.

(1) 14×2=20+□=□

(2)

```
   4 3          4 3
×    2   ⇨   ×    2
------       ------
     □          □ □
```

개념 10 십의 자리에서 올림이 있는 (몇십몇)×(몇)

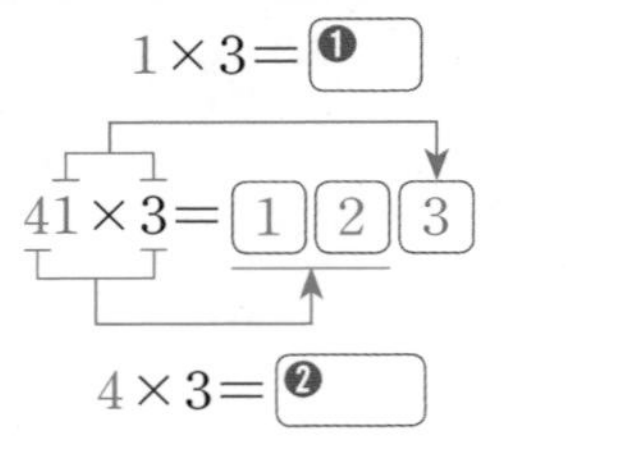

1×3= ❶

41×3= 1 2 3

4×3= ❷

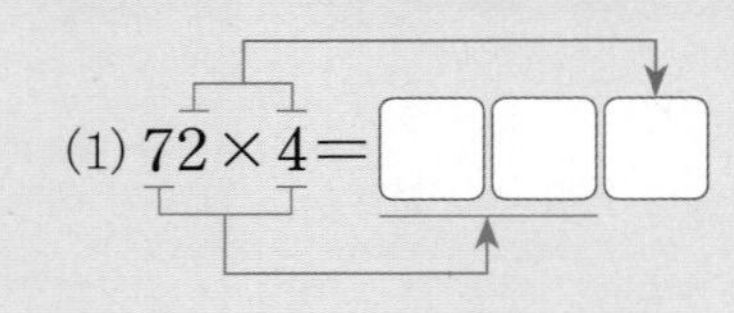

확인 10 □ 안에 알맞은 수를 써넣으시오.

(1) 72×4= □□□

(2)

```
   5 4          5 4
×    2   ⇨   ×    2
------       ------
     □        □ □ □
```

개념 11 일의 자리에서 올림이 있는 (몇십몇)×(몇)

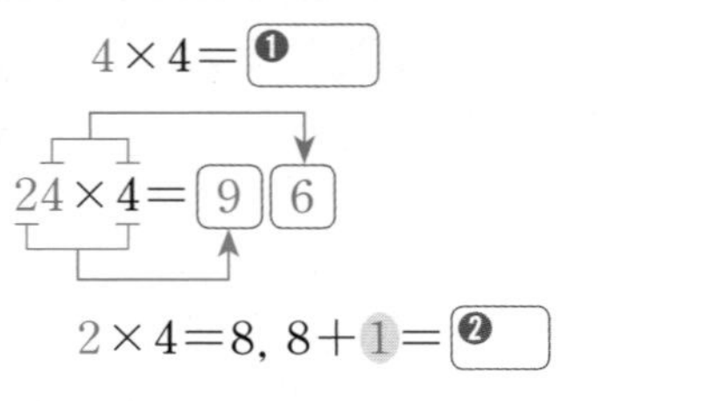

4×4= ❶

24×4= 9 6

2×4=8, 8+1= ❷

확인 11 □ 안에 알맞은 수를 써넣으시오.

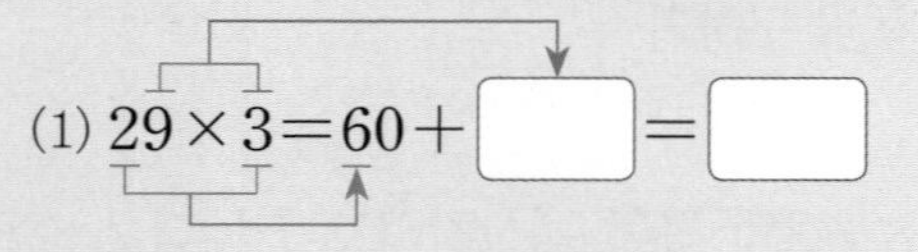

(1) 29×3=60+□=□

(2)

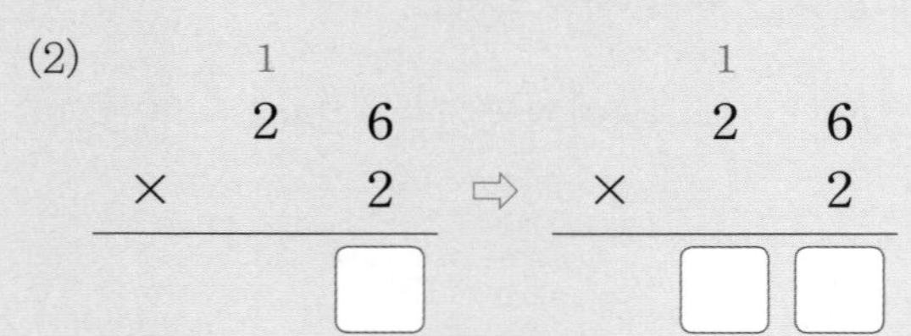

```
   1            1
   2 6          2 6
×    2   ⇨   ×    2
------       ------
     □          □ □
```

답 개념 08 ❶ 0 ❷ 6 개념 09 ❶ 4 ❷ 2

답 개념 10 ❶ 3 ❷ 12 개념 11 ❶ 16 ❷ 9

개념 12 십과 일의 자리에서 올림이 있는 (몇십몇)×(몇)

$3\times4=$ ❶[ ]

$33\times4=$ [1][3][2]

$3\times4=12$, $12+1=$ ❷[ ]

확인 12 [ ] 안에 알맞은 수를 써넣으시오.

(1) $45\times3=120+$ [ ] $=$ [ ]

(2)

$$\begin{array}{r} {\scriptstyle 2} \\ 2\;4 \\ \times\quad 5 \\ \hline \square \end{array} \Rightarrow \begin{array}{r} {\scriptstyle 2} \\ 2\;4 \\ \times\quad 5 \\ \hline \square\square\square \end{array}$$

개념 13 곱셈식 완성하기

$$\begin{array}{r} 3\;7 \\ \times\quad ■ \\ \hline 7\;4 \end{array}$$

① 일의 자리 계산을 하면 $7\times$■의 일의 자리 숫자가 4이므로 7단 곱셈구구에서 일의 자리 숫자가 ❶[ ]인 곱을 찾습니다.

② $7\times2=14$이므로 ■$=$ ❷[ ]입니다.

확인 13 [ ] 안에 알맞은 수를 써넣으시오.

$$\begin{array}{r} 2\;7 \\ \times\quad \square \\ \hline 8\;1 \end{array}$$

답 개념 12 ❶ 12 ❷ 13 개념 13 ❶ 4 ❷ 2

개념 14 어떤 수 구하기

어떤 수를 2로 나누었더니 38이 되었을 때 어떤 수 구하기

어떤 수를 ■라 하여 계산한 식 세우기	■$\div2=$ ❶[ ]
곱셈과 나눗셈의 관계를 이용하여 ■의 값 구하기	$2\times38=$■ 또는 $38\times2=$■ ⇨ ■$=$ ❷[ ]

확인 14

(1) 어떤 수를 4로 나누었더니 52이 되었습니다. 어떤 수는 얼마인지 구하시오.

( )

(2) 어떤 수를 6으로 나누었더니 37이 되었습니다. 어떤 수는 얼마인지 구하시오.

( )

답 개념 14 ❶ 38 ❷ 76

2주

개념 돌파 전략 2

나눗셈, 곱셈

01 나눗셈의 몫을 구할 수 있는 곱셈을 찾아 선으로 이은 뒤 몫을 구하시오.

$15\div3=\square$ •	• 8×4	⇨ 몫	$\square$
$24\div6=\square$ •	• 3×5	⇨ 몫	$\square$
$32\div8=\square$ •	• 6×4	⇨ 몫	$\square$

문제 해결 전략 1

• $15\div3=■$ ⇨ $3\times■=15$이므로 $\square$단 곱셈구구에서 15가 나오는 곱셈을 외워 봅니다.

• $24\div6=■$ ⇨ $6\times■=24$이므로 $\square$단 곱셈구구에서 24가 나오는 곱셈을 외워 봅니다.

02 $\square$ 안에 알맞은 수를 써넣으시오.

(1) $16\div\square=2$ ⇨ $16\div2=\square$

(2) $42\div\square=6$ ⇨ $42\div6=\square$

문제 해결 전략 2

$16\div■=2$ ⇨ $\square\times■=16$ 또는 $■\times\square=16$이므로 $16\div2=■$로 나타낼 수 있습니다.

03 뺄셈식을 나눗셈식으로 나타낸 뒤 곱셈식으로 나타내려고 합니다. $\square$ 안에 알맞은 수를 써넣으시오.

$$24-3-3-3-3-3-3-3-3=0$$

⇨ $\square\div\square=\square$

⇨ $\square\times\square=\square$

문제 해결 전략 3

$24-3-3-3-3-3-3-3-3=0$에서 빼는 수인 $\square$을/를 나눗셈식의 나누는 수로, 24에서 3을 뺀 횟수인 $\square$을/를 나눗셈식의 몫에 씁니다.

답 1 3, 6 2 2, 2 3 3, 8

04 계산이 잘못된 곳을 찾아 바르게 계산하시오.

$$\begin{array}{r} 5\ 8 \\ \times\quad 3 \\ \hline 1\ 5\ 4 \end{array} \Rightarrow \boxed{\begin{array}{r} 5\ 8 \\ \times\quad 3 \\ \hline \end{array}}$$

문제 해결 전략 4

- 일의 자리 계산: $8\times3=\square$
  ⇨ 20을 십의 자리로 □림합니다.
- 십의 자리 계산: 올림한 수 2를 더해 줍니다.

05 □ 안에 알맞은 수를 써넣으시오.

(1) $\square\div3=13$ ⇨ $13\times3=\square$

(2) $\square\div4=24$ ⇨ $24\times4=\square$

문제 해결 전략 5

■÷3=13을 곱셈식 2개로 나타내면 □×13=■ 또는 □×3=■입니다.

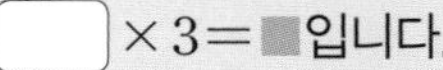

06 □ 안에 알맞은 수를 써넣으시오.

$$\begin{array}{r} 5\quad 3 \\ \times\quad\ \square \\ \hline \square\ \square\ 1 \end{array}$$

문제 해결 전략 6

일의 자리 계산을 하면 3×■의 일의 자리 숫자가 □이므로 □단 곱셈구구에서 일의 자리 숫자가 1인 곱을 찾습니다.

답 4 24, 올 5 3, 13 6 1, 3

핵심 예제 1

뺄셈식 $28-4-4-4-4-4-4-4=0$을 나눗셈식으로 나타낸 뒤 곱셈식 2개로 나타내시오.

나눗셈식 [ ]

곱셈식 [ ], [ ]

전략
뺄셈식에서 빼는 수를 나눗셈식의 나누는 수로, 28에서 4를 뺀 횟수를 나눗셈식의 몫에 씁니다.

풀이
$28-4-4-4-4-4-4-4=0$ ⇨ $28 \div 4=7$ (7번)
⇨ $4 \times 7=28$, $7 \times 4=28$

답 $28 \div 4=7$; $4 \times 7=28$, $7 \times 4=28$

핵심 예제 2

초콜릿 20개를 사서 4개를 먹은 뒤 남는 초콜릿을 접시 2개에 똑같이 나누어 담으려고 합니다. 한 접시에 담을 수 있는 초콜릿은 몇 개입니까?

( )

전략
(남는 초콜릿 수)=(산 초콜릿 수)−(먹은 초콜릿 수)이므로 남는 초콜릿 수를 먼저 구해야 합니다.
⇨ (한 접시에 담을 수 있는 초콜릿 수)
=(남는 초콜릿 수)÷(접시 수)

풀이
산 초콜릿은 20개이고 먹은 초콜릿은 4개이므로
남는 초콜릿은 $20-4=16$(개)입니다.
한 접시에 담을 수 있는 초콜릿은 $16 \div 2=8$(개)입니다.

답 8개

1-1 뺄셈식 $20-5-5-5-5=0$을 나눗셈식으로 나타낸 뒤 곱셈식 2개로 나타내시오.

나눗셈식 [ ]

곱셈식 [ ], [ ]

1-2 뺄셈식 $48-8-8-8-8-8-8=0$을 나눗셈식으로 나타낸 뒤 곱셈식 2개로 나타내시오.

나눗셈식 [ ]

곱셈식 [ ], [ ]

2-1 초콜릿 25개를 사서 4개를 먹은 뒤 남는 초콜릿을 접시 3개에 똑같이 나누어 담으려고 합니다. 한 접시에 담을 수 있는 초콜릿은 몇 개입니까?

( )

2-2 초콜릿 31개를 사서 7개를 먹은 뒤 남는 초콜릿을 접시 4개에 똑같이 나누어 담으려고 합니다. 한 접시에 담을 수 있는 초콜릿은 몇 개입니까?

( )

핵심 예제 3

어제 산 사과 19개와 오늘 산 사과 21개를 바구니 5개에 똑같이 나누어 담으려고 합니다. 바구니 한 개에 담을 수 있는 사과는 몇 개입니까?

어제 산 사과 수와 오늘 산 사과 수의 합을 구할까?

( )

전략

(어제 산 사과 수)+(오늘 산 사과 수)를 먼저 구한 뒤 5로 나누면 됩니다.

풀이

(어제 산 사과 수)+(오늘 산 사과 수)
$=19+21=40$(개)
⇨ $40\div5=8$(개)

답 8개

3-1 어제 산 사과 14개와 오늘 산 사과 16개를 바구니 6개에 똑같이 나누어 담으려고 합니다. 바구니 한 개에 담을 수 있는 사과는 몇 개입니까?

( )

3-2 어제 산 사과 17개와 오늘 산 사과 25개를 바구니 7개에 똑같이 나누어 담으려고 합니다. 바구니 한 개에 담을 수 있는 사과는 몇 개입니까?

( )

핵심 예제 4

연필 2타를 한 명에게 6자루씩 주려고 합니다. 몇 명에게 나누어 줄 수 있습니까?

연필 한 타=연필 12자루

( )

전략

(연필 2타)=(연필 한 타)+(연필 한 타)이므로 연필 2타는 몇 자루인지 구한 뒤 6으로 나누면 됩니다.

풀이

(연필 2타)=(연필 한 타)+(연필 한 타)
$=12+12=12\times2=24$(자루)
⇨ (나누어 줄 수 있는 사람 수)$=24\div6=4$(명)

답 4명

2주

4-1 연필 4타를 한 명에게 8자루씩 주려고 합니다. 몇 명에게 나누어 줄 수 있습니까?

연필 한 타=연필 12자루

( )

4-2 생선 2두름을 한 명에게 5마리씩 주려고 합니다. 몇 명에게 나누어 줄 수 있습니까?

생선 한 두름=생선 20마리

( )

핵심 예제 5

세 변의 길이가 모두 같은 삼각형입니다. 한 변의 길이가 17 cm일 때 세 변의 길이의 합은 몇 cm입니까?

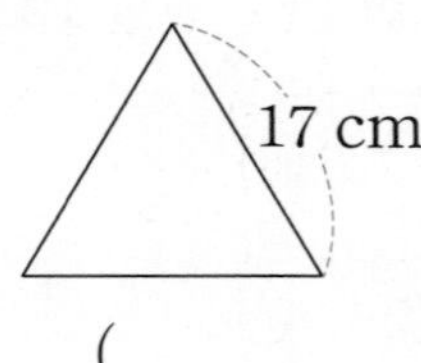

(   )

전략

세 변의 길이가 모두 같으므로
(세 변의 길이의 합)=(한 변의 길이)×3을 구합니다.

풀이

세 변의 길이가 모두 같고 한 변의 길이가 17 cm이므로
(세 변의 길이의 합)=(한 변의 길이)×3
=17×3=51 (cm)입니다.

답 51 cm

5-1 세 변의 길이가 모두 같은 삼각형입니다. 한 변의 길이가 28 cm일 때 세 변의 길이의 합은 몇 cm입니까?

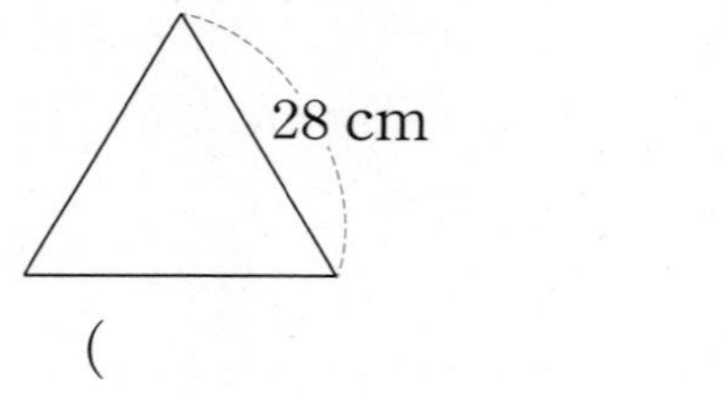

(   )

5-2 세 변의 길이가 모두 같은 삼각형에서 한 변의 길이가 35 cm일 때 세 변의 길이의 합은 몇 cm입니까?

(   )

핵심 예제 6

도로의 한쪽에 처음부터 끝까지 가로등 9개를 세우려고 합니다. 가로등 사이의 간격은 21 m일 때 도로의 길이는 몇 m인지 구하시오.
(단, 가로등의 두께는 생각하지 않습니다.)

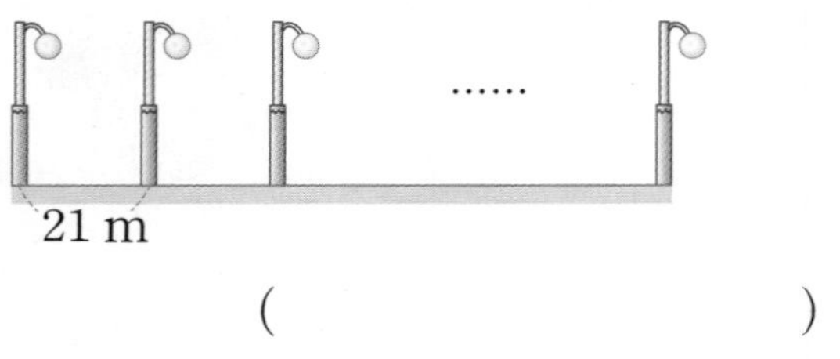

(   )

전략

(가로등 사이의 간격 수)=(가로등의 수)−1이므로
(도로의 길이)=(가로등 사이의 간격)×(가로등 사이의 간격 수)를 구합니다.

풀이

(가로등 사이의 간격 수)=(가로등의 수)−1
=9−1=8(군데)이므로
(도로의 길이)=(가로등 사이의 간격)×(가로등 사이의 간격 수)=21×8=168 (m)입니다.

답 168 m

6-1 도로의 한쪽에 처음부터 끝까지 가로등 8개를 세우려고 합니다. 가로등 사이의 간격은 37 m일 때 도로의 길이는 몇 m인지 구하시오. (단, 가로등의 두께는 생각하지 않습니다.)

(   )

핵심 예제 7

딱지를 상혁이는 48장씩 3묶음 가지고 있고 가은이는 25장씩 7묶음 가지고 있습니다. 상혁이와 가은이가 가지고 있는 딱지는 모두 몇 장입니까?

( )

전략

■장씩 ▲묶음 ⇨ ■×▲
상혁이와 가은이가 각각 가지고 있는 딱지의 수를 계산한 뒤 그 합을 구합니다.

풀이

(상혁이가 가지고 있는 딱지의 수)$=48\times3=144$(장),
(가은이가 가지고 있는 딱지의 수)$=25\times7=175$(장)
이므로 상혁이와 가은이가 가지고 있는 딱지는 모두
$144+175=319$(장)입니다.

답 319장

7-1 딱지를 상혁이는 37장씩 4묶음 가지고 있고 가은이는 26장씩 6묶음 가지고 있습니다. 상혁이와 가은이가 가지고 있는 딱지는 모두 몇 장입니까?

( )

7-2 딱지를 상혁이는 59장씩 5묶음 가지고 있고 가은이는 34장씩 8묶음 가지고 있습니다. 상혁이와 가은이가 가지고 있는 딱지는 모두 몇 장입니까?

( )

핵심 예제 8

소는 다리가 4개이고 오리는 다리가 2개입니다. 소 16마리와 오리 27마리의 다리 수의 합은 몇 개입니까?

( )

전략

소 16마리의 다리 수와 오리 27마리의 다리 수를 구한 뒤 그 합을 구합니다.

풀이

(소 16마리의 다리 수)
$=4\times16=16\times4=64$(개)
(오리 27마리의 다리 수)
$=2\times27=27\times2=54$(개)
따라서 소 16마리와 오리 27마리의 다리 수의 합은
$64+54=118$(개)입니다.

답 118개

8-1 소는 다리가 4개이고 오리는 다리가 2개입니다. 소 24마리와 오리 35마리의 다리 수의 합은 몇 개입니까?

( )

8-2 소는 다리가 4개이고 오리는 다리가 2개입니다. 소 37마리와 오리 42마리의 다리 수의 합은 몇 개입니까?

( )

2주

2주 2일 필수 체크 전략 2

나눗셈, 곱셈

01 바늘 3쌈을 한 명에게 8개씩 주려고 합니다. 몇 명에게 나누어 줄 수 있습니까?

( )

Tip ①

(바늘 3쌈)=(바늘 한 쌈)+(바늘 한 쌈)+(바늘 한 쌈)=24+24+24=☐(개)를 ☐(으)로 나누면 됩니다.

02 뺄셈식에서 같은 모양은 같은 수를 나타낼 때 ♠에 알맞은 수를 구하시오.

36−♠−♠−♠−♠=0

( )

Tip ②

36에서 ☐이/가 될 때까지 ☐을/를 뺀 횟수가 나눗셈식에서 몫이 됩니다.

답 Tip ① 72, 8 ② 0, ♠

03 어떤 수에 7을 곱했더니 63이 되었습니다. 어떤 수를 3으로 나누면 얼마입니까?

( )

Tip ③

어떤 수를 ■라 하면 ■×7=☐입니다.

곱셈과 ☐셈의 관계를 이용하여 ■의 값을 구합니다.

04 두 자리 수 2☐는 4로 나누어집니다. ☐ 안에 알맞은 수를 모두 구하시오.

2☐÷4

( )

Tip ④

2☐÷4=▲라 하면 4×▲=2☐이므로 ☐단 곱셈구구에서 곱의 십의 자리 숫자가 ☐가 되는 것을 찾습니다.

답 Tip ③ 63, 나눗 ④ 4, 2

05 2부터 9까지의 수 중 ☐ 안에 들어갈 수 있는 수를 모두 구하시오.

$47 \times \square < 350$

(　　　　　　　　　)

Tip ⑤
☐ 안에 5부터 넣어 계산한 결과와 ☐의 크기를 비교하여 5보다 작은 수를 넣을지, 5보다 큰 수를 넣을지 판단합니다.

06 어떤 수에 6을 곱해야 할 것을 잘못하여 뺐더니 51이 되었습니다. 바르게 계산한 값을 구하시오.

(　　　　　　　　　)

Tip ⑥
어떤 수를 ■라 하면 잘못 계산한 식은
■☐6=51입니다.
바르게 계산한 값을 구하는 식은 ■☐6입니다.

답 Tip ⑤ 350 ⑥ −, ×

07 ☐ 안에 알맞은 한 자리 수를 써넣으시오.

$$\begin{array}{r} \square\ 5 \\ \times\ \ \ \square \\ \hline 5\ 2\ 5 \end{array}$$

Tip ⑦
5단 곱셈구구에서 일의 자리 숫자는 0 또는 5입니다. 5×■의 일의 자리 숫자가 ☐이므로 ☐단 곱셈구구에서 일의 자리 숫자가 5인 곱을 모두 찾습니다.

08 길이가 5 m인 철사가 있습니다. 한 변의 길이가 21 cm인 정사각형을 3개 만들었습니다. 남은 철사의 길이는 몇 cm입니까?

(　　　　　　　　　)

Tip ⑧
1 m=100 cm이므로 5 m=☐ cm입니다.
정사각형은 네 변의 길이가 모두 같습니다.
⇨ (정사각형의 네 변의 길이의 합)
=(한 변의 길이)×☐

답 Tip ⑦ 5, 5 ⑧ 500, 4

2주

2주 3일 필수 체크 전략 1

나눗셈, 곱셈

핵심 예제 ❶

수 카드 3장 중 2장을 골라 한 번씩만 사용하여 두 자리 수를 만들었습니다. 만든 수 중 가장 큰 수를 6으로 나눈 몫을 구하시오.

5　2　

(　　　　　　)

전략

수 카드의 수가 ㉠>㉡>㉢일 때 만든 두 자리 수 중 가장 큰 수는 ㉠㉡입니다.

풀이

수 카드의 수를 큰 수부터 쓰면 5>4>2이므로 만든 두 자리 수 중 가장 큰 수는 54입니다.

⇨ $54 \div 6 = 9$

답 9

핵심 예제 ❷

수 카드 3장 중 2장을 골라 한 번씩만 사용하여 두 자리 수를 만들었습니다. 만든 수 중 가장 작은 수를 2로 나눈 몫을 구하시오.

6　　

(　　　　　　)

전략

수 카드의 수가 ㉠<㉡<㉢일 때 만든 두 자리 수 중 가장 작은 수는 ㉠㉡입니다.

풀이

수 카드의 수를 작은 수부터 쓰면 1<6<8이므로 만든 두 자리 수 중 가장 작은 수는 16입니다.

⇨ $16 \div 2 = 8$

답 8

1-1 수 카드 3장 중 2장을 골라 한 번씩만 사용하여 두 자리 수를 만들었습니다. 만든 수 중 가장 큰 수를 4로 나눈 몫을 구하시오.

2　3　

(　　　　　　)

1-2 수 카드 3장 중 2장을 골라 한 번씩만 사용하여 두 자리 수를 만들었습니다. 만든 수 중 가장 큰 수를 8로 나눈 몫을 구하시오.

4　2　

(　　　　　　)

2-1 수 카드 3장 중 2장을 골라 한 번씩만 사용하여 두 자리 수를 만들었습니다. 만든 수 중 가장 작은 수를 7로 나눈 몫을 구하시오.

5　　3

(　　　　　　)

2-2 수 카드 3장 중 2장을 골라 한 번씩만 사용하여 두 자리 수를 만들었습니다. 만든 수 중 가장 작은 수를 6으로 나눈 몫을 구하시오.

4　　

(　　　　　　)

핵심 예제 3

복숭아가 한 상자에 9개씩 들어 있습니다. 복숭아 2상자를 사서 6명이 똑같이 나누어 먹으려고 합니다. 한 명이 복숭아를 몇 개씩 먹을 수 있습니까?

(　　　　　　　　　　)

전략

(한 명이 먹을 수 있는 복숭아의 수)
$=$(전체 복숭아의 수)$\div 6$을 계산하면 됩니다.

풀이

(전체 복숭아의 수)
$=$(한 상자에 들어 있는 복숭아의 수)$\times$(상자 수)
$=9\times2=18$(개)
⇨ (한 명이 먹을 수 있는 복숭아의 수)$=18\div6=3$(개)

답 3개

3-1 복숭아가 한 상자에 6개씩 들어 있습니다. 복숭아 4상자를 사서 8명이 똑같이 나누어 먹으려고 합니다. 한 명이 복숭아를 몇 개씩 먹을 수 있습니까?

(　　　　　　　　　　)

3-2 복숭아가 한 상자에 6개씩 들어 있습니다. 복숭아 6상자를 사서 9명이 똑같이 나누어 먹으려고 합니다. 한 명이 복숭아를 몇 개씩 먹을 수 있습니까?

(　　　　　　　　　　)

핵심 예제 4

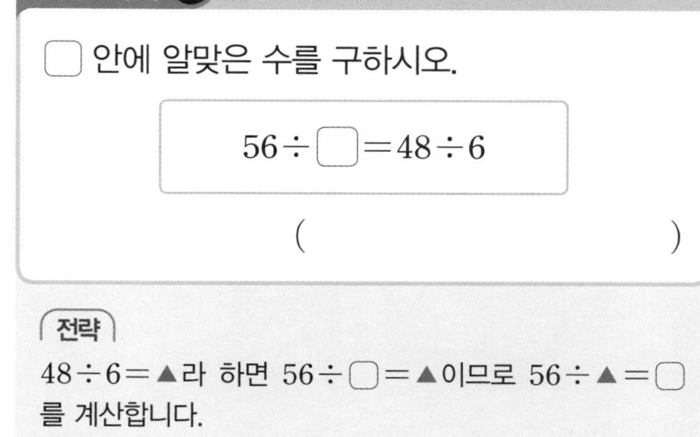

□ 안에 알맞은 수를 구하시오.

$56\div\square=48\div6$

(　　　　　　　　　　)

전략

$48\div6=$▲라 하면 $56\div\square=$▲이므로 $56\div$▲$=\square$를 계산합니다.

풀이

$48\div6=8$이므로 $56\div\square=8$에서 $56\div8=\square$, $\square=7$입니다.

답 7

4-1 □ 안에 알맞은 수를 구하시오.

$40\div\square=35\div7$

(　　　　　　　　　　)

4-2 □ 안에 알맞은 수를 구하시오.

$63\div\square=72\div8$

(　　　　　　　　　　)

2주

핵심 예제 5

네 변의 길이가 모두 같은 사각형입니다. 한 변의 길이가 13 cm일 때 네 변의 길이의 합은 몇 cm입니까?

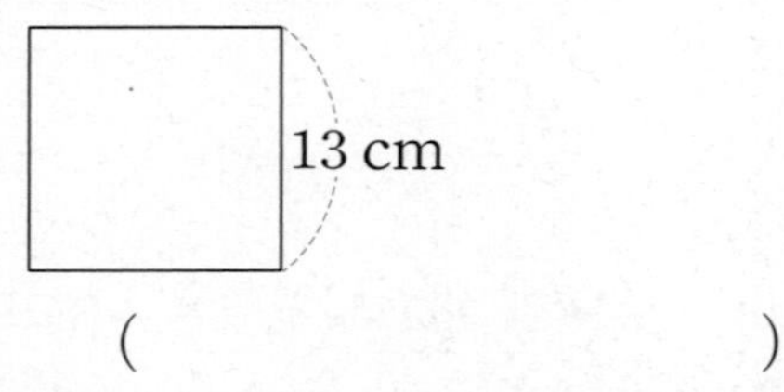

(　　　　　　　　)

전략

네 변의 길이가 모두 같으므로
(네 변의 길이의 합)=(한 변의 길이)×4를 구합니다.

풀이

네 변의 길이가 모두 같고 한 변의 길이가 13 cm이므로
(네 변의 길이의 합)=(한 변의 길이)×4
=13×4=52 (cm)입니다.

답 52 cm

5-1 네 변의 길이가 모두 같은 사각형입니다. 한 변의 길이가 42 cm일 때 네 변의 길이의 합은 몇 cm입니까?

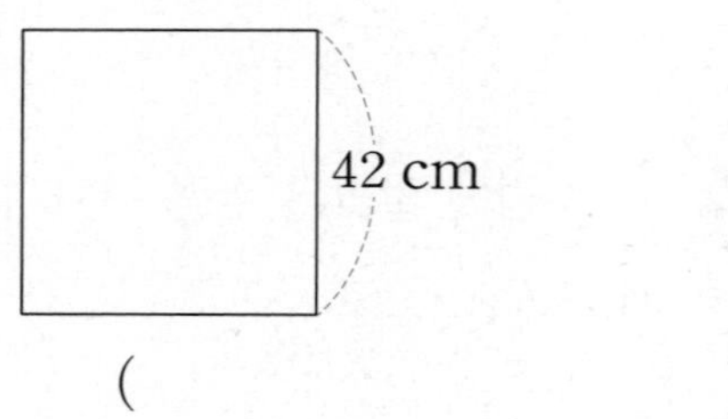

(　　　　　　　　)

5-2 네 변의 길이가 모두 같은 사각형에서 한 변의 길이가 76 cm일 때 네 변의 길이의 합은 몇 cm입니까?

(　　　　　　　　)

핵심 예제 6

수 카드 3장 중 2장을 골라 한 번씩만 사용하여 두 자리 수를 만들었습니다. 만든 수 중 가장 큰 수와 6의 곱을 구하시오.

(　　　　　　　　)

전략

수 카드의 수가 ㉠>㉡>㉢일 때 만든 두 자리 수 중 가장 큰 수는 ㉠㉡입니다.

풀이

수 카드의 수를 큰 수부터 쓰면 7>4>1이므로 만든 두 자리 수 중 가장 큰 수는 74입니다.
⇨ 74×6=444

답 444

6-1 수 카드 3장 중 2장을 골라 한 번씩만 사용하여 두 자리 수를 만들었습니다. 만든 수 중 가장 큰 수와 7의 곱을 구하시오.

(　　　　　　　　)

6-2 수 카드 3장 중 2장을 골라 한 번씩만 사용하여 두 자리 수를 만들었습니다. 만든 수 중 가장 큰 수와 8의 곱을 구하시오.

(　　　　　　　　)

핵심 예제 7

수 카드 3장 중 2장을 골라 한 번씩만 사용하여 두 자리 수를 만들었습니다. 만든 수 중 가장 작은 수와 5의 곱을 구하시오.

( )

전략

수 카드의 수가 ㉠<㉡<㉢일 때 만든 두 자리 수 중 가장 작은 수는 ㉠㉡입니다.

풀이

수 카드의 수를 작은 수부터 쓰면 $1<3<5$이므로 만든 두 자리 수 중 가장 작은 수는 13입니다.

⇨ $13\times5=65$

답 65

7-1 수 카드 3장 중 2장을 골라 한 번씩만 사용하여 두 자리 수를 만들었습니다. 만든 수 중 가장 작은 수와 7의 곱을 구하시오.

( )

7-2 수 카드 3장 중 2장을 골라 한 번씩만 사용하여 두 자리 수를 만들었습니다. 만든 수 중 가장 작은 수와 9의 곱을 구하시오.

( )

핵심 예제 8

과일 가게에 귤이 한 줄에 40개씩 7줄 있었습니다. 귤을 한 상자에 24개씩 담아서 6상자를 팔았다면 남은 귤은 몇 개입니까?

( )

전략

(처음 귤의 수)=(한 줄에 있는 귤의 수)×(줄 수),
(판 귤의 수)=(한 상자에 담은 귤의 수)×(상자 수)이므로
(남은 귤의 수)=(처음 귤의 수)−(판 귤의 수)입니다.

풀이

(처음 귤의 수)$=40\times7=280$(개),
(판 귤의 수)$=24\times6=144$(개)
⇨ (남은 귤의 수)$=280-144=136$(개)

답 136개

8-1 과일 가게에 귤이 한 줄에 50개씩 8줄 있었습니다. 귤을 한 상자에 28개씩 담아서 5상자를 팔았다면 남은 귤은 몇 개입니까?

( )

8-2 과일 가게에 귤이 한 줄에 48개씩 9줄 있었습니다. 귤을 한 상자에 35개씩 담아서 7상자를 팔았다면 남은 귤은 몇 개입니까?

( )

2주 3일 필수 체크 전략 2

나눗셈, 곱셈

01 길이가 72 m인 도로의 한쪽에 나무를 심었습니다. 나무 사이의 간격은 9 m일 때 처음부터 끝까지 심은 나무는 몇 그루인지 구하시오.
(단, 나무의 두께는 생각하지 않습니다.)

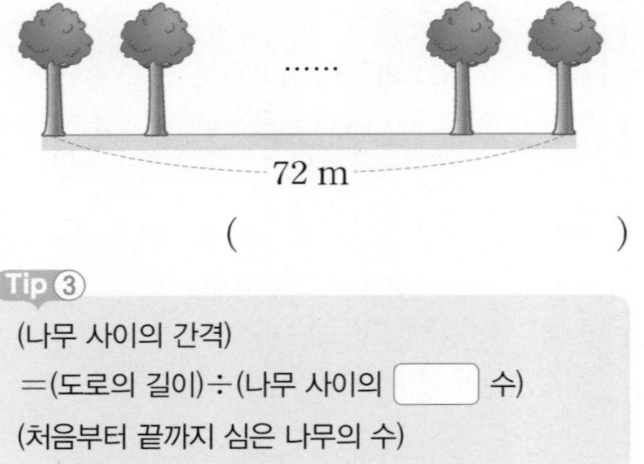

(　　　　　　　　)

Tip ③
(나무 사이의 간격)
=(도로의 길이)÷(나무 사이의 □ 수)
(처음부터 끝까지 심은 나무의 수)
=(나무 사이의 간격 수)+□

02 어떤 수를 8로 나누어야 할 것을 잘못하여 6으로 나누었더니 몫이 4가 되었습니다. 바르게 계산하면 몫은 얼마입니까?

(　　　　　　　　)

Tip ②
어떤 수를 ■라 하면 잘못 계산한 식은 ■÷6=□입니다. 곱셈과 □셈의 관계를 이용하여 ■의 값을 구합니다.

답 Tip ① 간격, 1 ② 4, 나눗

03 긴 변의 길이가 56 cm, 짧은 변의 길이가 36 cm인 직사각형 모양의 종이가 있습니다. 이 종이 위에 긴 변의 길이가 8 cm, 짧은 변의 길이가 6 cm인 직사각형을 겹치지 않게 빈틈없이 그리면 몇 개까지 그릴 수 있습니다까?

36 cm
56 cm

(　　　　　　　　)

Tip ③
긴 변에는 (56÷□)개까지 그릴 수 있고 짧은 변에는 (36÷□)개까지 그릴 수 있습니다.

04 농장에 있는 말과 닭의 다리 수를 세어 보았더니 모두 50개였습니다. 말이 9마리일 때 닭은 몇 마리입니까?

(　　　　　　　　)

Tip ④
말 한 마리의 다리는 4개, 닭 한 마리의 다리는 □개입니다.
⇨ (말의 다리 수)+(닭의 다리 수)=□

답 Tip ③ 8, 6 ④ 2, 50

05 수 카드 3장을 한 번씩만 모두 사용하여 다음 곱셈식의 곱이 가장 작게 되도록 만들고 곱을 구하시오.

( )

Tip 5

수 카드의 수가 ㉠<㉡<㉢일 때 한 자리 수에는 가장 작은 수인 ☐을/를 놓고 남은 두 수로 더 작은 두 자리 수인 ☐을/를 만들면 됩니다.

06 수 카드 4장 중 3장을 골라 한 번씩만 사용하여 다음 곱셈식의 곱이 가장 크게 되도록 만들고 곱을 구하시오.

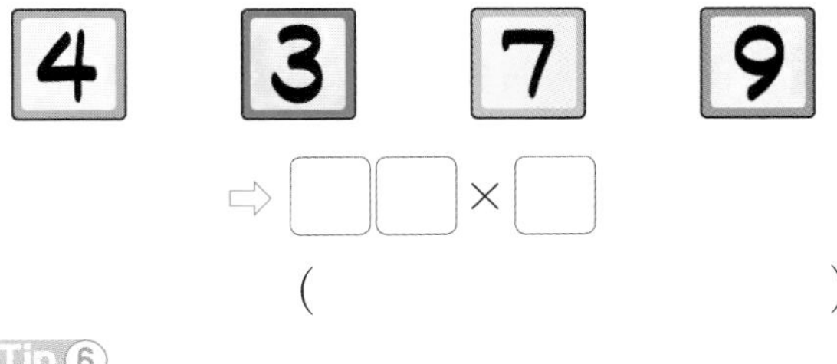

( )

Tip 6

수 카드의 수가 ㉠>㉡>㉢>㉣일 때 한 자리 수에는 가장 큰 수인 ☐을/를 놓고 남은 세 수로 가장 큰 수인 ☐을/를 만들면 됩니다.

답 Tip ⑤ ㉠, ㉡㉢ ⑥ ㉠, ㉡㉢

07 어떤 수에 7을 곱해야 할 것을 잘못하여 나누었더니 12가 되었습니다. 바르게 계산한 값을 구하시오.

( )

Tip 7

어떤 수를 ■라 하면 ■☐7=12입니다.

바르게 계산한 값을 구하는 식은 ■☐7입니다.

08 길이가 65 cm인 색 테이프 7장을 12 cm씩 겹쳐서 한 줄로 이어 붙였습니다. 이어 붙인 전체 길이는 몇 cm입니까?

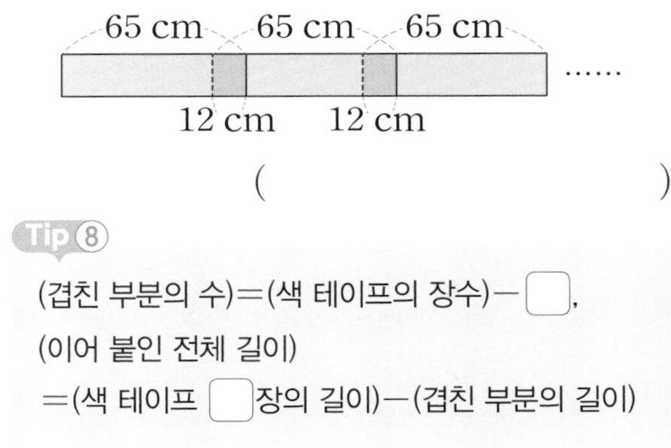

( )

Tip 8

(겹친 부분의 수)=(색 테이프의 장수)−☐,

(이어 붙인 전체 길이)

=(색 테이프 ☐장의 길이)−(겹친 부분의 길이)

답 Tip ⑦ ÷, × ⑧ 1, 7

2주

2주 누구나 만점 전략

나눗셈, 곱셈

맞은 개수 ／개

01 뺄셈식 $42-6-6-6-6-6-6-6=0$을 나눗셈식으로 나타낸 뒤 곱셈식 2개로 나타내시오.

나눗셈식 [　　　　]

곱셈식 [　　　　], [　　　　]

02 세 변의 길이가 모두 같은 삼각형입니다. 한 변의 길이가 19 cm일 때 세 변의 길이의 합은 몇 cm입니까?

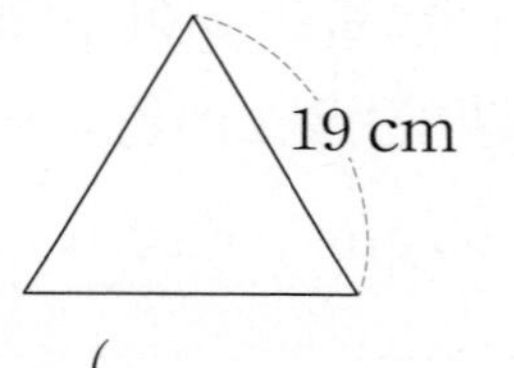

(　　　　　　)

03 수 카드 3장 중 2장을 골라 한 번씩만 사용하여 두 자리 수를 만들었습니다. 만든 수 중 가장 큰 수를 7로 나눈 몫을 구하시오.

3　0　6

(　　　　　　)

04 어제 산 사과 23개와 오늘 산 사과 31개를 바구니 9개에 똑같이 나누어 담으려고 합니다. 바구니 한 개에 담을 수 있는 사과는 몇 개입니까?

(　　　　　　)

05 양 32마리와 거위 21마리의 다리 수의 합은 몇 개입니까?

양은 다리가 4개이고
거위는 다리가 2개입니다.

(　　　　　　)

06 □ 안에 알맞은 수를 구하시오.

$$56 \div \square = 32 \div 4$$

(　　　　　　　　)

07 2부터 9까지의 수 중 □ 안에 들어갈 수 있는 수를 모두 구하시오.

$$32 \times \square < 220$$

(　　　　　　　　)

08 과일 가게에 귤이 한 줄에 30개씩 9줄 있었습니다. 귤을 한 상자에 24개씩 담아서 3상자를 팔았다면 남은 귤은 몇 개입니까?

(　　　　　　　　)

09 긴 변의 길이가 49 cm, 짧은 변의 길이가 40 cm인 직사각형 모양의 종이가 있습니다. 이 종이 위에 긴 변의 길이가 7 cm, 짧은 변의 길이가 5 cm인 직사각형을 겹치지 않게 빈틈없이 그리면 몇 개까지 그릴 수 있습니까?

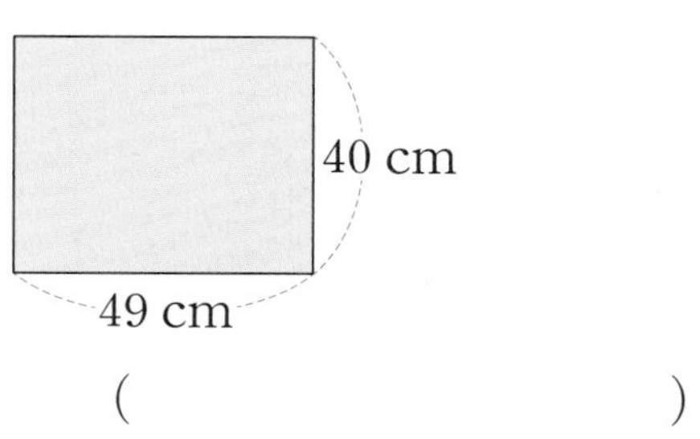

(　　　　　　　　)

10 어떤 수에 5를 곱해야 할 것을 잘못하여 나누었더니 17이 되었습니다. 잘못 계산한 값과 바르게 계산한 값의 차를 구하시오.

(　　　　　　　　)

2주

01 주어진 순서도에 따라 계산했을 때 끝에 나오는 수는 얼마인지 구하시오.

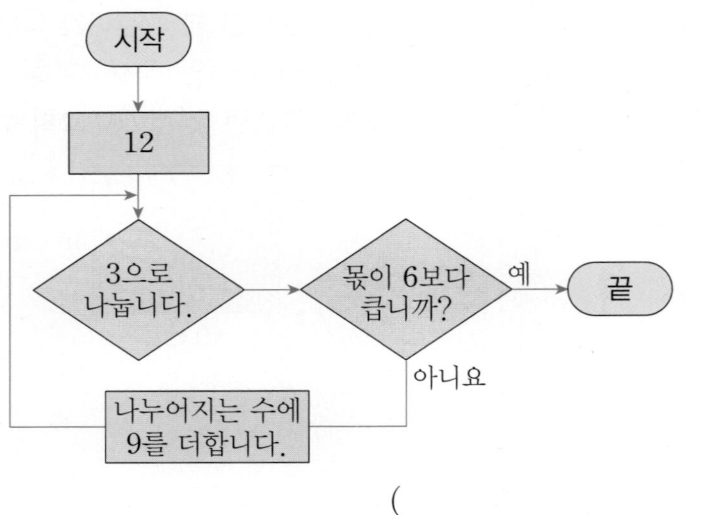

(   )

Tip ①

12÷3의 몫이 6보다 크면 '끝'으로 가고 6보다 작으면 ☐을/를 더합니다.

그리고 ☐(으)로 나누어 몫을 구한 뒤 몫이 6보다 크면 '끝'으로 가고 6보다 작으면 다시 9를 더하는 과정을 반복합니다.

02 길이가 다음과 같은 색 테이프를 똑같이 몇 도막으로 나누었습니다. 자른 한 도막의 길이가 9 cm일 때 색 테이프는 몇 도막으로 나눈 것인지 구하시오.

45 cm

(   )

Tip ②

색 테이프를 ■도막으로 나누었다고 하면 ☐÷■=9를 만족하는 ■의 값을 계산합니다.

답 Tip ① 9, 3 ② 45

03 그림을 보고 나눗셈식을 완성하시오.

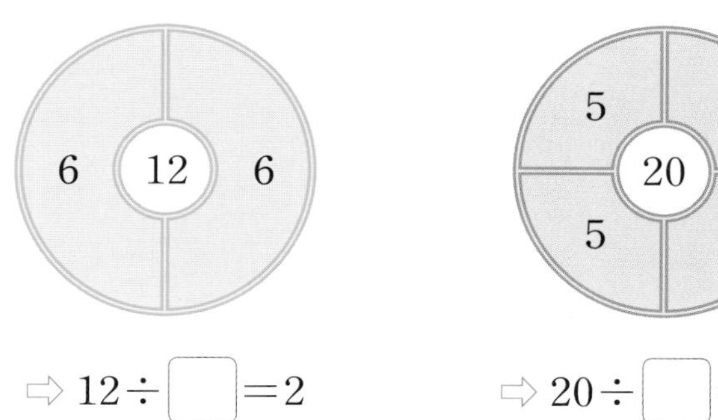

⇨ 12÷☐=2　　⇨ 20÷☐=☐

Tip ③

한가운데 있는 수를 빈 곳에 있는 수로 나누면 빈 곳에 있는 수의 개수가 ☐이/가 됩니다.

04 파란색 상자에 숫자가 써 있는 공 2개를 넣으면 규칙에 따라 새로운 숫자가 써 있는 공이 나옵니다. 규칙을 찾아 새로운 공에 알맞은 수를 써넣으시오.

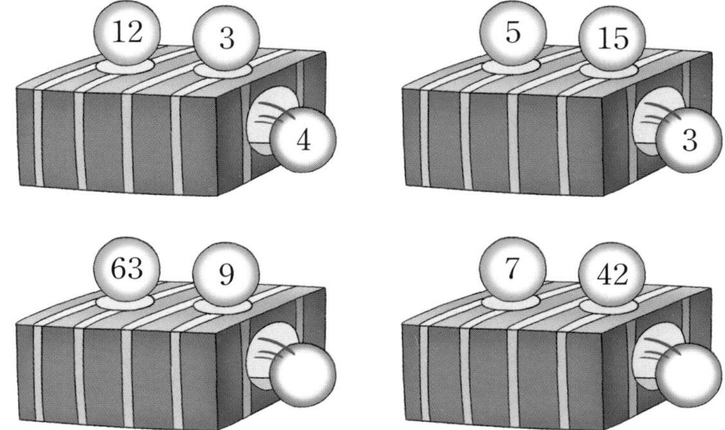

Tip ④

- 파란색 상자에 12와 3이 써 있는 공 2개를 넣으면 $12>3$이고 $12\div3=$☐이므로 큰 수를 작은 수로 나눈 몫이 써 있는 공이 나옵니다.
- 파란색 상자에 5와 15가 써 있는 공 2개를 넣으면 $5<15$이고 $15\div5=$☐이므로 큰 수를 작은 수로 나눈 몫이 써 있는 공이 나옵니다.

답 Tip ③ 몫 ④ 4, 3

05 주어진 순서도에 따라 계산했을 때 끝에 출력되는 수는 얼마인지 구하시오.

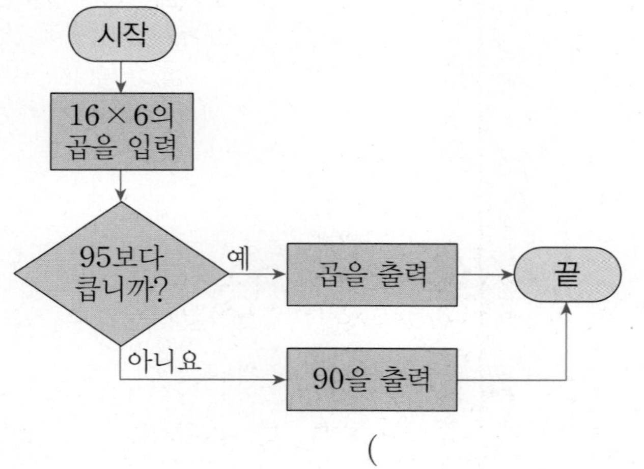

(　　　　　　　　)

Tip ⑤
16×6의 곱이 □보다 크면 곱을 출력하고 95보다 크지 않으면 □을/를 출력합니다.

06 초콜릿을 같은 색 접시끼리 똑같이 담았습니다. ㉠의 한 접시에는 27개씩 담았고 ㉡의 한 접시에는 13개씩 담았습니다. ㉠과 ㉡의 접시에 담은 초콜릿은 모두 몇 개인지 구하시오.

㉠

㉡

(　　　　　　　　)

Tip ⑥
㉠의 접시에 담은 초콜릿은 (27×□)개이고,
㉡의 접시에 담은 초콜릿은 (13×□)개입니다.

답 Tip ⑤ 95, 90 ⑥ 5, 8

07 둥근 호수의 가장자리를 따라 8 m 간격으로 가로등을 45개 세웠습니다. 가로등을 세운 호수의 가장자리 둘레는 몇 m인지 구하시오. (단, 가로등의 두께는 생각하지 않습니다.)

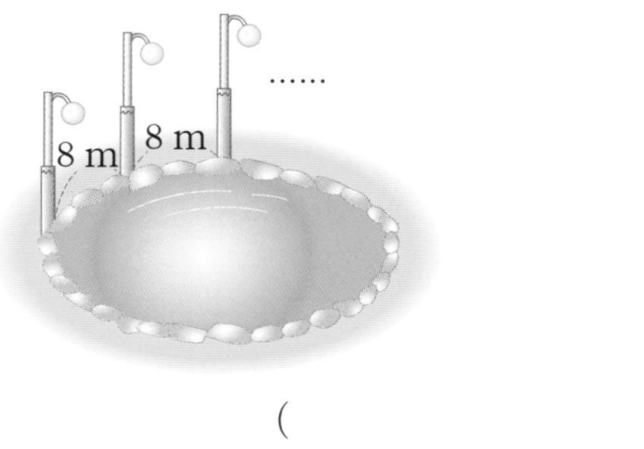

( )

Tip ⑦

(가로등 사이의 간격 수)
=(세운 [ ]의 수)이고
(호수의 가장자리 둘레)
=(가로등 사이의 [ ])
×(가로등 사이의 간격 수)
입니다.

08 빨간색 상자에 숫자가 써 있는 공 2개를 넣으면 규칙에 따라 새로운 숫자가 써 있는 공이 나옵니다. 규칙을 찾아 새로운 공에 알맞은 수를 써넣으시오.

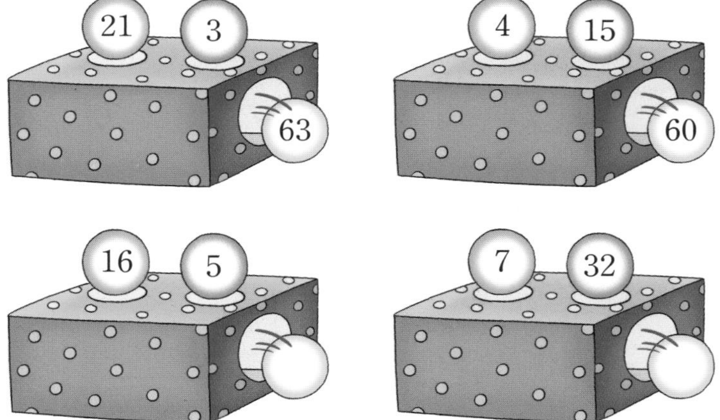

Tip ⑧

- 빨간색 상자에 21과 3이 써 있는 공 2개를 넣으면 $21\times3=$[ ]이므로 두 수의 곱이 써 있는 공이 나옵니다.
- 빨간색 상자에 4와 15가 써 있는 공 2개를 넣으면 $4\times15=15\times4=$[ ]이므로 두 수의 곱이 써 있는 공이 나옵니다.

답 Tip ⑦ 가로등, 간격 ⑧ 63, 60

1,2주 마무리 전략

핵심 한눈에 보기

내가 좋아하는 치즈볼이야.
치즈볼이 모두 10개네.
둘이서 똑같이 나누어 먹자.
내가 7개, 너는 3개 먹는 거야?
10÷2=5이므로 5개씩 먹어야지.

내가 만든 사탕 주머니 5개야. 주머니 1개에 사탕이 15개씩 들어 있어.
사탕이 모두 몇 개야?
2
1 5
× 5
7 5
사탕은 모두 75개야.
틀렸어.
내가 10개를 몰래 먹었거든.
윽~

신유형·신경향·서술형 전략

01 수 카드 3장을 한 번씩 사용하여 세 자리 수를 만들었습니다. 만든 세 자리 수 중 두 수를 골라 합이 가장 작게 되는 식을 만들고 계산하시오.

7 1 5

☐ + ☐ = ☐

Tip ①

만든 세 자리 수 중 두 수를 골라 합이 가장 작게 되는 식을 만들려면 ☐ 작은 세 자리 수와 둘째로 ☐ 세 자리 수의 합을 계산합니다.

02 수 카드 3장을 한 번씩 사용하여 세 자리 수를 만들었습니다. 만든 세 자리 수 중 두 수를 골라 차가 가장 크게 되는 식을 만들고 계산하시오.

4 9 6

☐ − ☐ = ☐

Tip ②

만든 세 자리 수 중 두 수를 골라 차가 가장 크게 되는 식을 만들려면 가장 ☐ 세 자리 수와 가장 ☐ 세 자리 수의 차를 계산합니다.

답 Tip ① 가장, 작은 ② 큰, 작은

03 중국 숫자 3개를 한 번씩만 사용하여 세 자리 수를 만들었습니다. 만든 수 중 가장 큰 수와 가장 작은 수의 합과 차를 각각 구하시오.

	1	2	3	4	5
중국 숫자	一	二	三	四	五

	6	7	8	9
중국 숫자	六	七	八	九

(1) 중국 숫자 3개를 수로 나타내시오.

四 → ☐, 八 → ☐, 六 → ☐

(2) (1)에서 나타낸 수를 한 번씩만 사용하여 만든 가장 큰 세 자리 수와 가장 작은 세 자리 수의 합과 차를 각각 구하시오.

합 (　　　　　　　　)

차 (　　　　　　　　)

Tip ③

세 수 ㉠, ㉡, ㉢(㉠ > ㉡ > ㉢)으로 만든 세 자리 수 중 가장 큰 수는 ☐, 가장 작은 수는 ☐입니다.

답 Tip ③ ㉠㉡㉢, ㉢㉡㉠

04 수 카드 4장 중 3장을 골라 한 번씩 사용하여 세 자리 수를 만들었을 때 둘째로 큰 수가 ㉠입니다. 화살표의 약속에 따라 계산하여 빈칸에 알맞은 수를 써넣으시오.

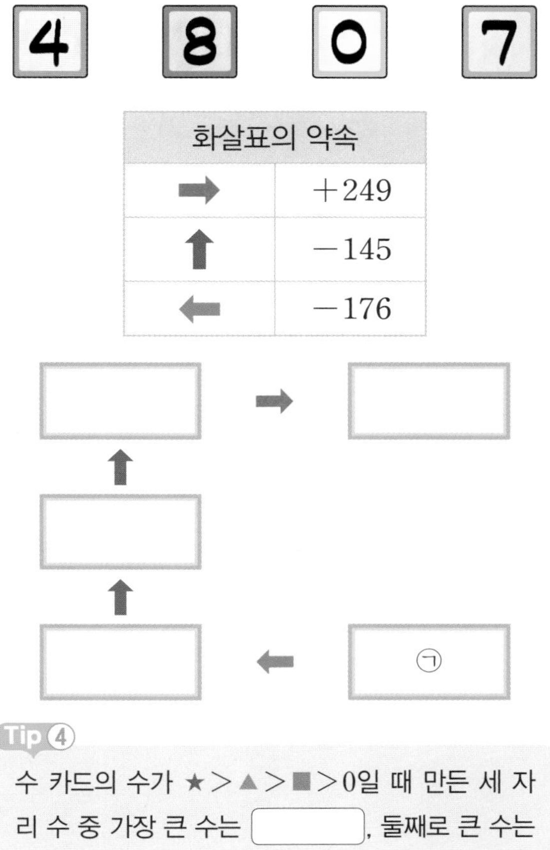

Tip ④

수 카드의 수가 ★>▲>■>0일 때 만든 세 자리 수 중 가장 큰 수는 ___, 둘째로 큰 수는 ___입니다.

05 서로 다른 정사각형 3개를 겹쳐서 그린 것입니다. 한 정사각형 안에 있는 수들의 합이 모두 같을 때 ㉠과 ㉡에 알맞은 수를 구하시오.

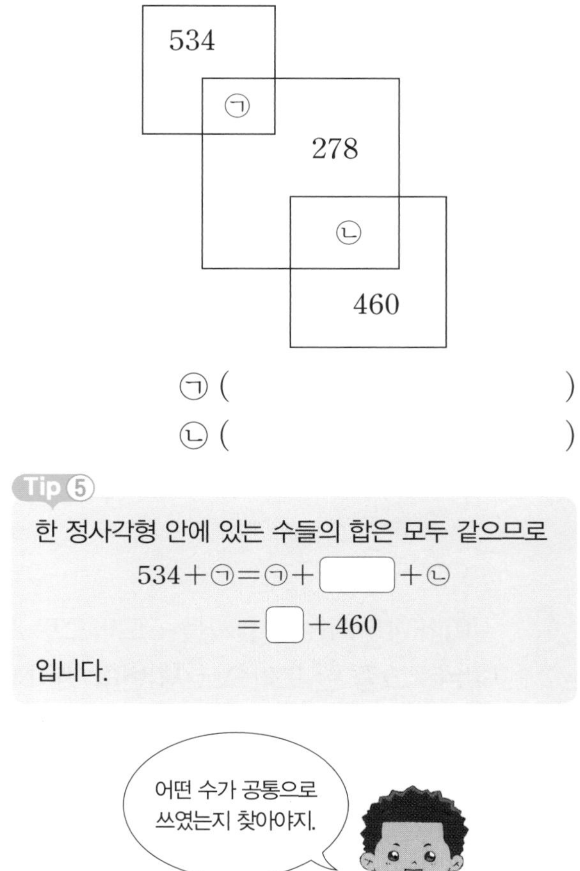

㉠ ( )

㉡ ( )

Tip ⑤

한 정사각형 안에 있는 수들의 합은 모두 같으므로

$534+㉠=㉠+\square+㉡$

$=\square+460$

입니다.

어떤 수가 공통으로 쓰였는지 찾아야지.

답 Tip ④ ★▲■, ★▲0

답 Tip ⑤ 278, ㉡

06 뺄셈식과 나눗셈식에서 같은 모양은 같은 수를 나타냅니다. ♥와 ■에 알맞은 수를 구하시오.

56－♥－♥－♥－♥－♥－♥－♥＝0
40÷■＝♥

♥ (　　　　)
■ (　　　　)

Tip ⑥
56에서 ☐이/가 될 때까지 ☐을/를 뺀 횟수가 나눗셈식에서 몫이 됩니다.

07 길이가 45 cm인 철사를 5도막으로 똑같이 나누어 그중 한 도막으로 세 변의 길이가 같은 삼각형을 1개 만들었습니다. 만든 삼각형의 한 변의 길이는 몇 cm인지 구하시오.

(　　　　)

Tip ⑦
(철사 한 도막의 길이)＝(철사의 길이)÷☐
(삼각형의 세 변의 길이의 합)
＝(철사 한 도막의 길이)
(삼각형의 한 변의 길이)
＝(삼각형의 세 변의 길이의 합)÷☐

답 Tip ⑥ 0, ♥ ⑦ 5, 3

08 친구들에게 젤리 24개를 똑같이 나누어 주려고 합니다. 두 가지 방법으로 나누어 줄 때 몫이 나타내는 것을 써 보시오.

방법 1 한 명에게 4개씩 나누어 줄 때
• 나눗셈식: 24÷☐＝☐
• 몫이 나타내는 것:

방법 2 4명에게 똑같이 나누어 줄 때
• 나눗셈식: 24÷☐＝☐
• 몫이 나타내는 것:

Tip ⑧
젤리 24개를 한 명에게 4개씩 나누어 주면 나누어 줄 수 있는 ☐ 수를 구할 수 있습니다.
젤리 24개를 4명에게 똑같이 나누어 주면 한 명에게 줄 수 있는 ☐의 수를 구할 수 있습니다.

답 Tip ⑧ 친구, 젤리

09 상혁이와 가은이는 카드를 2장씩 가지고 있습니다. 상혁이가 가지고 있는 수 카드의 수 중 더 큰 수와 가은이가 가지고 있는 수 카드의 수 중 더 작은 수의 곱을 구하시오.

39	45		7	5

상혁 가은

(　　　　　　　　)

Tip 9
상혁이가 가지고 있는 수 카드의 수 39와 45 중 더 큰 수는 ☐이고 가은이가 가지고 있는 수 카드의 수 7과 5 중 더 작은 수는 ☐입니다.

10 야구 선수가 홈에서 출발하여 1루를 거쳐 2루와 3루를 지나 다시 홈까지 뛴 거리는 몇 m인지 구하시오.

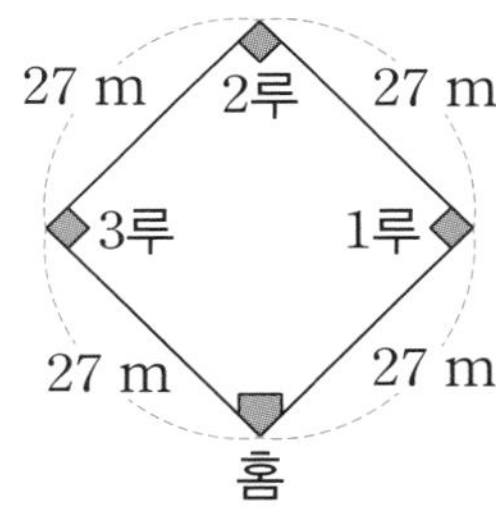

(　　　　　　　　)

Tip 10
(홈에서 1루까지 거리)=(1루에서 2루까지 거리)
=(2루에서 3루까지 거리)
=(3루에서 ☐까지 거리)
=☐ m

11 계산기에 있는 버튼을 다음과 같이 순서대로 눌렀을 때 나오는 결과인 ㉠과 ㉡의 차를 구하시오.

1	2	×	3	=	36
3	4	×	7	=	㉠
6	9	×	4	=	㉡

(　　　　　　　　)

Tip 11
$12 \times 3 = 36$, $34 \times 7 =$ ☐,
$69 \times 4 =$ ☐

12 영아는 10살입니다. 영아 오빠의 나이는 영아보다 5살 더 많고 영아 아버지의 나이는 영아 오빠의 나이의 3배입니다. 영아 아버지의 나이는 몇 살인지 구하시오.

(1) 영아 오빠의 나이는 몇 살인지 구하시오.

☐ + ☐ = ☐ (살)

(2) 영아 아버지의 나이는 몇 살인지 구하시오.

☐ × ☐ = ☐ (살)

Tip 12
(영아 오빠의 나이)=(영아의 나이)+☐
(영아 아버지의 나이)=(영아 오빠의 나이)×☐

고난도 해결 전략 1회

01 각이 3개인 도형과 변이 6개인 도형 안에 써 있는 수의 합은 얼마입니까?

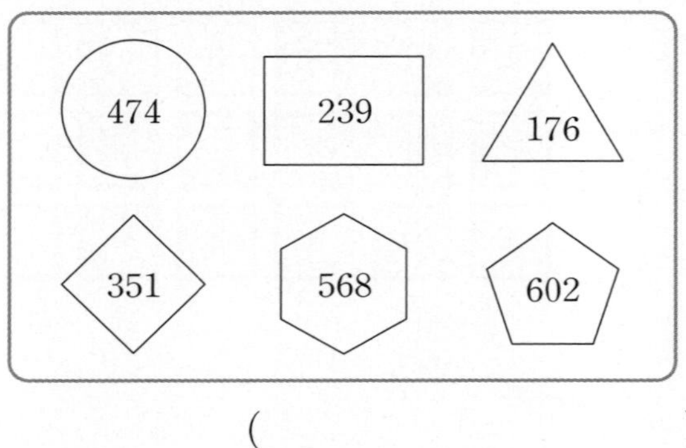

( )

02 다음이 나타내는 수보다 326만큼 더 작은 수는 얼마입니까?

100이 6개, 10이 23개, 1이 84개인 수

( )

03 과수원에서 오늘 딴 사과는 모두 803개입니다. 오전에 딴 사과가 367개일 때 오후에 딴 사과는 오전에 딴 사과보다 몇 개 더 많습니까?

( )

04 대화를 읽고 원석이와 연경이네 학교의 남학생은 모두 몇 명인지 구하시오.

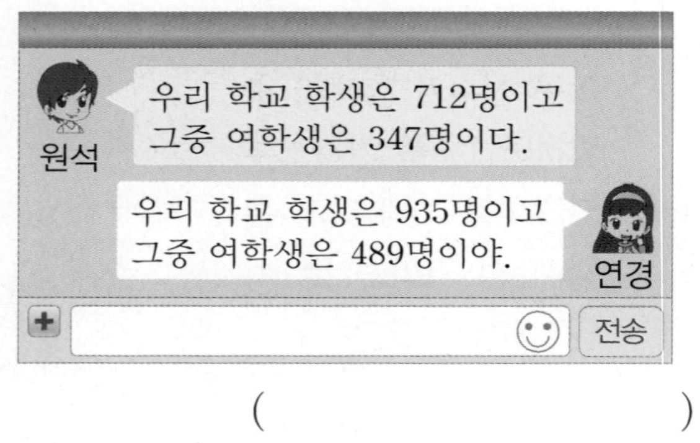

( )

05 수 카드 4장 중 3장을 골라 한 번씩만 사용하여 세 자리 수를 만들었습니다. 만든 수 중 셋째로 큰 수와 셋째로 작은 수의 차를 구하시오.

6 0 5 8

(　　　　　　　　　　)

06 수 카드 4장 중 3장을 골라 한 번씩만 사용하여 300보다 작은 세 자리 수를 만들었습니다. 만든 수 중 가장 큰 수와 가장 작은 수의 합을 구하시오.

  2 

(　　　　　　　　　　)

07 다음이 나타내는 수와 620의 차를 구하시오.

342와 800의 차

(　　　　　　　　　　)

08 어떤 수에서 385를 뺐더니 368이 되었습니다. 어떤 수와 479의 차를 구하시오.

(　　　　　　　　　　)

09 ☐ 안에 들어갈 수 있는 세 자리 수 중 가장 큰 수와 가장 작은 수의 차를 구하시오.

367－179<☐<367＋179

(　　　　　　　　)

10 길이가 7 m인 색 테이프가 있습니다. 신발을 포장하는 데 색 테이프 129 cm를 사용했고 인형을 포장하는 데 색 테이프 158 cm를 사용했고 옷을 포장하는 데 색 테이프 176 cm를 사용했습니다. 사용하고 남은 색 테이프의 길이는 몇 cm입니까?

(　　　　　　　　)

11 로마 숫자 3개를 한 번씩만 사용하여 세 자리 수를 만들었습니다. 물음에 답하시오.

Ⅳ　Ⅵ　Ⅶ

	1	2	3	4	5
로마 숫자	Ⅰ	Ⅱ	Ⅲ	Ⅳ	Ⅴ

	6	7	8	9
로마 숫자	Ⅵ	Ⅶ	Ⅷ	Ⅸ

(1) 만든 수 중 가장 큰 수와 가장 작은 수를 각각 구하시오.

가장 큰 수 (　　　　　　　　)
가장 작은 수 (　　　　　　　　)

(2) 만든 수 중 가장 큰 수와 가장 작은 수의 합을 구하시오.

(　　　　　　　　)

(3) 만든 수 중 가장 큰 수와 가장 작은 수의 차를 구하시오.

(　　　　　　　　)

12 모형 동전 8개 중 3개를 사용하여 세 자리 수를 나타내었습니다. 물음에 답하시오.

100 100 100
10 10 1 1 1

(1) 표의 빈칸에 알맞은 수를 써넣고 나타낸 세 자리 수를 모두 쓰시오.

100원짜리 동전 수(개)	10원짜리 동전 수(개)	1원짜리 동전 수(개)

( )

(2) 나타낸 세 자리 수 중 가장 큰 수와 가장 작은 수의 합을 구하시오.

( )

(3) 나타낸 세 자리 수 중 가장 큰 수와 가장 작은 수의 차를 구하시오.

( )

13 수 카드 8장 중 3장을 골라 한 번씩 사용하여 세 자리 수를 만들었습니다. 조건 을 만족하는 가장 큰 수와 가장 작은 수의 차를 구하시오.

0 1 2 3
4 5 6 7

조건
- 십의 자리 숫자는 백의 자리 숫자보다 더 큽니다.
- 일의 자리 숫자는 백의 자리 숫자보다 더 작습니다.

( )

14 오늘 영화관에 입장한 어른과 어린이 수를 더하면 모두 875명입니다. 남자 어른은 남자 어린이보다 9명이 더 적고 여자 어른은 여자 어린이보다 24명이 더 많습니다. 영화관에 입장한 어른은 몇 명인지 구하시오.

( )

고난도 해결 전략 2회

01 연필 6타를 한 명에게 9자루씩 주려고 합니다. 몇 명에게 나누어 줄 수 있습니까?

연필 한 타 = 연필 12자루

(　　　　　　　　)

02 2부터 9까지의 수 중 □ 안에 들어갈 수 있는 수를 모두 구하시오.

$200 < 67 \times \square < 400$

(　　　　　　　　)

03 긴 변의 길이가 36 cm, 짧은 변의 길이가 28 cm인 직사각형 모양의 종이가 있습니다. 이 종이 위에 긴 변의 길이가 7 cm, 짧은 변의 길이가 4 cm인 직사각형을 겹치지 않게 빈틈없이 그리면 몇 개까지 그릴 수 있습니까?

28 cm

36 cm

(　　　　　　　　)

04 □ 안에 알맞은 수를 써넣으시오.

$$\begin{array}{r} 7\ 6 \\ \times \quad \square \\ \hline 6\ \square\ 4 \end{array}$$

>> 정답과 풀이 24쪽

05 정사각형 모양인 공원의 둘레에 나무를 심으려고 합니다. 한 변에 같은 간격으로 처음부터 끝까지 나무를 38그루씩 심는다면 필요한 나무는 모두 몇 그루입니까?

(단, 나무의 두께는 생각하지 않습니다.)

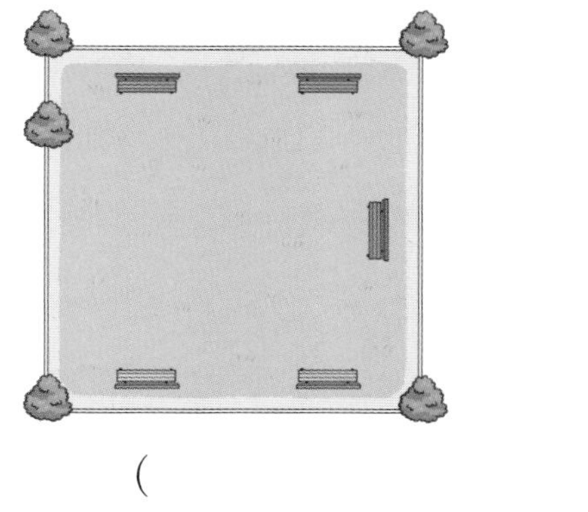

( )

06 두 자리 수 6□는 8로 나누어집니다. 6□와 8의 곱을 구하시오.

( )

07 두 자리 수 1□는 2로 나누어지고 3으로 나누어집니다. □ 안에 알맞은 수를 모두 구하시오.

1□÷2	1□÷3

( )

08 길이가 5 m인 철사가 있습니다. 한 변의 길이가 17 cm인 정사각형을 6개 만들었습니다. 남은 철사의 길이는 몇 cm입니까?

( )

고난도 해결 전략 2회

09 수 카드 4장 중 2장을 골라 한 번씩만 사용하여 나누어지는 나눗셈 □□ ÷ 6을 만들었습니다. 만든 나눗셈의 몫이 한 자리 수가 될 때 만든 나눗셈은 모두 몇 개인지 구하시오.

2　　5　　1　　4

(　　　　　　　　)

10 길이가 78 cm인 색 테이프 9장을 13 cm씩 겹쳐서 한 줄로 이어 붙였습니다. 이어 붙인 전체 길이는 몇 cm입니까?

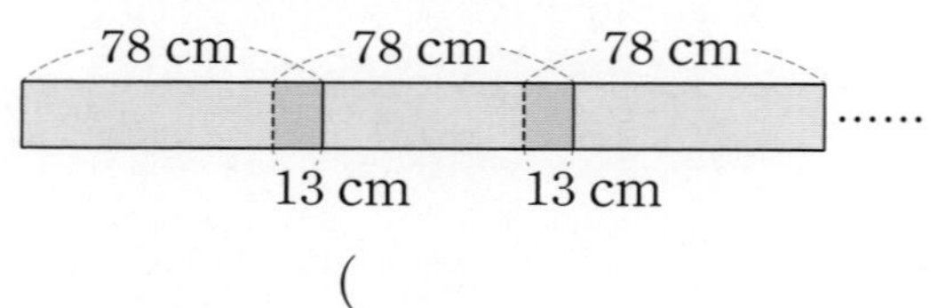

(　　　　　　　　)

11 로마 숫자를 보고 □ 안에 알맞은 수를 써넣으시오.

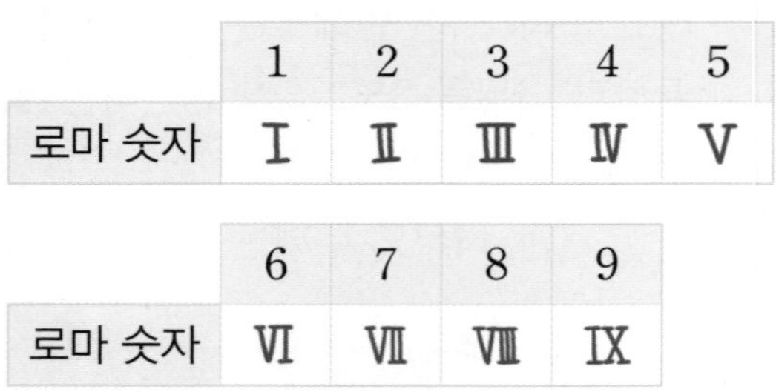

	1	2	3	4	5
로마 숫자	Ⅰ	Ⅱ	Ⅲ	Ⅳ	Ⅴ

	6	7	8	9
로마 숫자	Ⅵ	Ⅶ	Ⅷ	Ⅸ

(1) □ ÷ Ⅶ = Ⅸ

(2) Ⅴ Ⅳ × Ⅴ = □

12 거미 한 마리의 다리는 8개이고 개미 한 마리의 다리는 거미보다 2개만큼 더 작습니다. 거미 17마리와 개미 49마리의 다리 수의 차는 몇 개인지 구하시오.

(　　　　　　　　)

13 □와 △가 한 자리 수일 때 두 나눗셈의 몫이 서로 같습니다. □와 △의 합을 구하시오.

( )

14 어떤 두 자리 수가 있습니다. 이 두 자리 수의 십의 자리 숫자와 일의 자리 숫자를 바꾼 뒤 3을 곱했더니 78이 되었습니다. 바꾸기 전인 처음 두 자리 수와 3을 곱하면 얼마인지 구하시오.

53에서 십의 자리 숫자와 일의 자리 숫자를 바꾸면 35가 되는 거지.

( )

15 닭과 돼지가 각각 몇 마리씩 있습니다. 닭의 다리 수와 돼지의 다리 수의 합은 26개, 닭의 다리 수와 돼지의 다리 수의 차는 6개입니다. 닭과 돼지는 각각 몇 마리인지 구하시오.

닭 ( )

돼지 ( )

16 같은 모양은 같은 수를 나타낼 때 ■가 될 수 있는 수를 모두 구하시오.

■×▲=54

■×●=48

( )

memo

book.chunjae.co.kr

교재 내용 문의 ························· 교재 홈페이지 ▸ 초등 ▸ 교재상담
교재 내용 외 문의 ······················ 교재 홈페이지 ▸ 고객센터 ▸ 1:1문의
발간 후 발견되는 오류 ················ 교재 홈페이지 ▸ 초등 ▸ 학습지원 ▸ 학습자료실

일등공략 필승학습!
단기간에 끝장내자!

초등 **수학**

3·1

BOOK 2

진도북

천재교육

일등
전략

21 길이의 뺄셈

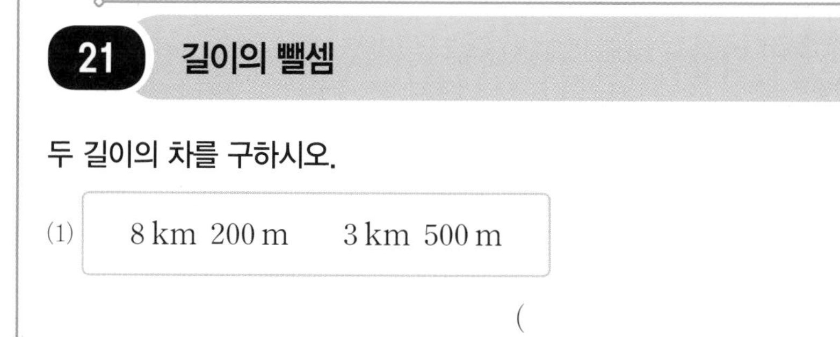

두 길이의 차를 구하시오.

(1) 8 km 200 m   3 km 500 m

(   )

(2) 6 cm 4 mm   1 cm 8 mm

(   )

핵심 기억해야 할 것

(1) km는 km끼리, m는 m끼리 뺍니다.

(2) cm는 cm끼리, mm는 mm끼리 뺍니다.

주의 m끼리 뺄 수 없으면 1000 m를 받아내림 합니다.
mm끼리 뺄 수 없으면 10 mm를 받아내림 합니다.

풀이

(1)

	7	1000	
	8 km	200	m
−	3 km	500	m
	4 km	❶	m

(2)

	5	10	
	6 cm	4	mm
−	1 cm	8	mm
	4 cm	❷	mm

답 ❶ 700 ❷ 6

정답 (1) 4 km 700 m (2) 4 cm 6 mm

22 시간의 덧셈

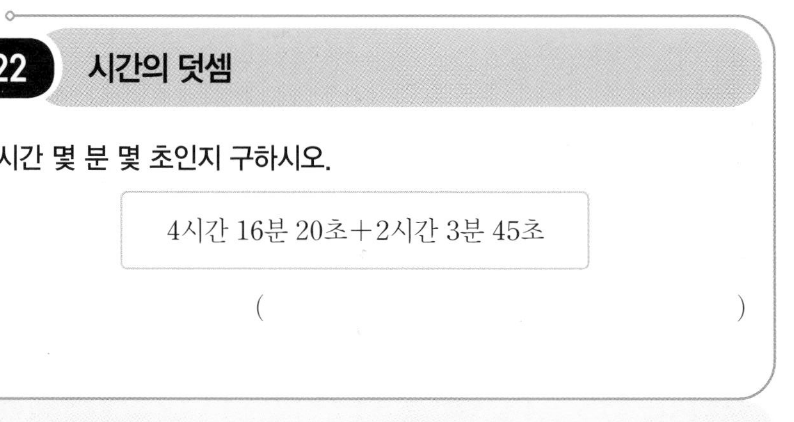

몇 시간 몇 분 몇 초인지 구하시오.

4시간 16분 20초+2시간 3분 45초

(   )

핵심 기억해야 할 것

시는 시끼리, 분은 분끼리, 초는 초끼리 더합니다.

주의 초끼리 더했을 때 60초이거나 60초가 넘으면 1분으로 받아올림합니다.
분끼리 더했을 때 60분이거나 60분이 넘으면 1시간으로 받아올림합니다.

풀이

초끼리의 계산: 20초+45초=65초이므로 ❶ 분을 받아올림합니다.
받아올림하면 5초가 남습니다.

분끼리의 계산: 받아올림한 ❷ 분과 16분과 3분을 더하면 ❸ 분입니다.

시끼리의 계산: 4시간+2시간=6시간입니다.

⇨ 6시간 20분 5초

답 ❶ 1 ❷ 1 ❸ 20

정답 6시간 20분 5초

23 시간의 뺄셈

몇 시간 몇 분 몇 초인지 구하시오.

5시간 20분 15초−2시간 10분 30초

(　　　　　　　　)

핵심 기억해야 할 것

시는 시끼리, 분은 분끼리, 초는 초끼리 뺍니다.

주의 초끼리 뺄 수 없으면 분에서 60초를 받아내림합니다.
분끼리 뺄 수 없으면 시에서 60분을 받아내림합니다.

풀이

초끼리의 계산: 15초에서 30초를 뺄 수 없으므로 분에서 [❶] 초를 받아내림합니다.

⇨ [❷] 초+15초−30초=[❸] 초

분끼리의 계산: 20분−1분−10분=9분

시끼리의 계산: 5시간−2시간=3시간

⇨ 3시간 9분 45초

답 ❶ 60 ❷ 60 ❸ 45

정답 3시간 9분 45초

20 길이의 덧셈

두 길이의 합을 구하시오.

(1) 1 km 650 m　　2 km 400 m

(　　　　　　　　)

(2) 3 cm 5 mm　　1 cm 6 mm

(　　　　　　　　)

핵심 기억해야 할 것

(1) km는 km끼리, m는 m끼리 더합니다.

(2) cm는 cm끼리, mm는 mm끼리 더합니다.

주의 m끼리 더했을 때 1000 m이거나 1000 m보다 크면 1 km를 받아올림합니다.
mm끼리 더했을 때 10 mm이거나 10 mm보다 크면 1 cm를 받아올림합니다.

받아올림에 주의하여 계산합니다.

풀이

(1)
```
     1
    1 km   650  m
 +  2 km   400  m
 ------------------
    4 km  [❶]   m
```

(2)
```
     1
    3 cm    5  mm
 +  1 cm    6  mm
 ------------------
    5 cm  [❷]  mm
```

답 ❶ 50 ❷ 1

정답 (1) 4 km 50 m (2) 5 cm 1 mm

19 길이 비교하기 (2)

길이가 긴 순서대로 기호를 쓰시오.

㉠ 2 km 300 m　㉡ 2360 m　㉢ 2 km 330 m

(　　　　　　　)

핵심 기억해야 할 것

2360 m를 몇 km 몇 m로 바꾸어 km부터 차례로 비교합니다.
km가 같으면 m를 비교합니다.

㉡을 몇 km 몇 m로 바꿉니다.

풀이

㉡ 2360 m = 2000 m + 360 m
= 2 km + 360 m = 2 km ❶ [　] m

km를 비교하면 2로 모두 같습니다.

m를 비교하면 ❷ [　] > 330 > 300이므로

2 km 360 m > 2 km 330 m > 2 km 300 m입니다.

따라서 길이가 긴 순서대로 기호를 쓰면 ㉡, ㉢, ㉠입니다.

[다른 풀이]

㉠ 2 km 300 m = 2300 m, ㉢ 2 km 330 m = 2330 m

m를 비교하면 2360 > 2330 > 2300이므로

2360 m > 2330 m > 2300 m입니다.

따라서 길이가 긴 순서대로 기호를 쓰면 ㉡, ㉢, ㉠입니다.

답 ❶ 360 ❷ 360

정답 ㉡, ㉢, ㉠

24 식을 보고 빈칸 채우기

[　] 안에 알맞은 수를 써넣으시오.

	[　]	시	18	분	30초
−	3	시간	[　]	분	55초
	4	시	23	분	35초

핵심 기억해야 할 것

시는 시끼리, 분은 분끼리, 초는 초끼리 뺍니다.
초부터 차례대로 계산하면서 받아내림이 있는지 살펴봅니다.

30초에서 55초를 뺄 수 없으므로 60초를 받아내림합니다.

풀이

	㉠시	18분	30초
−	3시간	㉡분	55초
	4시	23분	35초

초끼리의 계산: 30초에서 55초를 뺄 수 없으므로 분에서 받아내림이 ❶ [　] 습니다.

분끼리의 계산: 18 − 1 − ㉡ = 23이 될 수 없으므로 시에서 받아내림이 ❷ [　] 습니다.

⇨ 60 + 18 − 1 − ㉡ = 23, 77 − ㉡ = 23, ㉡ = 54

시끼리의 계산: ㉠ − 1 − 3 = 4, ㉠ = 8

답 ❶ 있 ❷ 있

정답 (위부터) 8, 54

25 시간 비교하기 (1)

더 긴 시간의 기호를 쓰시오.

㉠ 255초　　㉡ 4분 20초

(　　　　　　　　)

핵심 기억해야 할 것

●초를 ■분 ▲초로 바꾸어 분부터 비교합니다.
분이 같으면 초를 비교합니다.

풀이

㉠ 255초＝240초＋15초
　　　＝4분＋15초＝4분 15초

분을 비교하면 둘 다 ❶ (으)로 같습니다.

초를 비교하면 15＜20이므로 4분 20초가 4분 15초보다 더 깁니다.

따라서 더 긴 시간은 ❷ 입니다.

[다른 풀이]

㉡ 4분 20초＝4분＋20초
　　　　＝240초＋20초＝260초

초를 비교하면 255＜260이므로 260초가 255초보다 더 깁니다.

따라서 더 긴 시간은 ㉡입니다.

답 ❶ 4 ❷ ㉡

정답 ㉡

18 길이 비교하기 (1)

더 긴 길이의 기호를 쓰시오.

㉠ 1 km 650 m　　㉡ 1350 m

(　　　　　　　　)

핵심 기억해야 할 것

● m를 ■ km ▲ m로 바꾸어 km부터 비교합니다.
km가 같으면 m를 비교합니다.

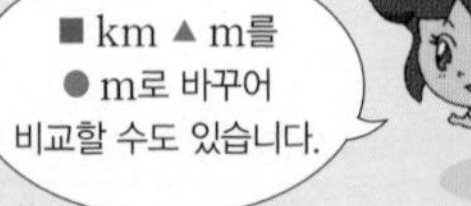

풀이

㉡ 1350 m＝1000 m＋350 m
　　　＝1 km＋350 m＝1 km 350 m

km를 비교하면 둘 다 ❶ (으)로 같습니다.

m를 비교하면 650＞350이므로 1 km 650 m가 1 km 350 m보다 더 깁니다.

따라서 더 긴 길이는 ❷ 입니다.

[다른 풀이]

㉠ 1 km 650 m＝1 km＋650 m
　　　　＝1000 m＋650 m＝1650 m

m를 비교하면 1650＞1350이므로 1650 m가 1350 m보다 더 깁니다.

따라서 더 긴 길이는 ㉠입니다.

답 ❶ 1 ❷ ㉠

정답 ㉠

17 물건의 길이 구하기

물건의 길이는 몇 mm인지 구하시오.

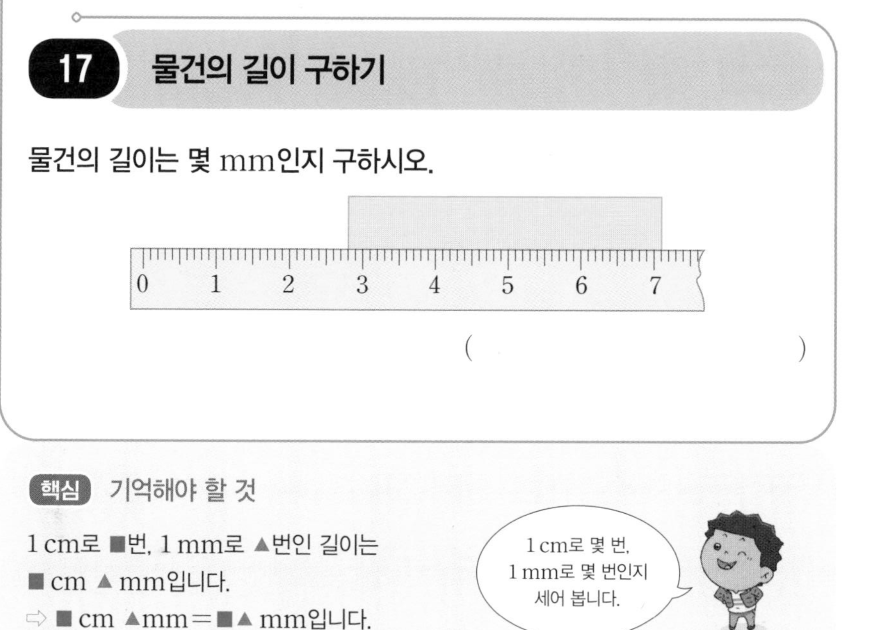

( )

핵심 기억해야 할 것

1 cm로 ■번, 1 mm로 ▲번인 길이는
■ cm ▲ mm입니다.
⇨ ■ cm ▲mm=■▲ mm입니다.

1 cm로 몇 번, 1 mm로 몇 번인지 세어 봅니다.

풀이

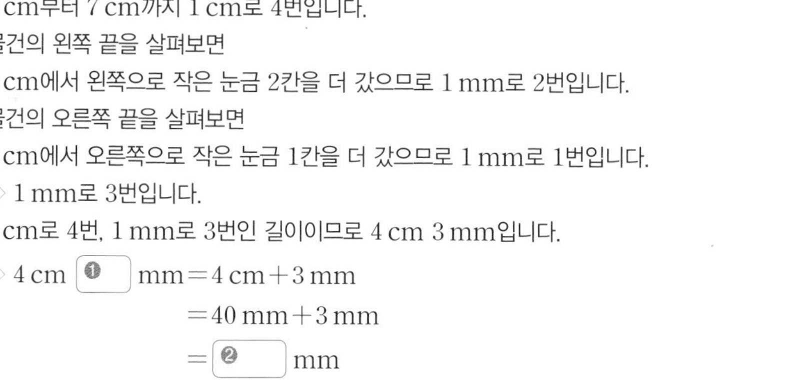

3 cm부터 7 cm까지 1 cm로 4번입니다.
물건의 왼쪽 끝을 살펴보면
3 cm에서 왼쪽으로 작은 눈금 2칸을 더 갔으므로 1 mm로 2번입니다.
물건의 오른쪽 끝을 살펴보면
7 cm에서 오른쪽으로 작은 눈금 1칸을 더 갔으므로 1 mm로 1번입니다.
⇨ 1 mm로 3번입니다.
1 cm로 4번, 1 mm로 3번인 길이이므로 4 cm 3 mm입니다.
⇨ 4 cm ❶ mm=4 cm+3 mm
=40 mm+3 mm
=❷ mm

답 ❶ 3 ❷ 43

정답 43 mm

26 시간 비교하기 (2)

시간이 긴 순서대로 기호를 쓰시오.

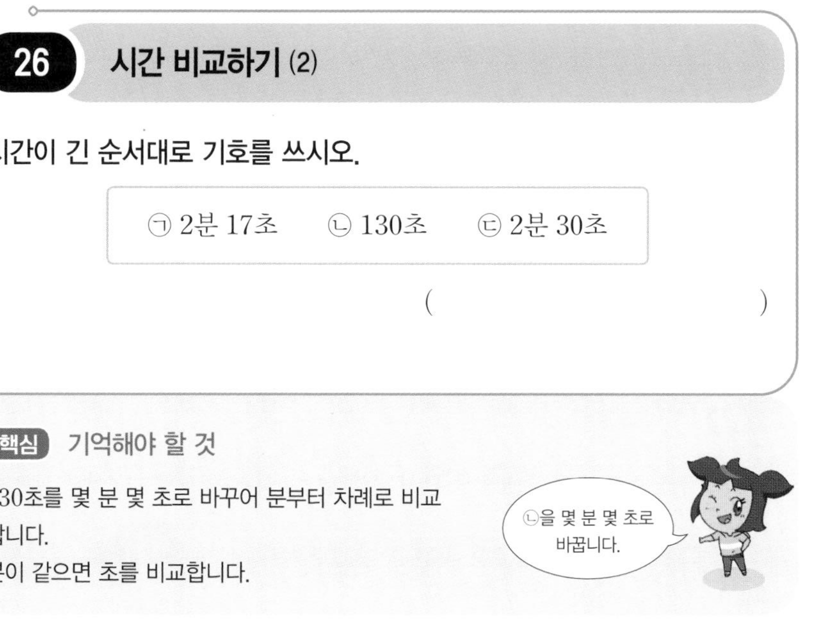

㉠ 2분 17초 ㉡ 130초 ㉢ 2분 30초

( )

핵심 기억해야 할 것

130초를 몇 분 몇 초로 바꾸어 분부터 차례로 비교합니다.
분이 같으면 초를 비교합니다.

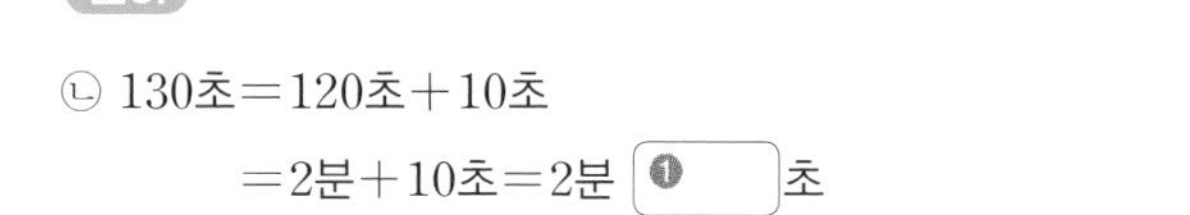

㉡을 몇 분 몇 초로 바꿉니다.

풀이

㉡ 130초=120초+10초
=2분+10초=2분 ❶ 초
분을 비교하면 모두 2로 같습니다.
초를 비교하면 30>17>❷ 이므로 2분 30초>2분 17초>2분 10초입니다.
따라서 시간이 긴 순서대로 기호를 쓰면 ㉢, ㉠, ㉡입니다.
[다른 풀이]
㉠ 2분 17초=137초, ㉢ 2분 30초=150초
초를 비교하면 150>137>130이므로 150초>137초>130초입니다.
따라서 시간이 긴 순서대로 기호를 쓰면 ㉢, ㉠, ㉡입니다.

답 ❶ 10 ❷ 10

정답 ㉢, ㉠, ㉡

27 공부를 한 시간 구하기

은희는 아침에는 1시간 18분 40초 동안 공부를 했고, 점심에는 2시간 30분 50초 동안 공부를 했습니다. 은희가 아침과 점심에 공부를 한 시간은 몇 시간 몇 분 몇 초입니까?

(　　　　　　　　　)

핵심 기억해야 할 것

은희는 아침과 점심에 공부를 했습니다.
(아침과 점심에 공부를 한 시간)
=(아침에 공부를 한 시간)+(점심에 공부를 한 시간)

주의 (시간)+(시간)=(시간)입니다.

풀이

은희가 아침과 점심에 공부를 한 시간을 구하려면
아침에 공부를 한 시간과 점심에 공부를 한 시간을 ❶ [　] 합니다.
은희가 아침에 공부를 한 시간: 1시간 18분 40초
은희가 점심에 공부를 한 시간: 2시간 30분 50초
⇨ (은희가 아침과 점심에 공부를 한 시간)
=(아침에 공부를 한 시간)+(점심에 공부를 한 시간)
=1시간 18분 40초+2시간 30분 50초=3시간 49분 ❷ [　] 초

답 ❶ 더 ❷ 30

정답 3시간 49분 30초

16 자를 수 있는 정사각형의 수

긴 변의 길이가 9 cm, 짧은 변의 길이가 6 cm인 직사각형 모양의 종이를 잘라서 한 변의 길이가 3 cm인 정사각형이 가장 많이 나오게 만들려고 합니다. 정사각형을 몇 개까지 만들 수 있습니까?

(　　　　　　　　　)

핵심 기억해야 할 것

직사각형의 긴 변에는 정사각형이 (9÷3)개까지 들어갈 수 있습니다.
직사각형의 짧은 변에는 정사각형이 (6÷3)개까지 들어갈 수 있습니다.

풀이

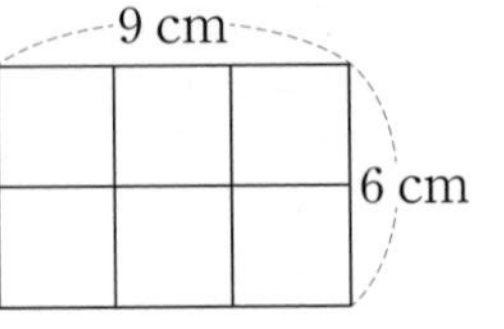

직사각형의 긴 변에는 정사각형이 9÷3=3(개)까지 들어갈 수 있습니다.
직사각형의 짧은 변에는 정사각형이 6÷3=2(개)까지 들어갈 수 있습니다.
따라서 정사각형은 3× ❶ [　] = ❷ [　] (개)까지 만들 수 있습니다.

답 ❶ 2 ❷ 6

정답 6개

15 굵은 선의 길이

똑같은 정사각형 3개를 겹치는 부분 없이 이어 붙인 모양입니다. 정사각형의 한 변의 길이가 6 cm일 때 이어 붙인 모양에서 굵은 선의 길이는 몇 cm입니까?

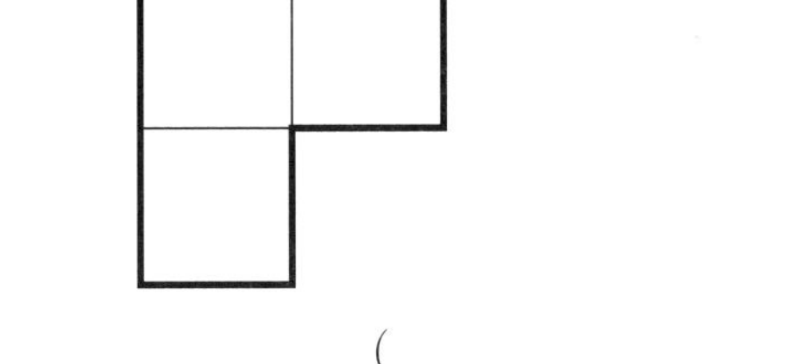

(　　　　　　　　)

핵심 기억해야 할 것

(굵은 선의 길이)
=(정사각형의 한 변의 길이)×(변의 수)

풀이

그림과 같이 굵은 선은 정사각형의 한 변을 ❶ ☐개 더한 것과 같습니다.

따라서 굵은 선의 길이는 6×❷ ☐=❸ ☐(cm)입니다.

답 ❶ 8 ❷ 8 ❸ 48

정답 48 cm

28 영화가 상영된 시간 구하기

영화가 1시 20분 40초에 시작해서 3시 17분 15초에 끝났습니다. 영화가 상영된 시간은 몇 시간 몇 분 몇 초입니까?

(　　　　　　　　)

핵심 기억해야 할 것

(영화가 상영된 시간)
=(영화가 끝난 시각)−(영화가 시작한 시각)

주의 (시각)−(시각)=(시간)입니다.

풀이

영화가 상영된 시간을 구하려면
영화가 끝난 시각에서 영화가 시작한 시각을 ❶ ☐니다.

영화가 시작한 시각: 1시 20분 40초
영화가 끝난 시각: 3시 17분 15초
⇨ (영화가 상영된 시간)
=(영화가 끝난 시각)−(영화가 시작한 시각)
=3시 17분 15초−1시 20분 40초=1시간 56분 ❷ ☐초

답 ❶ 뺍 ❷ 35

정답 1시간 56분 35초

29 부분을 보고 전체 그리기

부분을 보고 전체를 서로 다른 모양으로 2가지 그리시오.

핵심 기억해야 할 것

$\frac{1}{■}$은 전체를 똑같이 ■로 나눈 것 중의 1입니다.

그려야 하는 부분은 (■ − 1)만큼입니다.

주의 나누어진 모양과 크기가 ■로 나눈 것 중의 1이 되도록 그립니다.

풀이

$\frac{1}{3}$은 전체를 똑같이 ❶ (으)로 나눈 것 중의 ❷ 입니다.

그려야 하는 부분은 3 − 1 = 2만큼입니다.

답 ❶ 3 ❷ 1

정답 예

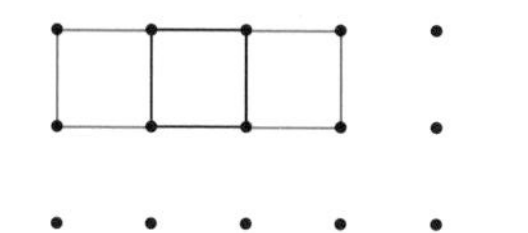

14 직사각형의 한 변의 길이

직사각형과 정사각형을 이어 붙인 모양입니다. □ 안에 알맞은 수를 구하시오.

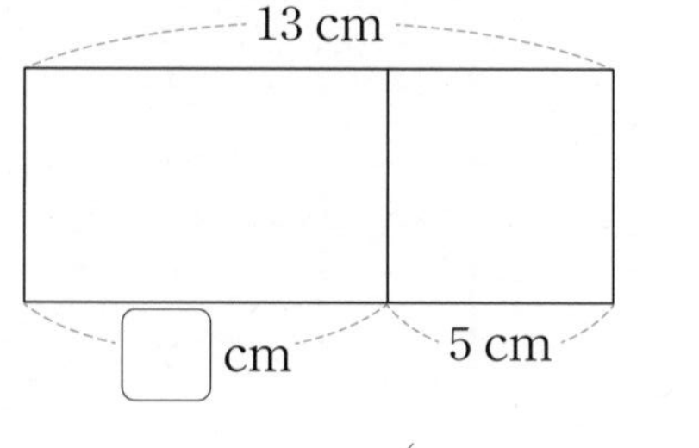

(　　　　　)

핵심 기억해야 할 것

직사각형의 긴 변의 길이에서 정사각형의 한 변의 길이를 뺍니다.

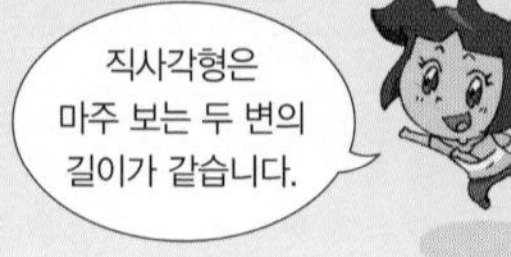

풀이

직사각형은 마주 보는 두 변의 길이가 같으므로 큰 직사각형의 긴 변의 길이는 ❶ cm입니다.

⇨ ❷ − 5 = ❸ (cm)

답 ❶ 13 ❷ 13 ❸ 8

정답 8 cm

13 정사각형의 한 변의 길이

정사각형의 네 변의 길이의 합이 8 cm일 때 한 변의 길이는 몇 cm인지 구하시오.

(　　　　　　　　　　)

핵심 기억해야 할 것

정사각형은 네 변의 길이가 모두 같습니다.
정사각형의 네 변의 길이의 합이 ■ cm일 때
같은 수를 4번 더해서 ■가 나오는 수를 찾습니다.

풀이

정사각형은 네 변의 길이가 모두 같습니다.
정사각형의 네 변의 길이의 합이 8 cm이므로
같은 수를 4번 더해서 ❶ ☐ 이/가 나오는 수를 찾으면
$2+2+2+2=8$에서 2입니다.
따라서 정사각형의 한 변의 길이는 ❷ ☐ cm입니다.

답 ❶ 8 ❷ 2

정답 2 cm

30 색칠하지 않은 부분을 보고 색칠하기

색칠하지 않은 부분이 $\frac{3}{8}$이 되도록 색칠해 보시오.

핵심 기억해야 할 것

색칠하지 않은 부분이 $\frac{▲}{■}$이면 색칠한 부분은
(■－▲)만큼입니다.
색칠한 부분을 분수로 나타낸 후에 색칠해 봅니다.

풀이

색칠하지 않은 부분이 전체를 똑같이 8로 나눈 것 중의 3이므로
색칠한 부분은 $8-3=$ ❶ ☐ 만큼입니다.
따라서 색칠한 부분이 $\frac{❷☐}{8}$이/가 되도록 색칠합니다.

답 ❶ 5 ❷ 5

정답 예

31 나타내는 분수가 다른 것 찾기

색칠한 부분이 나타내는 분수가 다른 하나를 찾아 기호를 쓰시오.

가 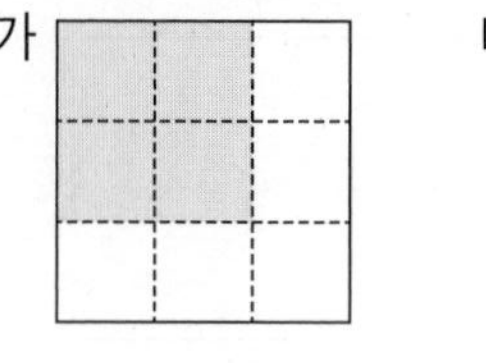 나 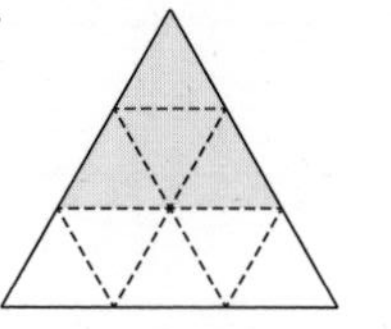 다 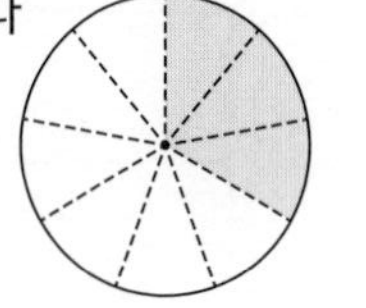

(　　　　　　　　　　)

핵심 기억해야 할 것

전체를 똑같이 ■로 나눈 것 중의 ▲는 $\frac{▲}{■}$입니다.

전체를 똑같이 몇으로 나누어 몇을 색칠했는지 알아봅니다.

풀이

가는 전체를 똑같이 9로 나눈 것 중의 ❶ ☐ 입니다. ⇨ $\frac{4}{9}$

나는 전체를 똑같이 9로 나눈 것 중의 ❷ ☐ 입니다. ⇨ $\frac{4}{9}$

다는 전체를 똑같이 9로 나눈 것 중의 ❸ ☐ 입니다. ⇨ $\frac{3}{9}$

따라서 색칠한 부분이 나타내는 분수가 다른 하나는 다입니다.

답 ❶ 4 ❷ 4 ❸ 3

정답 다

12 정사각형의 네 변의 길이의 합

정사각형의 네 변의 길이의 합은 몇 cm입니까?

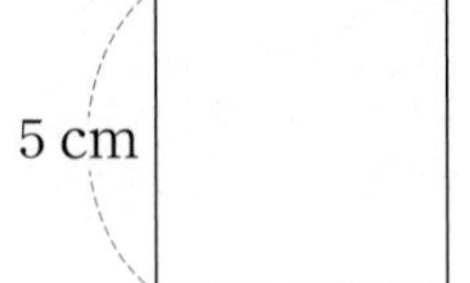

(　　　　　　　　　　)

핵심 기억해야 할 것

정사각형은 네 변의 길이가 모두 같습니다.
정사각형의 한 변의 길이를 ■ cm라 하면
정사각형의 네 변의 길이의 합은
(■+■+■+■) cm입니다.

정사각형의
한 변의 길이는
5 cm입니다.

풀이

한 변의 길이가 5 cm인 정사각형입니다.
정사각형은 네 변의 길이가 모두 같으므로
나머지 세 변의 길이는 모두 ❶ ☐ cm입니다.
따라서 정사각형의 네 변의 길이의 합은
$5+5+5+5=$ ❷ ☐ (cm)입니다.

답 ❶ 5 ❷ 20

정답 20 cm

11 직사각형의 네 변의 길이의 합

직사각형의 네 변의 길이의 합은 몇 cm입니까?

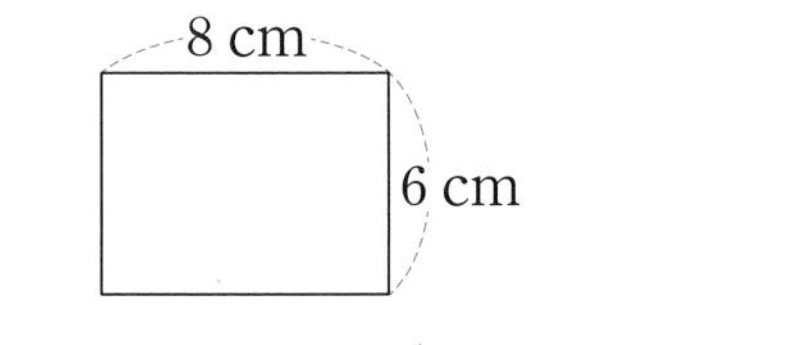

( )

핵심 기억해야 할 것

직사각형은 마주 보는 변의 길이가 같습니다.
직사각형의 긴 변의 길이를 ■ cm,
짧은 변의 길이를 ▲ cm라 하면
직사각형의 네 변의 길이의 합은
(■+▲+■+▲) cm입니다.

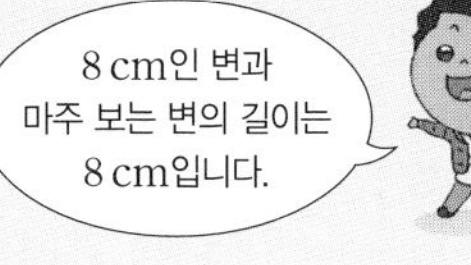

풀이

두 변의 길이가 각각 8 cm, 6 cm인 직사각형입니다.
직사각형은 마주 보는 두 변의 길이가 같으므로
네 변의 길이는 각각 8 cm, 6 cm, 8 cm, ❶ cm입니다.
따라서 직사각형의 네 변의 길이의 합은
$8+6+8+$ ❷ $=$ ❸ (cm)입니다.

답 ❶ 6 ❷ 6 ❸ 28

정답 28 cm

32 분수의 크기 비교하기

분수의 크기를 비교하여 가장 큰 분수를 찾아 쓰시오.

(1) $\frac{3}{8}$ $\frac{7}{8}$ $\frac{5}{8}$

( )

(2) $\frac{4}{9}$ $\frac{4}{11}$ $\frac{4}{7}$

( )

핵심 기억해야 할 것

분모가 같은 분수는 분자가 클수록 더 큰 분수입니다.
분자가 같은 분수는 분모가 작을수록 더 큰 분수입니다.

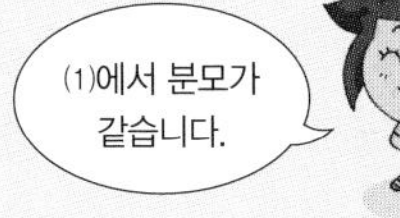

풀이

(1) 분모가 8로 같으므로 분자를 비교하면 $3<5<7$이므로 $\frac{3}{8}<\frac{5}{8}<\frac{7}{8}$입니다.
따라서 가장 큰 분수는 $\frac{❶}{8}$입니다.

(2) 분자가 4로 같으므로 분모를 비교하면 $7<9<11$이므로 $\frac{4}{7}>\frac{4}{9}>\frac{4}{11}$입니다.
따라서 가장 큰 분수는 $\frac{4}{❷}$입니다.

답 ❶ 7 ❷ 7

정답 (1) $\frac{7}{8}$ (2) $\frac{4}{7}$

33 □ 안에 들어갈 수 있는 가장 큰 수

□ 안에 들어갈 수 있는 1보다 큰 수 중에서 가장 큰 수를 구하시오.

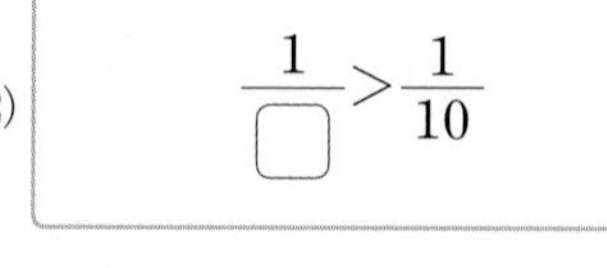

(1) $\frac{\square}{11} < \frac{8}{11}$

( )

(2) $\frac{1}{\square} > \frac{1}{10}$

( )

핵심 기억해야 할 것

- 분모가 같은 분수는 분자가 클수록 더 큰 분수입니다.
- 분자가 같은 분수는 분모가 작을수록 더 큰 분수입니다.

풀이

(1) 분모가 같으므로 분자를 비교하면 □<8입니다. □=2, 3, 4, 5, 6, 7

따라서 □ 안에 들어갈 수 있는 수는 8보다 작은 수이므로 가장 큰 수는 ❶ 입니다.

(2) 분자가 같으므로 분모를 비교하면 □<10입니다. □=2, 3, 4, ..., 8, 9

따라서 □ 안에 들어갈 수 있는 수는 10보다 작은 수이므로 가장 큰 수는 ❷ 입니다.

답 ❶ 7 ❷ 9

정답 (1) 7 (2) 9

10 크고 작은 직사각형 수

그림에서 찾을 수 있는 크고 작은 직사각형은 모두 몇 개입니까?

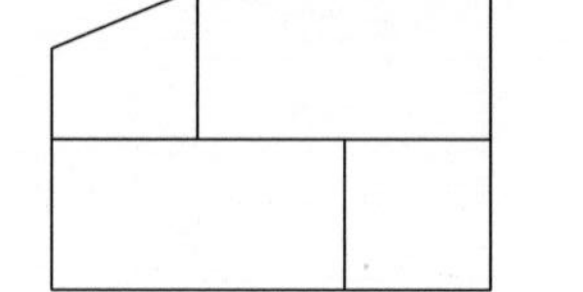

( )

핵심 기억해야 할 것

사각형 1개짜리, 사각형 2개짜리로 찾을 수 있는 사각형 중에서 네 각이 직각인 사각형의 수를 셉니다.

주의 정사각형은 직사각형입니다.

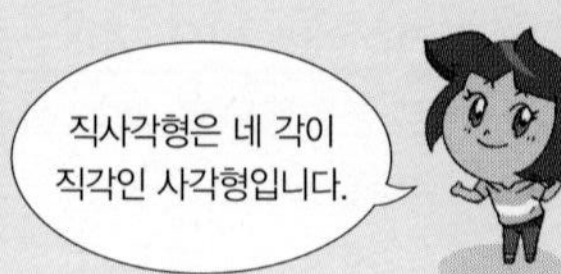

풀이

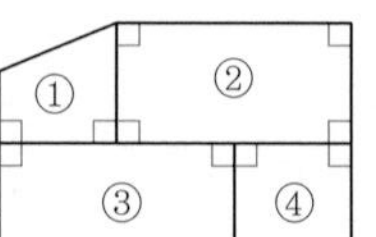

(1) 사각형 1개짜리: ②, ③, ④ ⇨ 3개

(2) 사각형 2개짜리: ③+④ ⇨ ❶ 개

따라서 직사각형은 모두 3+ ❷ = ❸ (개)입니다.

답 ❶ 1 ❷ 1 ❸ 4

정답 4개

09 크고 작은 직각삼각형 수

그림에서 찾을 수 있는 크고 작은 직각삼각형은 모두 몇 개입니까?

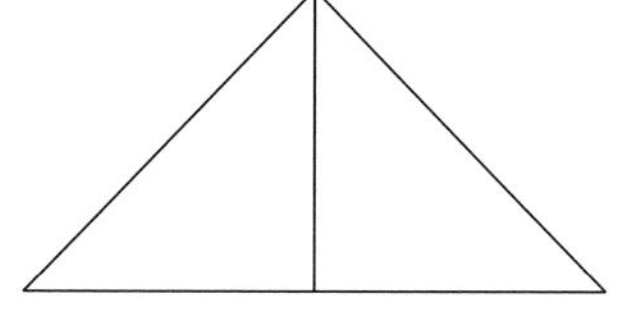

( )

핵심 기억해야 할 것

삼각형 1개짜리, 삼각형 2개짜리로 찾을 수 있는 삼각형 중에서 한 각이 직각인 삼각형의 수를 셉니다.

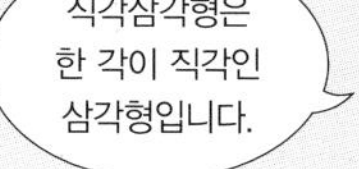

풀이

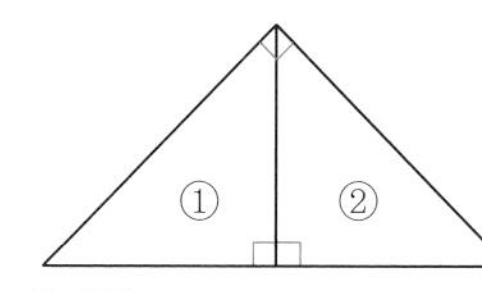

(1) 삼각형 1개짜리: ①, ② ⇨ ❶ 개

(2) 삼각형 2개짜리: ①+② ⇨ 1개

따라서 직각삼각형은 모두 ❷ $+1=$ ❸ (개)입니다.

답 ❶ 2 ❷ 2 ❸ 3

정답 3개

34 남은 양을 분수로 나타내기

피자 한 판을 똑같이 8조각으로 나누어 지우는 $\frac{1}{8}$, 수호는 $\frac{2}{8}$만큼 먹었습니다. 두 사람이 먹고 남은 피자의 양이 전체의 얼마인지 분수로 나타내시오.

( )

핵심 기억해야 할 것

(피자의 남은 조각 수)
=(피자의 전체 조각 수)
−(지우가 먹은 조각 수)−(수호가 먹은 조각 수)

풀이

피자 한 판을 똑같이 8조각으로 나누었습니다.

지우는 $\frac{1}{8}$만큼 먹었으므로 8조각 중 1조각을 먹었습니다.

수호는 $\frac{2}{8}$만큼 먹었으므로 8조각 중의 2조각을 먹었습니다.

(피자의 남은 조각 수)
=(피자의 전체 조각 수)−(지우가 먹은 조각 수)−(수호가 먹은 조각 수)
$=8-1-2=$ ❶ (조각)

따라서 두 사람이 먹고 남은 피자의 양을 분수로 나타내면 $\frac{❷}{8}$입니다.

답 ❶ 5 ❷ 5

정답 $\frac{5}{8}$ 

35 조건에 맞는 분수 찾기

조건에 맞는 분수를 쓰시오.

조건
- 1보다 작고 분모가 10인 분수입니다.
- 분자가 7보다 큽니다.
- 0.9보다 작습니다.

( )

핵심 기억해야 할 것

분모가 10인 분수는 $\frac{■}{10}$와 같이 나타낼 수 있습니다.
분모가 10인 분수 중에서 분자가 7보다 큰 분수를 먼저 찾습니다.

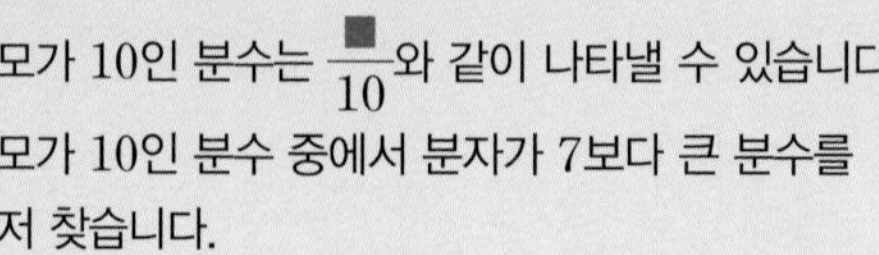

풀이

분모가 10인 분수는 $\frac{■}{10}$와 같이 나타낼 수 있습니다.

이 중에서 분자가 7보다 큰 분수는 $\frac{8}{10}$, $\frac{❶}{10}$입니다.

0.9를 분수로 나타내면 $\frac{9}{10}$이므로 0.❷보다 작은 분수는 $\frac{8}{10}$입니다.

따라서 조건에 맞는 분수는 $\frac{8}{10}$입니다.

답 ❶ 9 ❷ 9

정답 $\frac{8}{10}$

08 잘랐을 때 만들어지는 정사각형

직사각형 모양의 종이를 선을 따라 자르면 정사각형이 모두 몇 개 만들어집니까?

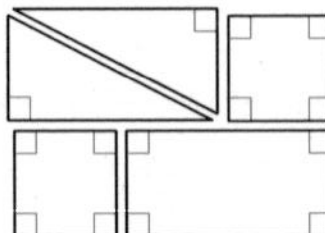

( )

핵심 기억해야 할 것

정사각형은 네 각이 직각이고 네 변의 길이가 모두 같은 사각형입니다.
자르면 사각형이 되는 도형을 찾아 네 각이 직각이고 네 변의 길이가 모두 같은지 확인해 봅니다.

풀이

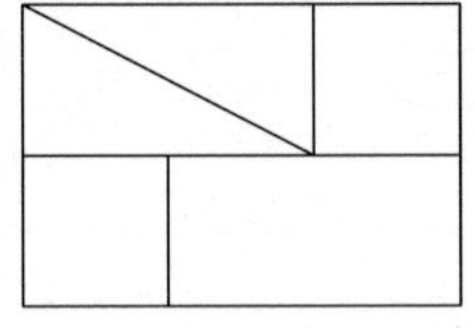

선을 따라 자르면 사각형은 ❶개 만들어집니다.
만들어진 사각형 중에서 네 각이 직각이고 네 변의 길이가 모두 같은 사각형은 ❷개입니다.

답 ❶ 3 ❷ 2

정답 2개

07 잘랐을 때 만들어지는 직각삼각형

직사각형 모양의 종이를 선을 따라 자르면 직각삼각형이 모두 몇 개 만들어집니까?

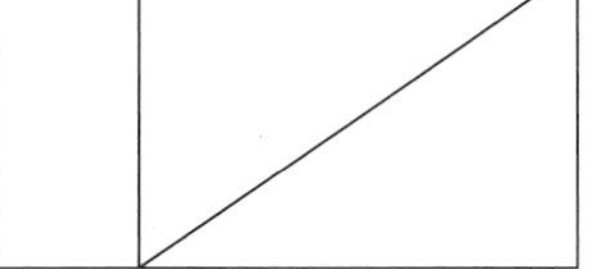

( )

 기억해야 할 것

직각삼각형은 한 각이 직각인 삼각형입니다.
자르면 삼각형이 되는 도형을 찾아 한 각이 직각인지 확인해 봅니다.

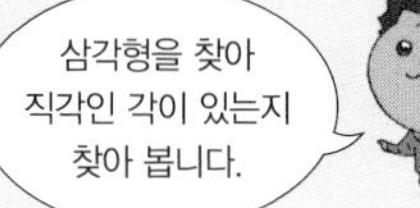

풀이

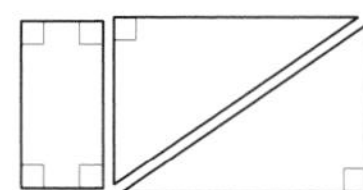

선을 따라 자르면 삼각형은 ❶ [ ]개 만들어집니다.

만들어진 삼각형 중에서 한 각이 직각인 삼각형은 ❷ [ ]개입니다.

답 ❶ 2 ❷ 2

정답 2개

36 색칠한 부분을 소수로 나타내기

색칠한 부분을 소수로 나타내시오.

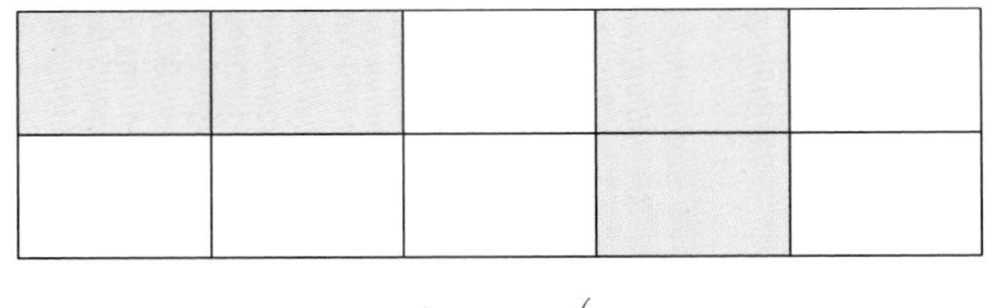

( )

핵심 기억해야 할 것

전체를 똑같이 10으로 나누었으므로 분수로 나타낸 후 소수로 바꾸어 나타냅니다.

색칠한 부분은 전체를 똑같이 10으로 나눈 것 중의 ❶ [ ]만큼이므로

색칠한 부분을 분수로 나타내면 $\frac{4}{10}$입니다.

⇨ 소수로 나타내면 0.❷ [ ]입니다.

답 ❶ 4 ❷ 4

정답 0.4

37 길이를 소수로 나타내기

길이가 같은 것끼리 선으로 이으시오.

68 mm •	• 5.6 cm
56 mm •	• 6.8 cm
58 mm •	• 5.8 cm

핵심 기억해야 할 것

■▲ mm = ■ cm ▲ mm입니다.

풀이

68 mm = 60 mm + 8 mm
= 6 cm + 0.8 cm = ❶ [ ] cm

56 mm = 50 mm + 6 mm
= 5 cm + 0.6 cm = ❷ [ ] cm

58 mm = 50 mm + 8 mm
= 5 cm + 0.8 cm = ❸ [ ] cm

답 ❶ 6.8 ❷ 5.6 ❸ 5.8

정답 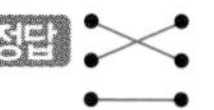

06 찾을 수 있는 직각의 수

그림에서 찾을 수 있는 직각은 모두 몇 개입니까?

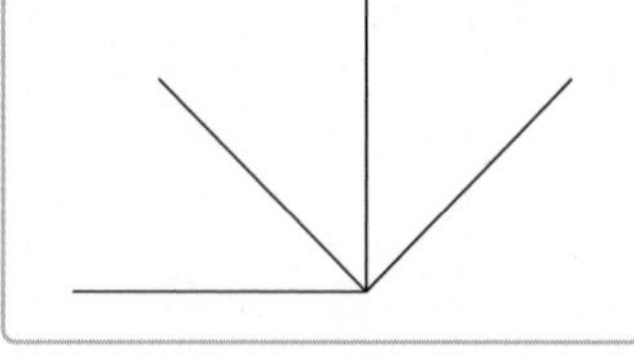

( )

핵심 기억해야 할 것

종이를 반듯하게 두 번 접었을 때 생기는 각을 직각이라고 합니다.
직각을 모두 표시하면서 수를 셉니다.

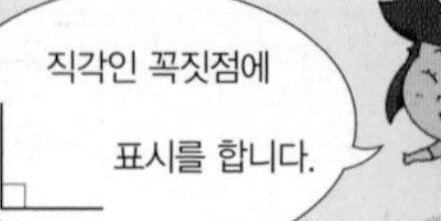

풀이

직각 삼각자의 ❶ [ ]인 부분과 맞대었을 때 꼭 맞게 겹쳐지는 각을 찾으면 모두 ❷ [ ]개입니다.

답 ❶ 직각 ❷ 2

정답 2개

05 찾을 수 있는 각의 수

그림에서 찾을 수 있는 각은 모두 몇 개입니까?

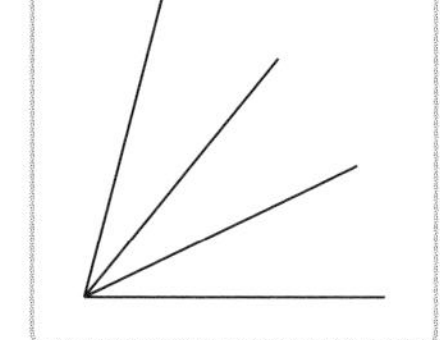

( )

핵심 기억해야 할 것

작은 각 2개 또는 3개가 합쳐져서 만들어지는 큰 각도 찾아야 합니다.
각 1개짜리, 각 2개짜리, 각 3개짜리로 나누어 모두 셉니다.

각 표시를 해 보면서 빠뜨리거나 중복되지 않게 세어 봅니다.

풀이

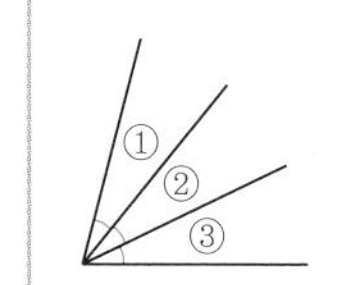

(1) 각 1개짜리: ①, ②, ③ ⇨ 3개

(2) 각 2개짜리: ①+②, ②+③ ⇨ ❶ 개

(3) 각 3개짜리: ①+②+③ ⇨ 1개

따라서 각은 모두 3+ ❷ +1= ❸ (개)입니다.

답 ❶ 2 ❷ 2 ❸ 6

정답 6개

38 물건의 길이 구하기

물건의 길이가 몇 cm인지 소수로 나타내시오.

0 1 2 3 4 5 6 7 8 9 10

( )

핵심 기억해야 할 것

1 cm로 ■번, 1 mm로 ▲번인 길이는 ■ cm ▲ mm입니다.
⇨ ■ cm ▲ mm=■.▲ cm입니다.

1 cm와 1 mm로 몇 번인 길이인지 먼저 구합니다.

풀이

1 cm부터 9 cm까지 1 cm로 8번입니다.
물건의 왼쪽 끝을 살펴보면 1 cm에서 왼쪽으로 작은 눈금 1칸을 더 갔으므로 1 mm로 1번입니다.
물건의 오른쪽 끝을 살펴보면 9 cm에서 작은 눈금 4칸을 더 갔으므로 1 mm로 4번입니다.
⇨ 1 mm로 5번입니다.
1 cm로 8번, 1 mm로 5번인 길이이므로 8 cm 5 mm입니다.
⇨ 8 cm 5 mm=8 cm+5 mm
=8 cm+0. ❶ cm=8. ❷ cm

답 ❶ 5 ❷ 5

정답 8.5 cm

39 몇 개인 수인지 구하기

□ 안에 알맞은 수의 합을 구하시오.

- $\frac{10}{12}$은 $\frac{1}{12}$이 □개인 수입니다.
- 2.3은 0.1이 □개인 수입니다.

(　　　　　　　　)

핵심 기억해야 할 것

$\frac{▲}{■}$는 $\frac{1}{■}$이 ▲개인 수입니다.

▲.■는 0.1이 ▲■개인 수입니다.

풀이

- $\frac{10}{12}$은 $\frac{1}{12}$이 10개인 수입니다.
- 2.3은 0.1이 ❶□개인 수입니다.

따라서 □ 안에 알맞은 수의 합은 10+❷□=❸□입니다.

답 ❶ 23 ❷ 23 ❸ 33

정답 33

04 각의 수 구하기

가와 나 도형에 있는 각은 모두 몇 개입니까?

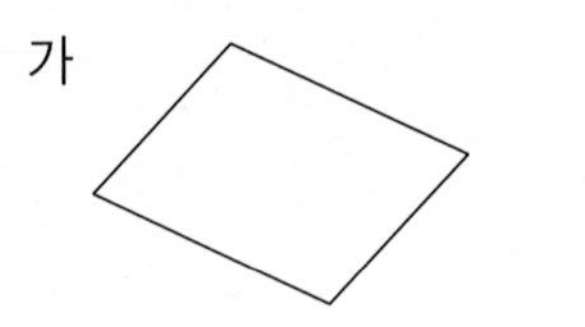

(　　　　　　　　)

핵심 기억해야 할 것

각은 두 반직선으로 이루어진 도형입니다.
가와 나 도형에 있는 두 반직선으로 이루어진 도형을 모두 찾습니다.

주의 두 반직선으로 이루어져 있지 않으면 각이 아닙니다.

풀이

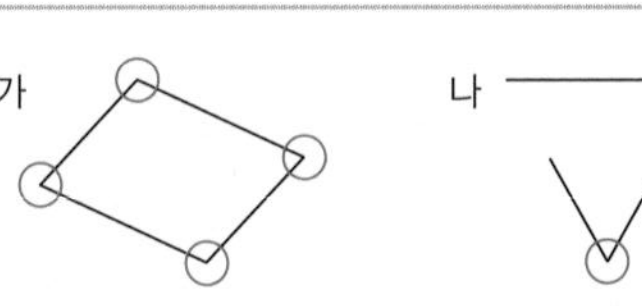

가 도형에 있는 각은 4개입니다.

나 도형에 있는 각은 ❶□개입니다.

따라서 가와 나 도형에 있는 각은 모두 4+❷□=❸□(개)입니다.

답 ❶ 2 ❷ 2 ❸ 6

정답 6개

03 그을 수 있는 반직선의 수

2개의 점에서 그을 수 있는 반직선은 모두 몇 개입니까?

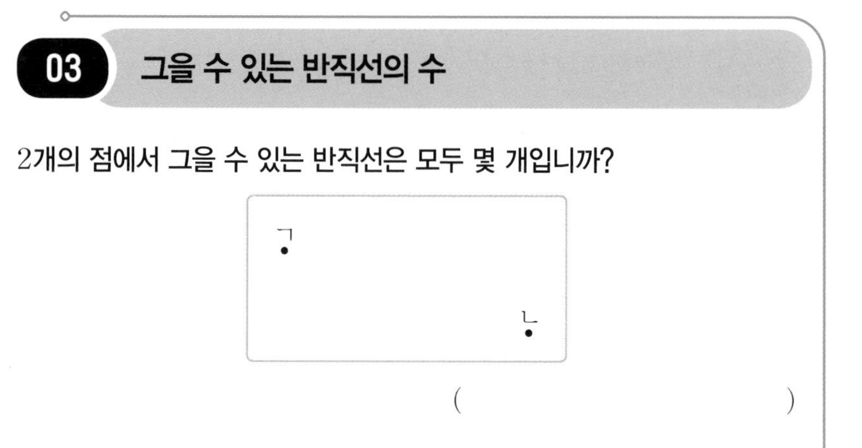

(　　　　　　　　)

핵심 기억해야 할 것

반직선은 한 점에서 시작하여 한쪽으로 끝없이 늘인 곧은 선입니다.

주의 시작하는 점이 다르면 다른 반직선입니다.

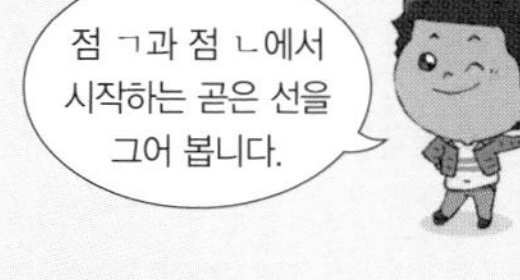

풀이

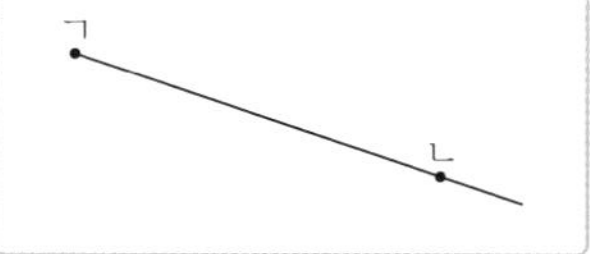

점 ㄱ에서 그을 수 있는 반직선은 반직선 ㄱㄴ입니다. ⇨ ❶ 개

점 ㄴ에서 그을 수 있는 반직선은 반직선 ㄴㄱ입니다. ⇨ ❷ 개

따라서 반직선은 모두 $1+1=2$(개)입니다.

답 ❶ 1 ❷ 1

정답 2개

40 길이 비교하기

길이가 가장 긴 것의 기호를 쓰시오.

㉠ 8.6 cm	㉡ 88 mm	㉢ 79 mm

(　　　　　　　　)

핵심 기억해야 할 것

■▲ mm를 ■.▲ cm로 바꾸어 소수의 크기를 비교합니다.

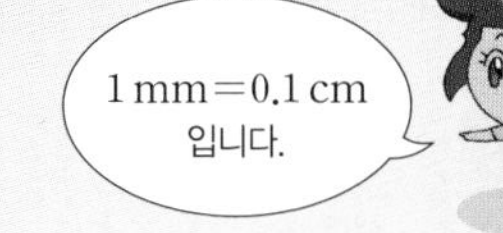

풀이

㉡ $88\text{ mm}=80\text{ mm}+8\text{ mm}$
$=8\text{ cm}+0.8\text{ cm}=8.$❶ cm

㉢ $79\text{ mm}=70\text{ mm}+9\text{ mm}$
$=7\text{ cm}+0.9\text{ cm}=7.9\text{ cm}$

소수점 왼쪽 부분을 비교하면 $7<8$이므로 ㉢이 가장 짧습니다.

8.6과 8.8의 소수점 오른쪽 부분을 비교하면 $6<$❷이므로 $8.6\text{ cm}<8.8\text{ cm}$입니다.

따라서 길이가 가장 긴 것은 ㉡입니다.

답 ❶ 8 ❷ 8

정답 ㉡

41 분수와 소수의 크기 비교하기

수의 크기를 비교하여 더 큰 수의 기호를 쓰시오.

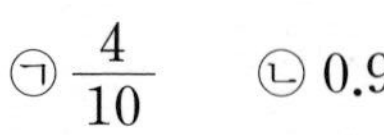

㉠ $\frac{4}{10}$　　㉡ 0.9

(　　　　　　　　)

핵심 기억해야 할 것

$\frac{■}{10}=0.■$입니다.

분수를 소수로 바꾸어 크기를 비교합니다.

풀이

㉠ $\frac{4}{10}=0.$ ❶ 입니다.

소수점 왼쪽 부분이 같으므로 소수점 오른쪽 부분을 비교하면 $4<$ ❷ 이므로

$0.4<0.9$입니다.

따라서 ㉡이 더 큽니다.

[다른 풀이]

㉡ $0.9=\frac{9}{10}$입니다.

분모가 10으로 같으므로 분자를 비교하면 $4<9$이므로 $\frac{4}{10}<\frac{9}{10}$입니다.

따라서 ㉡이 더 큽니다.

답 ❶ 4 ❷ 9

정답 ㉡

02 한 점에서 그을 수 있는 선분의 수

점 ㄱ에서 그을 수 있는 선분은 몇 개입니까?

ㄱ　ㄴ　ㄹ　ㄷ

(　　　　　　　　)

핵심 기억해야 할 것

선분은 두 점을 곧게 이은 선이므로 한 점과 다른 점을 모두 선으로 이어서 수를 셉니다.

주의 선분 ㄱㄴ과 선분 ㄴㄱ은 같은 선분입니다.

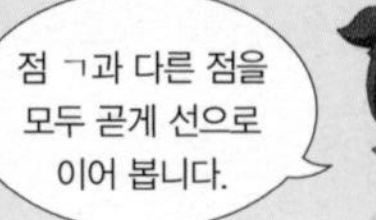

풀이

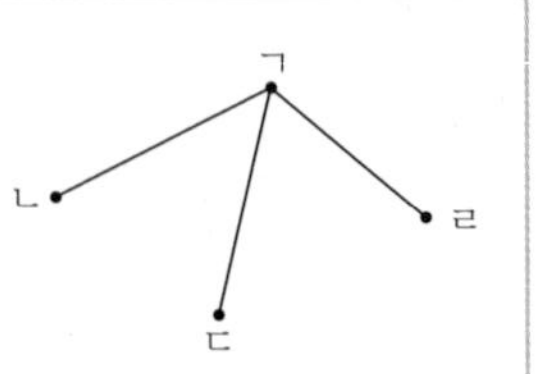

점 ㄱ과 다른 점을 선으로 이어 봅니다.

선분 ❶ ㄴ, 선분 ㄱㄷ, 선분 ❷ ㄹ

⇨ 3개

답 ❶ ㄱ ❷ ㄱ

정답 3개

01 선분의 수 구하기

가와 나 도형에 있는 선분의 수의 합은 몇 개입니까?

가 나

( )

핵심 기억해야 할 것

선분은 두 점을 곧게 이은 선입니다.
가와 나 도형에서 두 점을 곧게 이은 선이 각각 몇 개 있는지를 구해 더합니다.

⌒은 선분이 아닙니다.

풀이

가 도형에 있는 선분은 3개입니다.

나 도형에 있는 선분은 ❶ 개입니다.

따라서 두 도형에 있는 선분의 수의 합은 $3+$ ❷ $=$ ❸ (개)입니다.

답 ❶ 2 ❷ 2 ❸ 5

정답 5개

42 □ 안에 들어갈 수 있는 수 찾기

1부터 9까지의 수 중에서 □ 안에 들어갈 수 있는 수를 모두 쓰시오.

(1) $4.5<4.\square$

( )

(2) $3.4>3.\square$

( )

핵심 기억해야 할 것

소수점 왼쪽 부분부터 비교합니다.
소수점 왼쪽 부분이 같으면 소수점 오른쪽 부분을 비교합니다.

소수점 왼쪽 부분이 같습니다.

풀이

(1) 소수점 왼쪽 부분이 4로 같으므로 소수점 오른쪽 부분을 비교합니다.
$5<\square$이므로 □ 안에 들어갈 수 있는 수는 6, 7, ❶ , ❷ 입니다.

(2) 소수점 왼쪽 부분이 3으로 같으므로 소수점 오른쪽 부분을 비교합니다.
$4>\square$이므로 □ 안에 들어갈 수 있는 수는 1, 2, 3입니다.

답 ❶ 8 ❷ 9

정답 (1) 6, 7, 8, 9 (2) 1, 2, 3

43 수 카드로 만들 수 있는 가장 큰 소수

3장의 수 카드 중에서 2장을 골라 한 번씩만 사용하여 소수 ■.▲를 만들려고 합니다. 만들 수 있는 소수 중에서 가장 큰 수를 구하시오.

(　　　　　　　　)

핵심 기억해야 할 것

㉠>㉡>㉢일 때 ㉠을 ■에 놓고 ㉡을 ▲에 놓습니다.
만들 수 있는 소수 중에서 가장 큰 수는 ㉠.㉡입니다.

풀이

세 수의 크기를 비교하면 6>4>1입니다.

가장 큰 수인 6을 소수점 ❶□쪽 부분에 놓고

둘째로 큰 수인 4를 소수점 ❷□쪽 부분에 놓습니다.

⇨ 6.4

답 ❶ 왼 ❷ 오른

정답 6.4

꼭 알아야 하는 대표 유형을 확인해 봐.

이 책의 차례

44 수 카드로 만들 수 있는 가장 작은 소수

3장의 수 카드 중에서 2장을 골라 한 번씩만 사용하여 소수 ■.▲를 만들려고 합니다. 만들 수 있는 소수 중에서 가장 작은 수를 구하시오.

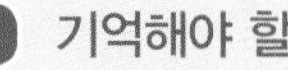

( )

핵심 기억해야 할 것

㉠<㉡<㉢일 때 ㉠을 ■에 놓고 ㉡을 ▲에 놓습니다.
만들 수 있는 소수 중에서 가장 작은 수는 ㉠.㉡입니다.

주의 소수 왼쪽 부분에 0이 올 수 있습니다.

풀이

세 수의 크기를 비교하면 $0<1<8$입니다.

가장 작은 수인 0을 소수점 ❶ ☐ 쪽 부분에 놓고

둘째로 작은 수인 1을 소수점 ❷ ☐ 쪽 부분에 놓습니다.

 0.1

답 ❶ 왼 ❷ 오른

정답 0.1

꼭 알아야 하는

대표 유형집

BOOK 2

평면도형

길이와 시간

분수와 소수

초등 수학

3·1

일등 전략

일등전략 초등 수학 3·1

꼭 알아야 하는
대표 유형집

자르는 선

BOOK 2

평면도형

길이와 시간

분수와 소수

초등 **수학**

3-1

이 책의 구성과 특징

2주 완성

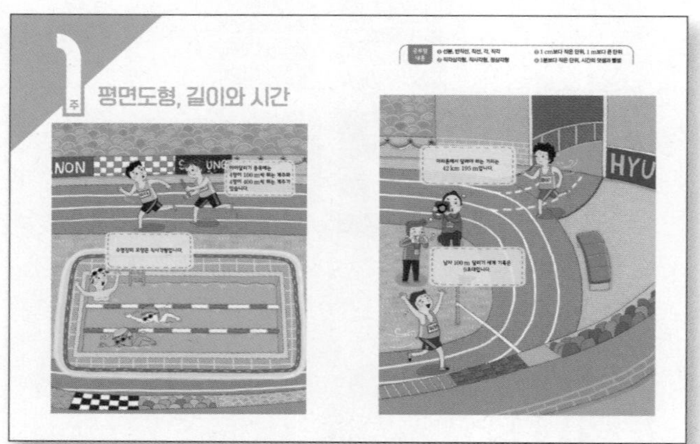

도입 만화

이번 주에 배울 내용의 핵심을 만화 또는 삽화로 제시하였습니다.

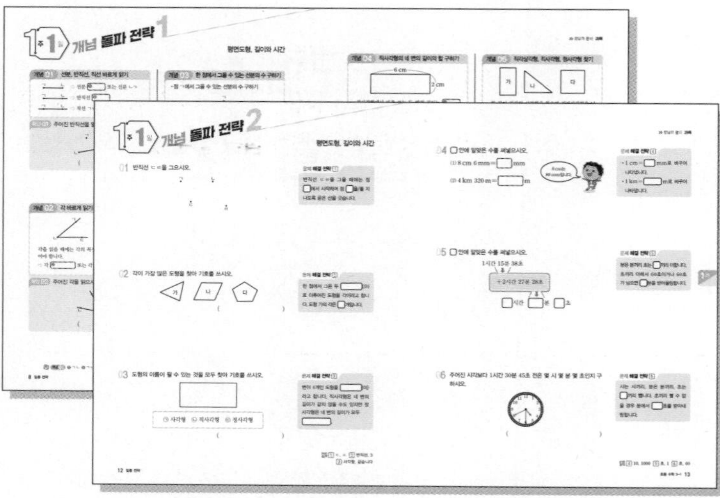

개념 돌파 전략 1, 2

개념 돌파 전략1에서는 단원별로 개념을 설명하고 개념의 원리를 확인하는 문제를 제시하였습니다.
개념 돌파 전략2에서는 개념을 알고 있는지 문제로 확인할 수 있습니다.

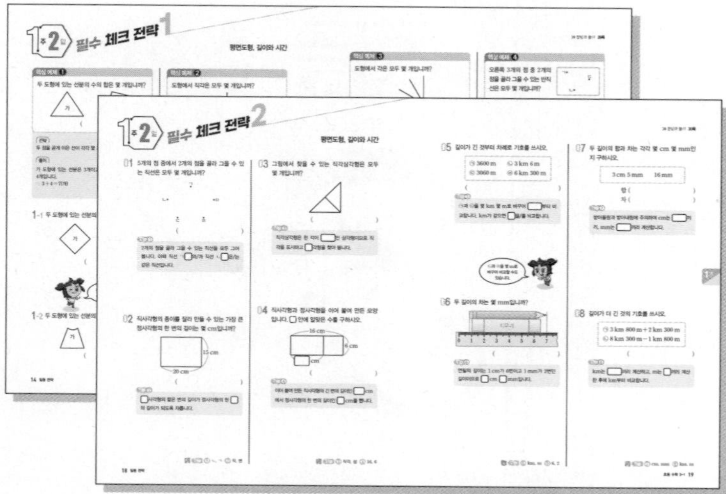

필수 체크 전략 1, 2

필수 체크 전략1에서는 단원별로 나오는 중요한 유형을 반복 연습할 수 있도록 하였습니다.
필수 체크 전략2에서는 추가적으로 나오는 다른 유형을 문제로 확인할 수 있도록 하였습니다.

1주에 3일 구성 + 1일에 6쪽 구성

부록 꼭 알아야 하는 대표 유형집

부록을 뜯으면 미니북으로 활용할 수 있습니다. 대표 유형을 확실하게 익혀 보세요.

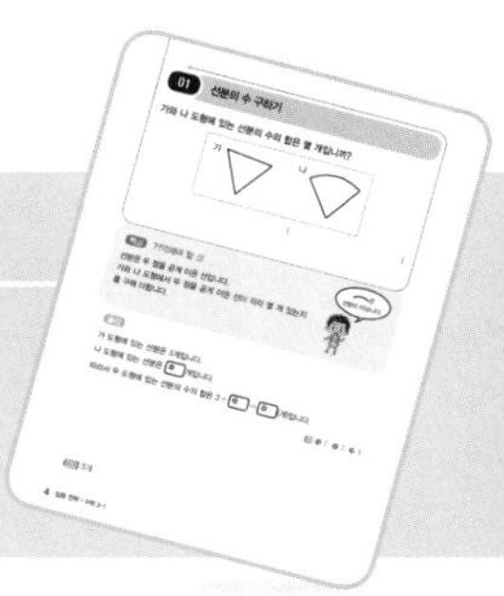

주 마무리 평가

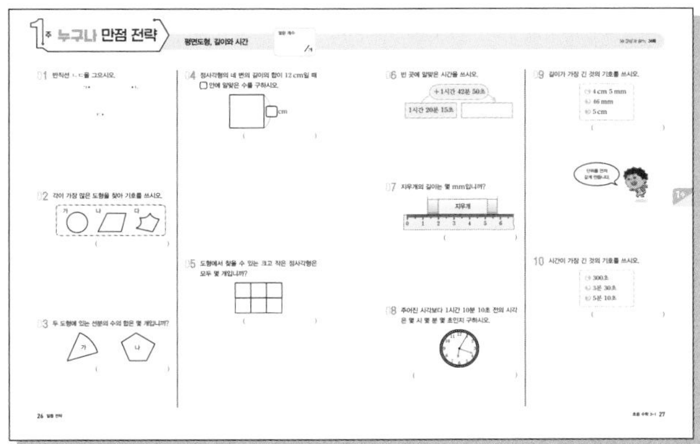

누구나 만점 전략

누구나 만점 전략에서는 주별로 꼭 기억해야 하는 문제를 제시하여 누구나 만점을 받을 수 있도록 하였습니다.

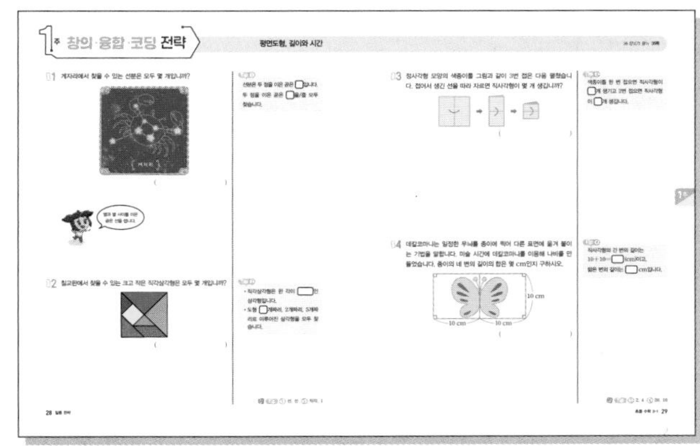

창의·융합·코딩 전략

창의·융합·코딩 전략에서는 새 교육과정에서 제시하는 창의, 융합, 코딩 문제를 쉽게 접근할 수 있도록 하였습니다.

마무리 코너

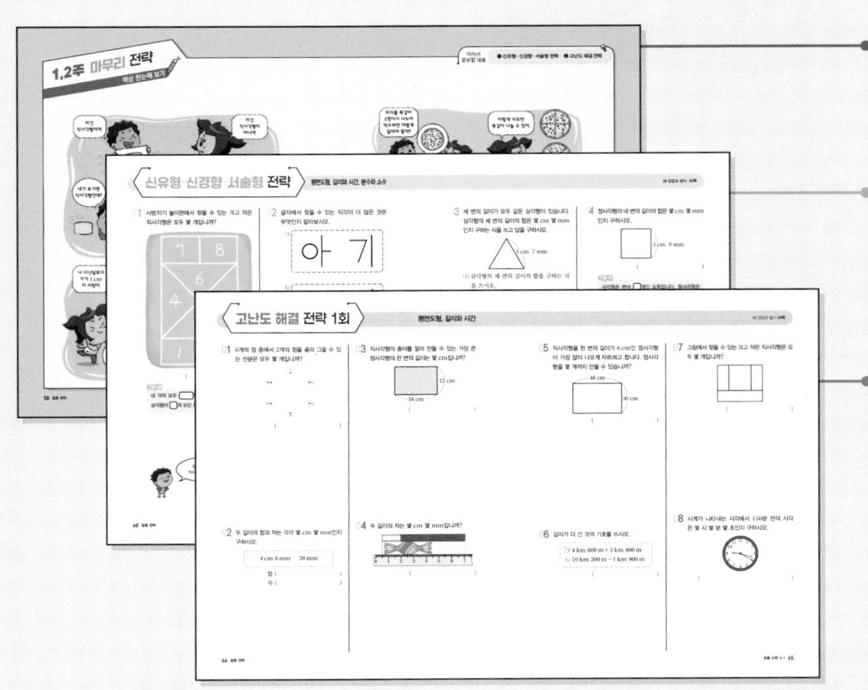

1, 2주 마무리 전략

마무리 전략은 이미지로 정리하여 마무리할 수 있게 하였습니다.

신유형·신경향·서술형 전략

신유형·신경향·서술형 전략은 새로운 유형도 연습하고 서술형 문제에 대한 적응력도 올릴 수 있습니다.

고난도 해결 전략 1회, 2회

실제 시험에 대비하여 연습하도록 고난도 실전 문제를 2회로 구성하였습니다.

이 책의 차례

BOOK 2

1주에 3일 구성 + 1일에 6쪽 구성

1주 평면도형, 길이와 시간

공부할 내용		
	❶ 선분, 반직선, 직선, 각, 직각	❸ 1 cm보다 작은 단위, 1 m보다 큰 단위
	❷ 직각삼각형, 직사각형, 정삼각형	❹ 1분보다 작은 단위, 시간의 덧셈과 뺄셈

평면도형, 길이와 시간

개념 01 선분, 반직선, 직선 바르게 읽기

ㄱ ㄴ ⇨ 선분 ❶ 또는 선분 ㄴㄱ

ㄱ ㄴ ⇨ 반직선 ❷

ㄱ ㄴ ⇨ 직선 ㄱㄴ 또는 직선 ㄴㄱ

확인 01 주어진 반직선을 읽으시오.

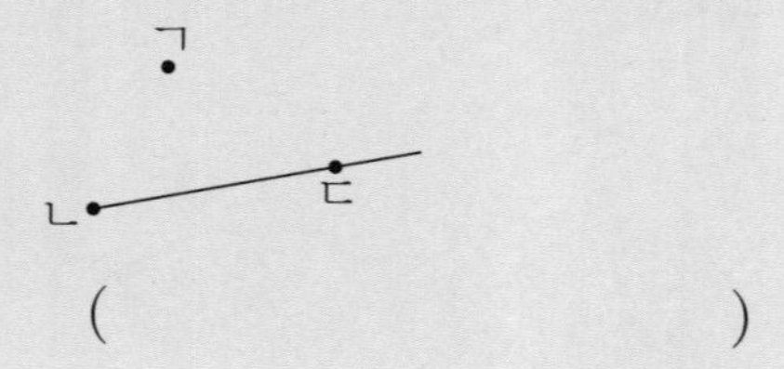

(　　　　　　)

개념 02 각 바르게 읽기

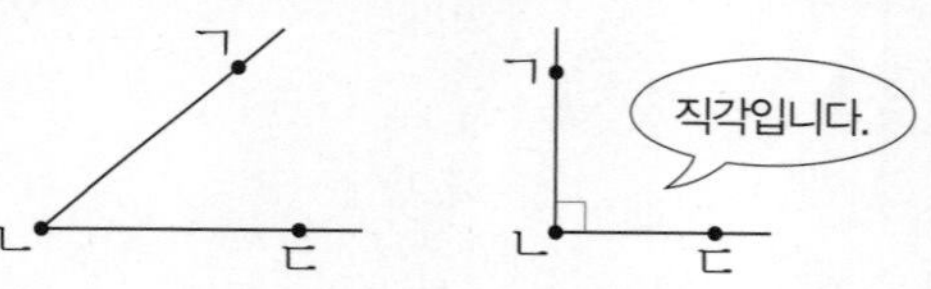

각을 읽을 때에는 각의 꼭짓점이 가운데 오도록 읽어야 합니다.

⇨ 각 ❶ 또는 각 ❷

확인 02 주어진 각을 읽으시오.

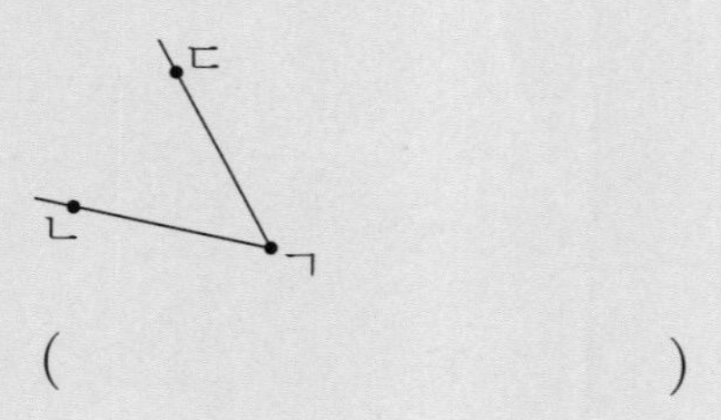

(　　　　　　)

개념 03 한 점에서 그을 수 있는 선분의 수 구하기

• 점 ㄱ에서 그을 수 있는 선분의 수 구하기

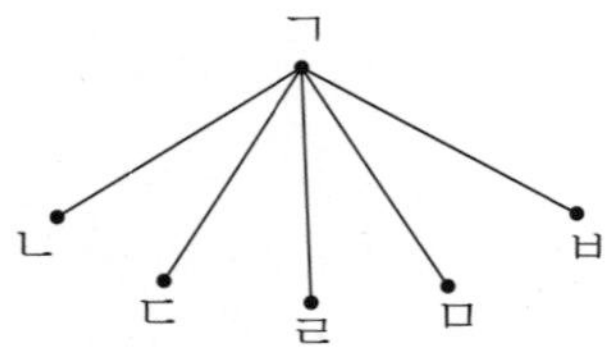

점 ㄱ에서 그을 수 있는 선분은
선분 ㄱㄴ 또는 선분 ㄴㄱ, 선분 ㄱㄷ 또는 선분 ㄷㄱ,
선분 ㄱㄹ 또는 선분 ㄹㄱ, 선분 ㄱㅁ 또는 선분 ㅁㄱ,
선분 ❶ 또는 선분 ㅂㄱ입니다.
따라서 점 ㄱ에서 그을 수 있는 선분의 수는 ❷ 개입니다.

확인 03 점 ㄱ에서 그을 수 있는 선분은 몇 개입니까?

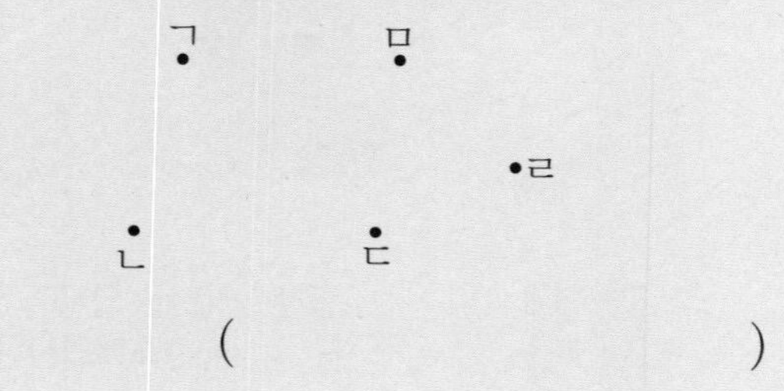

(　　　　　　)

선분 ㄱㄴ과 선분 ㄴㄱ은 같은 선분입니다.

답 개념 01 ❶ ㄱㄴ ❷ ㄱㄴ 개념 02 ❶ ㄱㄴㄷ ❷ ㄷㄴㄱ

답 개념 03 ❶ ㄱㅂ ❷ 5

개념 04 직사각형의 네 변의 길이의 합 구하기

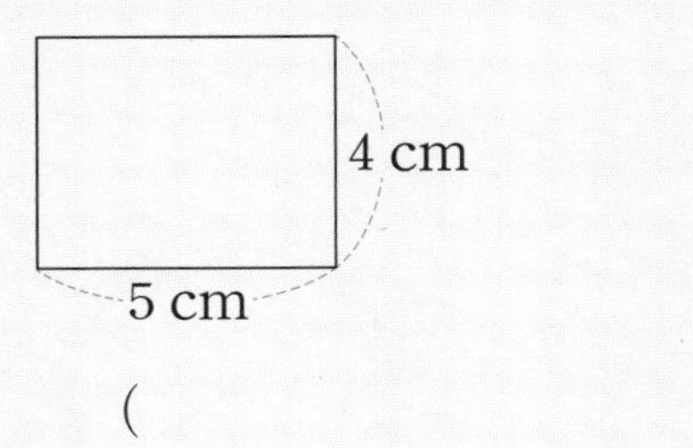

직사각형에서 마주 보는 두 변의 길이는 ❶ [ ]니다.

⇨ (직사각형의 네 변의 길이의 합)
=6+2+6+2=❷ [ ] (cm)

확인 04 직사각형의 네 변의 길이의 합을 구하시오.

( )

개념 05 정사각형의 네 변의 길이의 합 구하기

정사각형에서 네 변의 길이는 모두 ❶ [ ]니다.

⇨ (정사각형의 네 변의 길이의 합)
=4+4+4+4=❷ [ ] (cm)

확인 05 정사각형의 네 변의 길이의 합을 구하시오.

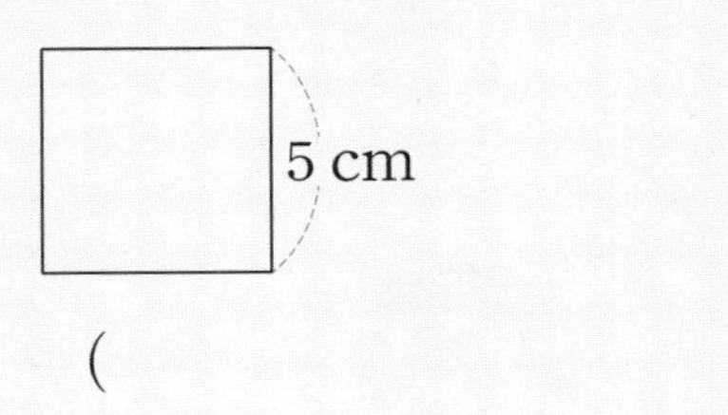

( )

답 개념 04 ❶ 같습 ❷ 16 개념 05 ❶ 같습 ❷ 16

개념 06 직각삼각형, 직사각형, 정사각형 찾기

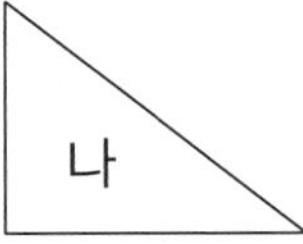

한 각이 직각인 삼각형을 찾으면 직각삼각형은 **나**입니다.

네 각이 직각인 사각형을 찾으면 직사각형은 ❶ [ ], **다**입니다.

네 각이 직각이고 네 변의 길이가 모두 같은 사각형을 찾으면 정사각형은 ❷ [ ]입니다.

확인 06 직사각형과 정사각형을 각각 찾으시오.

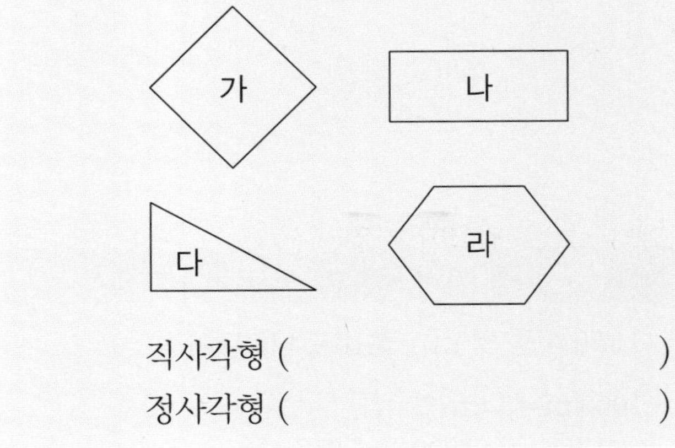

직사각형 ( )

정사각형 ( )

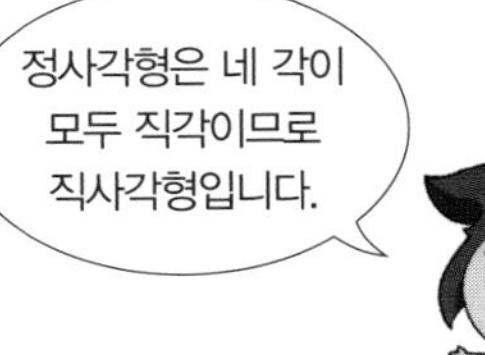

답 개념 06 ❶ 가 ❷ 다

1주

개념 07 ■mm를 ●cm ▲mm로 나타내기

• 216 mm를 몇 cm 몇 mm로 나타내기

10 mm=1 cm입니다.

⇨ 216 mm=210 mm+6 mm

=❶ ☐ cm+6 mm

=❷ ☐ cm 6 mm

확인 07 ☐ 안에 알맞은 수를 써넣으시오.

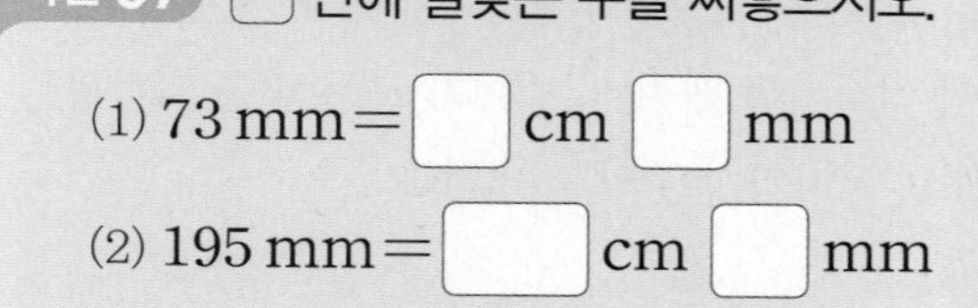

(1) 73 mm=☐ cm ☐ mm

(2) 195 mm=☐ cm ☐ mm

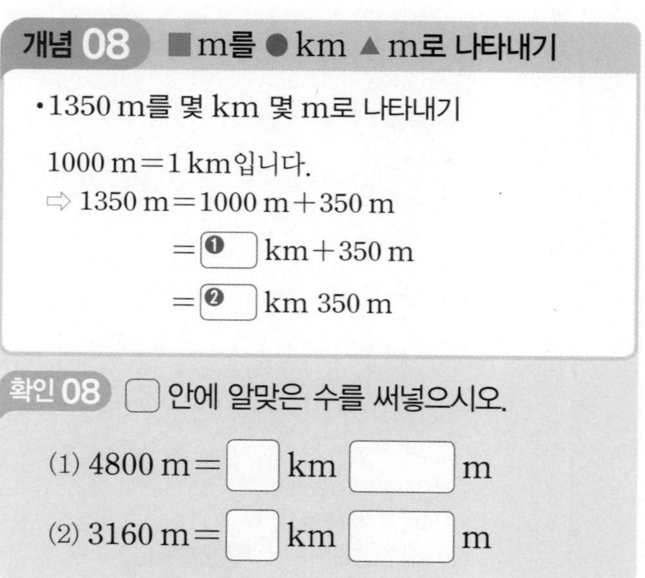

개념 08 ■m를 ●km ▲m로 나타내기

• 1350 m를 몇 km 몇 m로 나타내기

1000 m=1 km입니다.

⇨ 1350 m=1000 m+350 m

=❶ ☐ km+350 m

=❷ ☐ km 350 m

확인 08 ☐ 안에 알맞은 수를 써넣으시오.

(1) 4800 m=☐ km ☐ m

(2) 3160 m=☐ km ☐ m

답 개념 07 ❶ 21 ❷ 21 개념 08 ❶ 1 ❷ 1

개념 09 시각 읽기

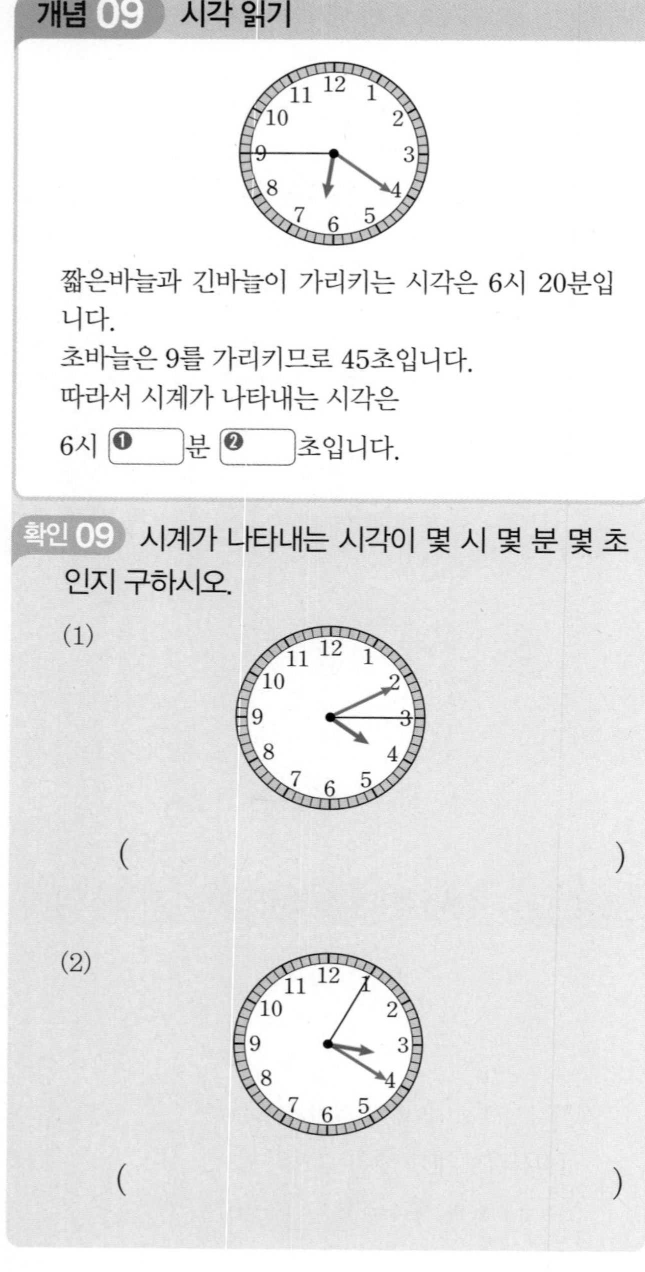

짧은바늘과 긴바늘이 가리키는 시각은 6시 20분입니다.

초바늘은 9를 가리키므로 45초입니다.

따라서 시계가 나타내는 시각은

6시 ❶ ☐ 분 ❷ ☐ 초입니다.

확인 09 시계가 나타내는 시각이 몇 시 몇 분 몇 초인지 구하시오.

(1)

( )

(2)

( )

답 개념 09 ❶ 20 ❷ 45

개념 10 받아올림이 있는 시간의 합

	1 시간	2 분	40 초
+	1 시간	5 분	30 초
	2 시간	❶ 분	❷ 초

(분 위에 받아올림 1)

- 초끼리의 계산
  40+30=70이므로 1분을 받아올림하면 10초가 남습니다.
- 분끼리의 계산
  1+2+5=8
- 시끼리의 계산
  1+1=2

확인 10 시간의 합을 구하시오.

(1)

	2 시간	10 분	35 초
+	3 시간	15 분	30 초
	□ 시간	□ 분	□ 초

(2)

	1 시간	30 분	15 초
+	3 시간	35 분	40 초
	□ 시간	□ 분	□ 초

(3)

	3 시간	34 분	40 초
+	4 시간	46 분	25 초
	□ 시간	□ 분	□ 초

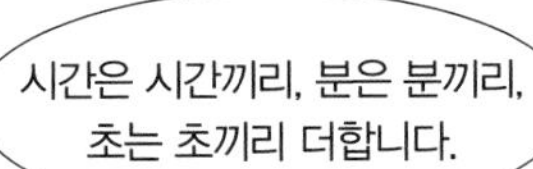

답 개념 10 ❶ 8 ❷ 10

개념 11 받아내림이 있는 시간의 차

	2 시간	~~15~~ 분 (14)	10 초 (60)
−	1 시간	8 분	20 초
	1 시간	❶ 분	❷ 초

- 초끼리의 계산
  10에서 20을 뺄 수 없으므로 60초를 받아내림합니다. ⇨ 60+10−20=50
- 분끼리의 계산
  15−1−8=6
- 시끼리의 계산
  2−1=1

확인 11 시간의 차를 구하시오.

(1)

	2 시간	10 분	40 초
−	1 시간	15 분	20 초
		□ 분	□ 초

(2)

	3 시간	20 분	30 초
−	1 시간	10 분	50 초
	□ 시간	□ 분	□ 초

(3)

	7 시간	8 분	20 초
−	2 시간	16 분	55 초
	□ 시간	□ 분	□ 초

답 개념 11 ❶ 6 ❷ 50

1주

개념 돌파 전략 2

평면도형, 길이와 시간

01 반직선 ㄷㄹ을 그으시오.

ㄱ ㄴ
ㄷ ㄹ

문제 해결 전략 1

반직선 ㄷㄹ을 그을 때에는 점 ☐에서 시작하여 점 ☐을/를 지나도록 곧은 선을 긋습니다.

02 각이 가장 많은 도형을 찾아 기호를 쓰시오.

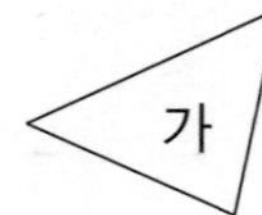

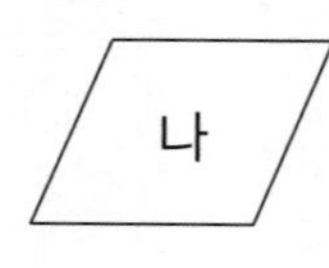

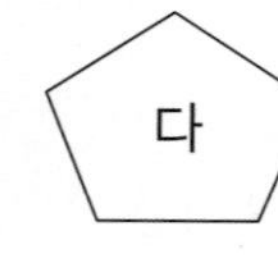

(　　　　　　　　)

문제 해결 전략 2

한 점에서 그은 두 ☐(으)로 이루어진 도형을 각이라고 합니다. 도형 가의 각은 ☐개입니다.

03 도형의 이름이 될 수 있는 것을 모두 찾아 기호를 쓰시오.

㉠ 사각형　㉡ 직사각형　㉢ 정사각형

(　　　　　　　　)

문제 해결 전략 3

변이 4개인 도형을 ☐(이)라고 합니다. 직사각형은 네 변의 길이가 같지 않을 수도 있지만 정사각형은 네 변의 길이가 모두 ☐.

답 1 ㄷ, ㄹ 2 반직선, 3
3 사각형, 같습니다

04 ☐ 안에 알맞은 수를 써넣으시오.

(1) 8 cm 6 mm=☐mm

(2) 4 km 320 m=☐m

문제 **해결 전략** 4

• 1 cm=☐mm로 바꾸어 나타냅니다.

• 1 km=☐m로 바꾸어 나타냅니다.

05 ☐ 안에 알맞은 수를 써넣으시오.

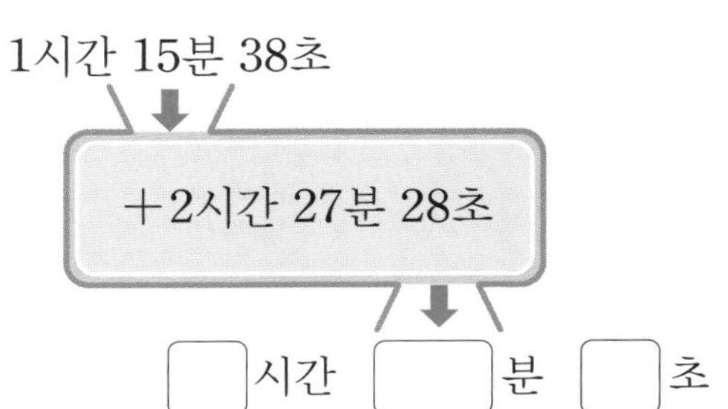

문제 **해결 전략** 5

분은 분끼리 초는 ☐끼리 더합니다. 초끼리 더해서 60초이거나 60초가 넘으면 ☐분을 받아올림합니다.

06 주어진 시각보다 1시간 30분 45초 전은 몇 시 몇 분 몇 초인지 구하시오.

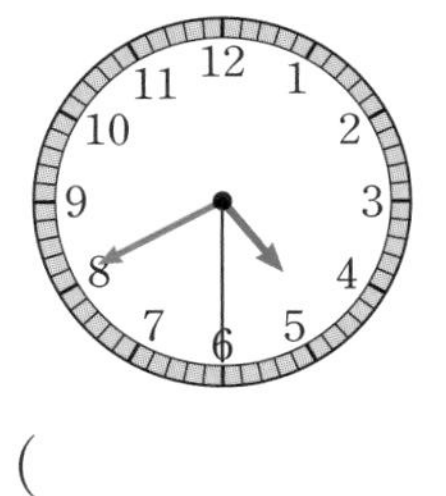

(　　　　　　　　　　　　)

문제 **해결 전략** 6

시는 시끼리, 분은 분끼리, 초는 ☐끼리 뺍니다. 초끼리 뺄 수 없을 경우 분에서 ☐초를 받아내림합니다.

답 4 10, 1000 5 초, 1 6 초, 60

1주 2일 필수 체크 전략 1

평면도형, 길이와 시간

핵심 예제 1

두 도형에 있는 선분의 수의 합은 몇 개입니까?

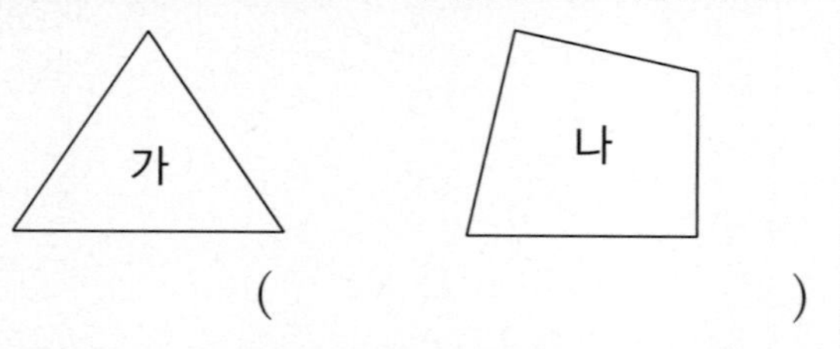

( )

전략

두 점을 곧게 이은 선이 각각 몇 개 있는지를 구해 더합니다.

풀이

가 도형에 있는 선분은 3개이고, 나 도형에 있는 선분은 4개입니다.

⇨ $3+4=7$(개)

답 7개

1-1 두 도형에 있는 선분의 수의 합은 몇 개입니까?

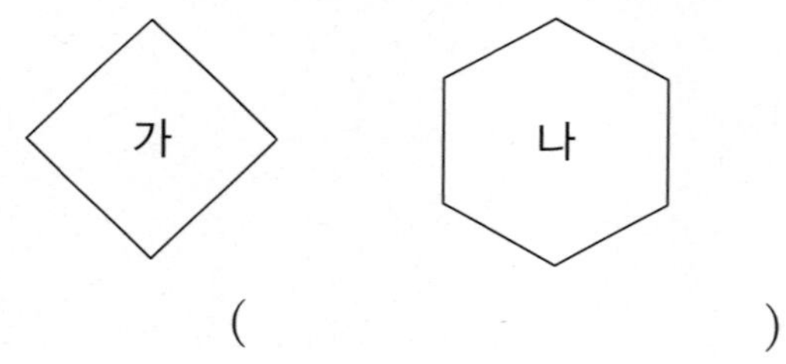

( )

1-2 두 도형에 있는 선분의 수의 합은 몇 개입니까?

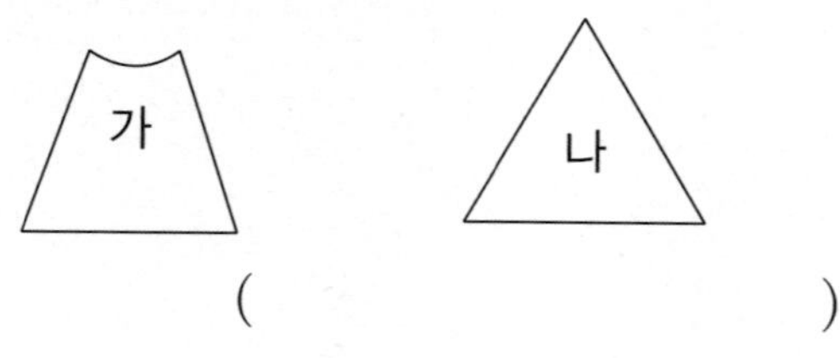

( )

핵심 예제 2

도형에서 직각은 모두 몇 개입니까?

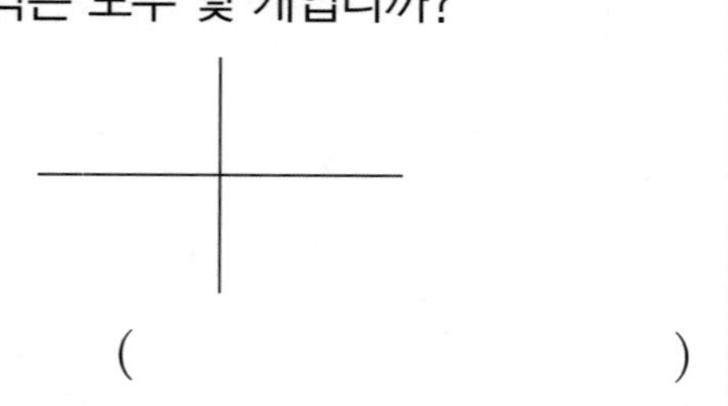

( )

전략

직각을 표시하면서 중복되거나 빠뜨리지 않고 수를 세어 봅니다.

풀이

그림과 같이 직각을 표시하면 모두 4개입니다.

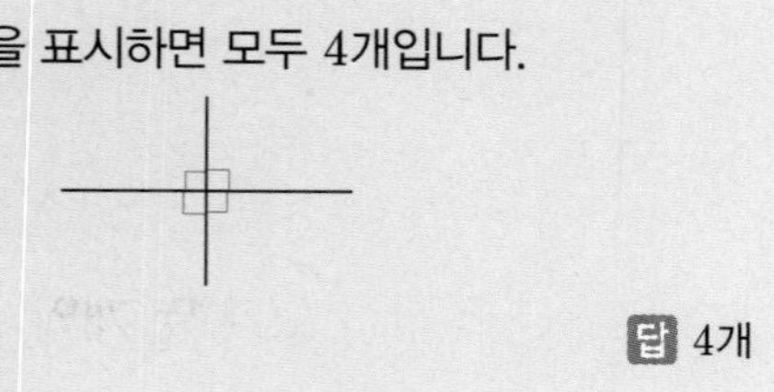

답 4개

2-1 도형에서 직각은 모두 몇 개입니까?

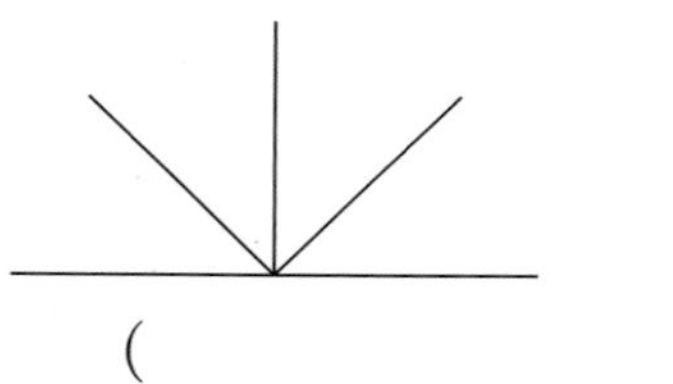

( )

2-2 도형에서 직각은 모두 몇 개입니까?

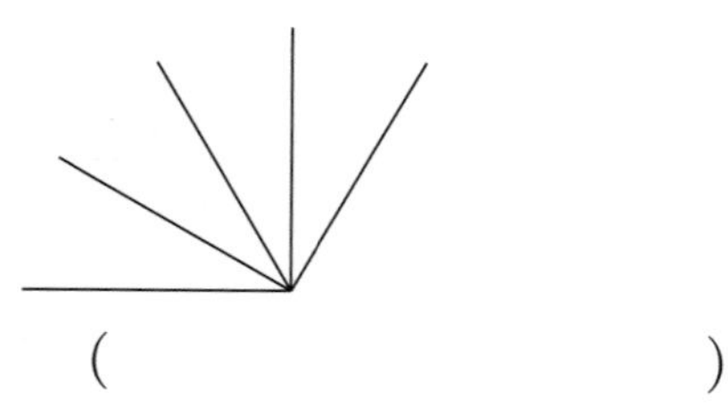

( )

핵심 예제 3

도형에서 각은 모두 몇 개입니까?

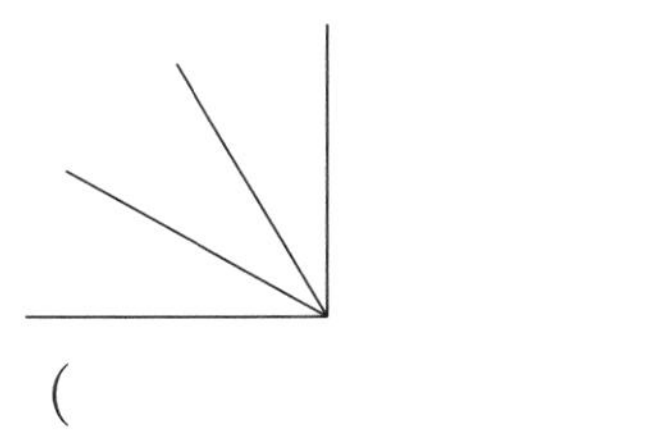

(　　　　　　　　　　)

전략

각 1개짜리, 각 2개짜리, 각 3개짜리의 수를 세어 더합니다.

풀이

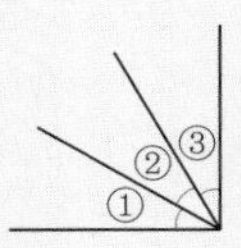

각 1개짜리: ①, ②, ③ → 3개
각 2개짜리: ①+②, ②+③ → 2개
각 3개짜리: ①+②+③ → 1개
⇨ $3+2+1=6$(개)

답 6개

3-1 도형에서 각은 모두 몇 개입니까?

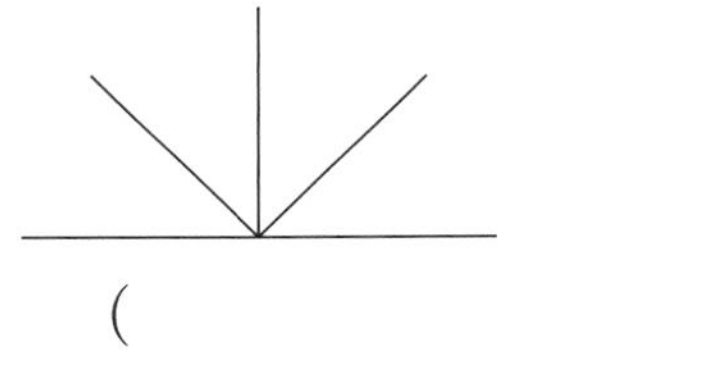

(　　　　　　　　　　)

3-2 도형에서 각은 모두 몇 개입니까?

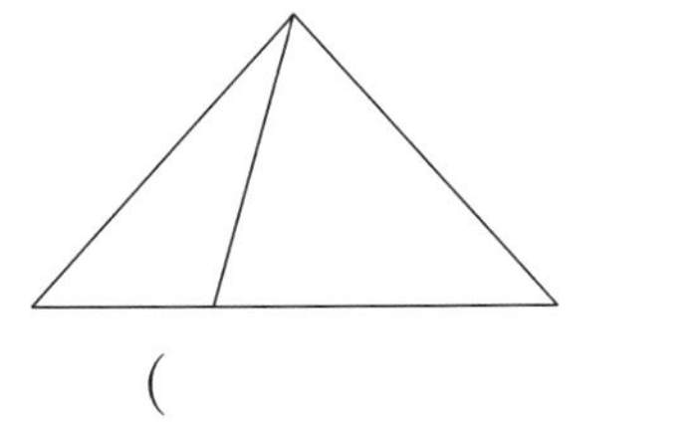

(　　　　　　　　　　)

핵심 예제 4

오른쪽 3개의 점 중 2개의 점을 골라 그을 수 있는 반직선은 모두 몇 개입니까?

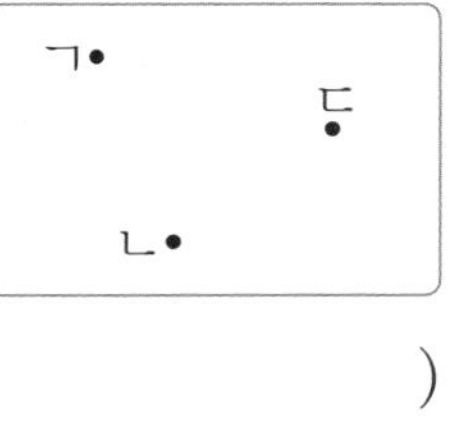

(　　　　　　　　　　)

전략

점의 수가 ■개일 때 각 점에서 그을 수 있는 반직선은 (■−1)개입니다.

풀이

• 점 ㄱ에서 시작하여 그을 수 있는 반직선: 2개
• 점 ㄴ에서 시작하여 그을 수 있는 반직선 :2개
• 점 ㄷ에서 시작하여 그을 수 있는 반직선: 2개
따라서 반직선은 모두 $2+2+2=6$(개)입니다.

답 6개

1주

4-1 4개의 점 중 2개의 점을 골라 그을 수 있는 반직선은 모두 몇 개입니까?

ㄱ　　　　ㄴ

ㄷ　　　　ㄹ

(　　　　　　　　　　)

4-2 5개의 점 중 2개의 점을 골라 그을 수 있는 반직선은 모두 몇 개입니까?

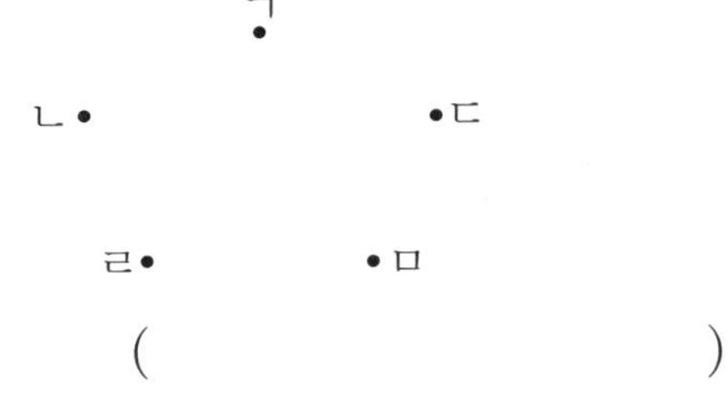

(　　　　　　　　　　)

핵심 예제 5

클립의 길이는 몇 mm입니까?

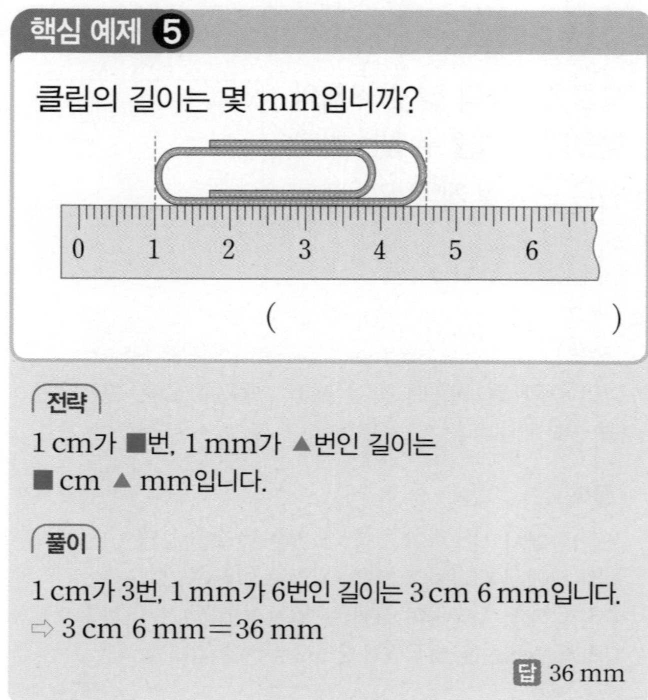

( )

(전략)

1 cm가 ■번, 1 mm가 ▲번인 길이는 ■ cm ▲ mm입니다.

(풀이)

1 cm가 3번, 1 mm가 6번인 길이는 3 cm 6 mm입니다.

⇨ 3 cm 6 mm=36 mm

답 36 mm

5-1 연필의 길이는 몇 mm입니까?

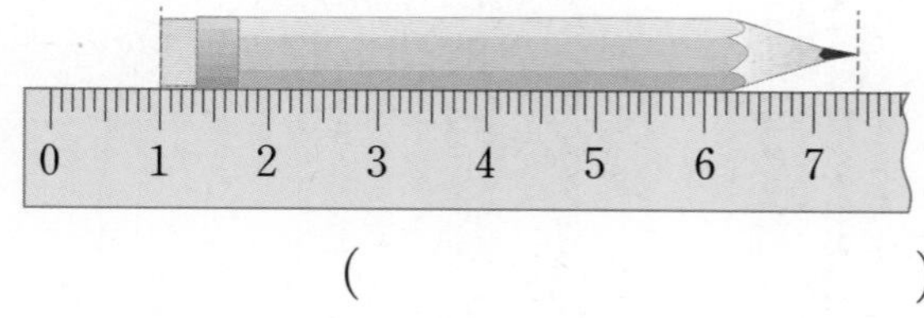

( )

5-2 지우개의 길이는 몇 mm입니까?

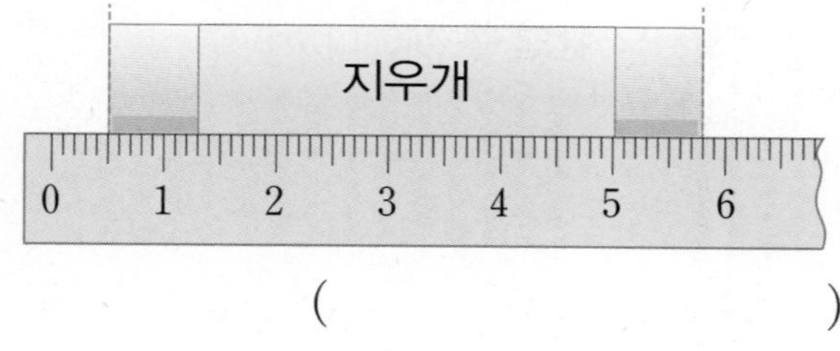

( )

핵심 예제 6

길이가 가장 긴 것의 기호를 쓰시오.

㉠ 3 km 800 m
㉡ 3650 m
㉢ 3 km 700 m

( )

(전략)

3650 m를 ■ km ▲ m로 나타낸 후에 km부터 크기를 비교합니다.

(풀이)

㉡ 3650 m=3 km 650 m

km는 모두 같으므로 m를 비교하면

800 > 700 > 650이므로 길이가 가장 긴 것은 ㉠입니다.

답 ㉠

6-1 길이가 가장 긴 것의 기호를 쓰시오.

㉠ 2 km 400 m
㉡ 2460 m
㉢ 2 km 500 m

( )

6-2 길이가 가장 긴 것의 기호를 쓰시오.

㉠ 1550 m
㉡ 1 km 560 m
㉢ 1500 m

( )

>> 정답과 풀이 29쪽

핵심 예제 7

두 길이의 합은 몇 cm 몇 mm입니까?

2 cm 6 mm　1 cm 7 mm

(　　　　　　　　　)

전략

cm는 cm끼리, mm는 mm끼리 더합니다.
mm끼리 더한 값이 10이거나 10보다 크면 1 cm를 받아 올림합니다.

풀이

2 cm 6 mm+1 cm 7 mm
=3 cm 13 mm
=4 cm 3 mm

답 4 cm 3 mm

7-1 두 길이의 합은 몇 cm 몇 mm입니까?

1 cm 5 mm　4 cm 8 mm

(　　　　　　　　　)

7-2 두 길이의 합은 몇 cm 몇 mm입니까?

10 cm 8 mm　5 cm 6 mm

(　　　　　　　　　)

핵심 예제 8

두 길이의 차는 몇 km 몇 m입니까?

3 km 200 m　1 km 300 m

(　　　　　　　　　)

전략

km는 km끼리, m는 m끼리 뺍니다.
m끼리 뺄 수 없으면 1000 m를 받아내림합니다.

풀이

3 km 200 m−1 km 300 m
=2 km 1200 m−1 km 300 m
=1 km 900 m

답 1 km 900 m

1주

8-1 두 길이의 차는 몇 km 몇 m입니까?

4 km 100 m　1 km 700 m

(　　　　　　　　　)

1000 m를
받아내림합니다.

8-2 두 길이의 차는 몇 km 몇 m입니까?

8 km 500 m　3 km 900 m

(　　　　　　　　　)

1주 2일 필수 체크 전략 2

평면도형, 길이와 시간

01 5개의 점 중에서 2개의 점을 골라 그을 수 있는 직선은 모두 몇 개입니까?

ㄱ

ㄴ ㅁ

ㄷ ㄹ

(　　　　　　　　)

Tip ①

2개의 점을 골라 그을 수 있는 직선을 모두 그어 봅니다. 이때 직선 ㄱ☐와/과 직선 ㄴ☐은/는 같은 직선입니다.

02 직사각형의 종이를 잘라 만들 수 있는 가장 큰 정사각형의 한 변의 길이는 몇 cm입니까?

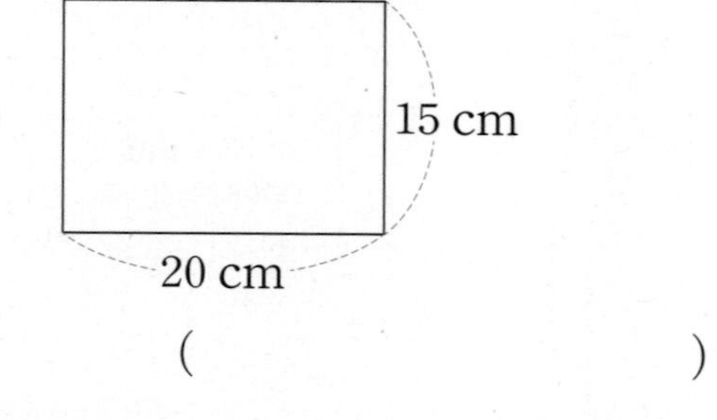

(　　　　　　　　)

Tip ②

☐사각형의 짧은 변의 길이가 정사각형의 한 ☐의 길이가 되도록 자릅니다.

답 Tip ① ㄴ, ㄱ ② 직, 변

03 그림에서 찾을 수 있는 직각삼각형은 모두 몇 개입니까?

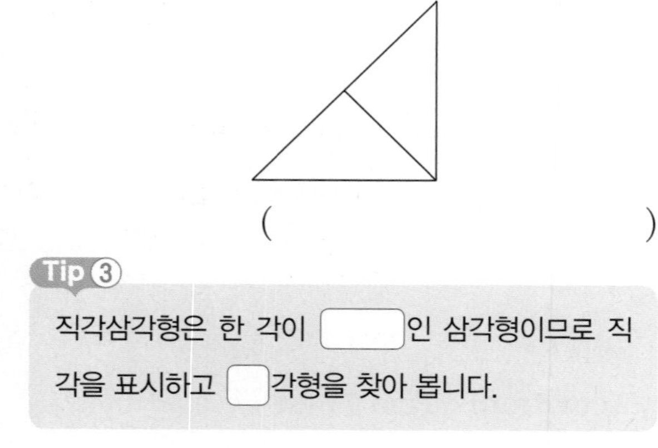

(　　　　　　　　)

Tip ③

직각삼각형은 한 각이 ☐인 삼각형이므로 직각을 표시하고 ☐각형을 찾아 봅니다.

04 직사각형과 정사각형을 이어 붙여 만든 모양입니다. ☐ 안에 알맞은 수를 구하시오.

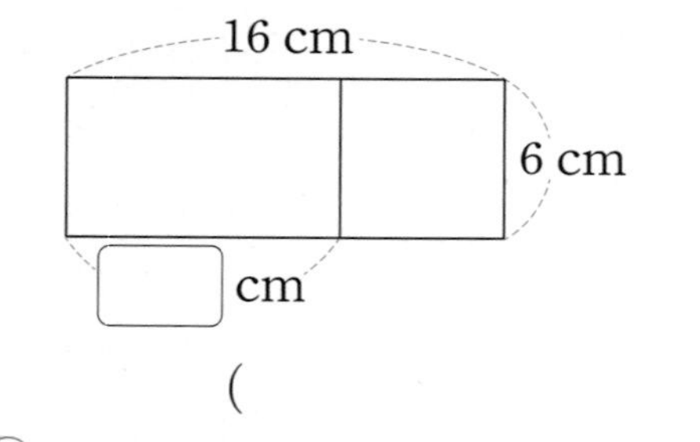

(　　　　　　　　)

Tip ④

이어 붙여 만든 직사각형의 긴 변의 길이인 ☐cm에서 정사각형의 한 변의 길이인 ☐cm를 뺍니다.

답 Tip ③ 직각, 삼 ④ 16, 6

05 길이가 긴 것부터 차례로 기호를 쓰시오.

㉠ 3600 m ㉡ 3 km 6 m
㉢ 3060 m ㉣ 6 km 300 m

( )

Tip ⑤
㉠과 ㉢을 몇 km 몇 m로 바꾸어 ☐부터 비교합니다. km가 같으면 ☐을/를 비교합니다.

06 두 길이의 차는 몇 mm입니까?

( )

Tip ⑥
연필의 길이는 1 cm가 6번이고 1 mm가 2번인 길이이므로 ☐ cm ☐ mm입니다.

답 Tip ⑤ km, m ⑥ 6, 2

07 두 길이의 합과 차는 각각 몇 cm 몇 mm인지 구하시오.

3 cm 5 mm 16 mm

합 ( )
차 ( )

Tip ⑦
받아올림과 받아내림에 주의하여 cm는 ☐끼리, mm는 ☐끼리 계산합니다.

08 길이가 더 긴 것의 기호를 쓰시오.

㉠ 3 km 800 m + 2 km 300 m
㉡ 8 km 300 m − 1 km 800 m

( )

Tip ⑧
km는 ☐끼리 계산하고, m는 ☐끼리 계산한 후에 km부터 비교합니다.

답 Tip ⑦ cm, mm ⑧ km, m

1주 3일 필수 체크 전략 1

핵심 예제 ❶

정사각형의 네 변의 길이의 합이 24 cm일 때 □ 안에 알맞은 수를 써넣으시오.

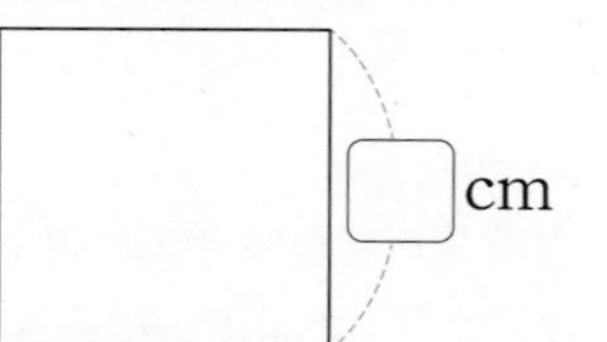

전략

(정사각형의 네 변의 길이의 합)
=□+□+□+□=□×4

풀이

(정사각형의 네 변의 길이의 합)
=□+□+□+□=□×4=24
⇨ 24÷4=□, □=6

답 6

핵심 예제 ❷

직사각형의 네 변의 길이의 합이 26 cm일 때 □ 안에 알맞은 수를 써넣으시오.

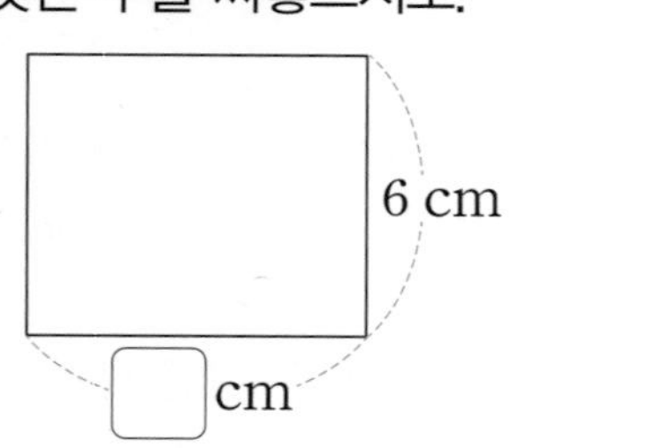

전략

(직사각형의 네 변의 길이의 합)=□+6+□+6

풀이

(직사각형의 네 변의 길이의 합)
=□+6+□+6
⇨ □+□+12=26, □+□=14, □=7

답 7

1-1 정사각형의 네 변의 길이의 합이 36 cm일 때 □ 안에 알맞은 수를 써넣으시오.

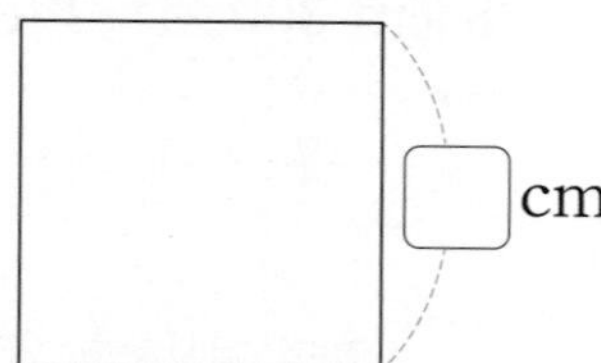

1-2 정사각형의 네 변의 길이의 합이 20 cm일 때 □ 안에 알맞은 수를 써넣으시오.

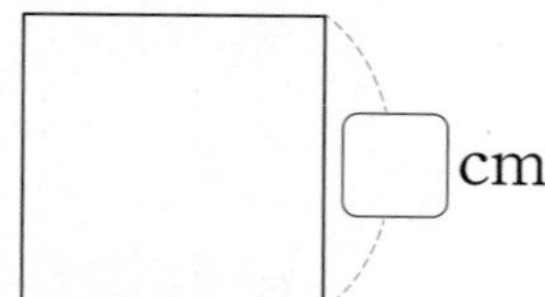

2-1 직사각형의 네 변의 길이의 합이 14 cm일 때 □ 안에 알맞은 수를 써넣으시오.

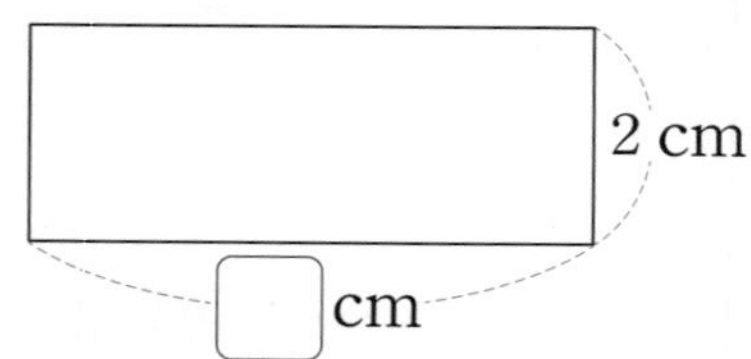

2-2 직사각형의 네 변의 길이의 합이 20 cm일 때 □ 안에 알맞은 수를 써넣으시오.

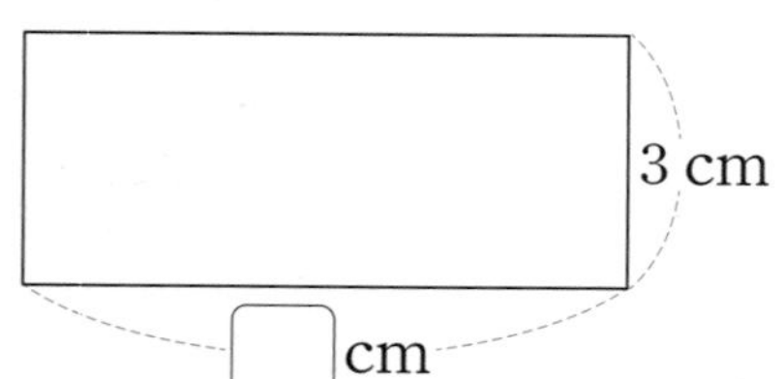

핵심 예제 3

도형에서 찾을 수 있는 크고 작은 정사각형은 모두 몇 개입니까?

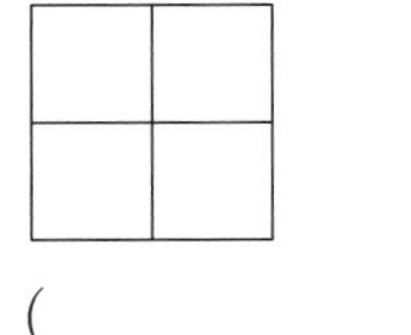

(　　　　　　　　)

전략

정사각형 1개짜리, 4개짜리의 수를 세어 더합니다.

풀이

①	②
③	④

1개짜리: ①, ②, ③, ④ → 4개

4개짜리: ①+②+③+④ → 1개

⇨ $4+1=5$(개)

답 5개

핵심 예제 4

똑같은 정사각형 3개를 겹치는 부분 없이 이어 붙인 모양입니다. 굵은 선의 길이는 몇 cm입니까?

4 cm

(　　　　　　　　)

전략

굵은 선의 길이는 정사각형의 한 변의 길이를 몇 개 더한 것과 같은지 세어 봅니다.

풀이

굵은 선의 길이는 정사각형의 한 변의 길이를 8개 더한 것과 같습니다.

⇨ $4 \times 8=32$ (cm)

답 32 cm

1주

3-1 도형에서 찾을 수 있는 크고 작은 정사각형은 모두 몇 개입니까?

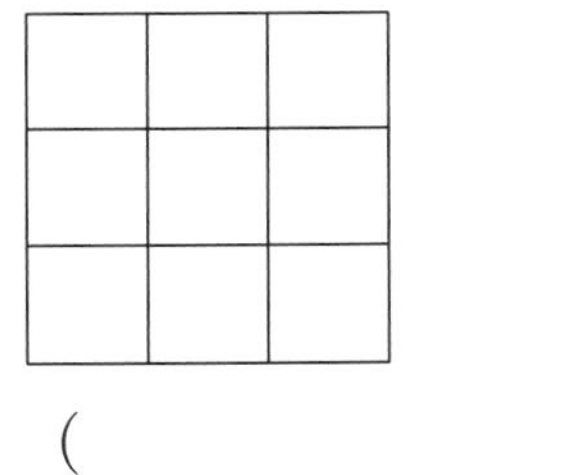

(　　　　　　　　)

3-2 도형에서 찾을 수 있는 크고 작은 정사각형은 모두 몇 개입니까?

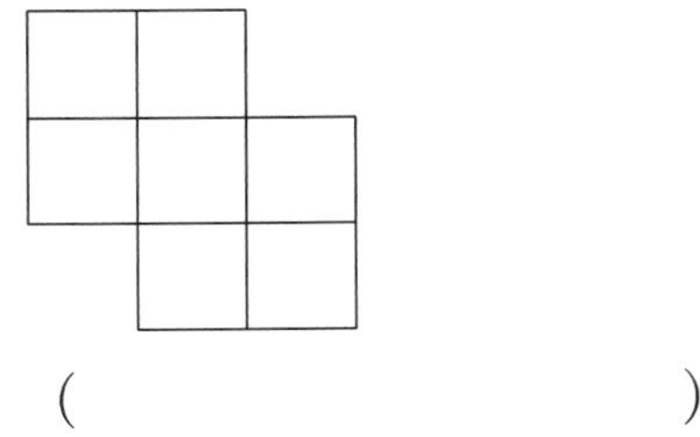

(　　　　　　　　)

4-1 똑같은 정사각형 5개를 겹치는 부분 없이 이어 붙인 모양입니다. 굵은 선의 길이는 몇 cm입니까?

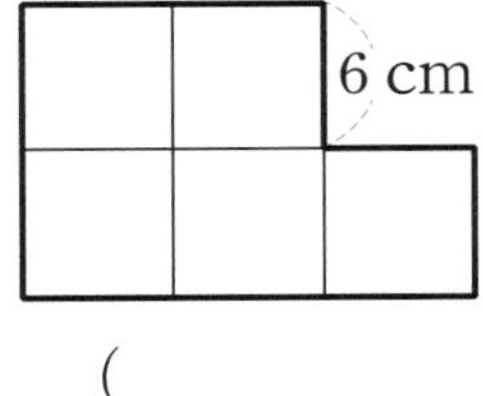

(　　　　　　　　)

4-2 똑같은 정사각형 4개를 겹치는 부분 없이 이어 붙인 모양입니다. 굵은 선의 길이는 몇 cm입니까?

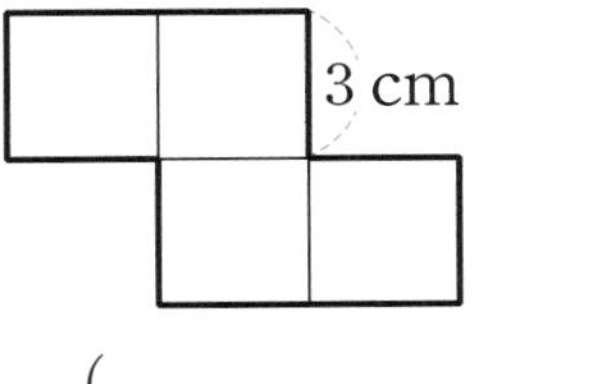

(　　　　　　　　)

핵심 예제 5

시간이 가장 긴 것의 기호를 쓰시오.

㉠ 150초
㉡ 2분 10초
㉢ 185초

( )

전략

2분 10초를 ■초로 나타낸 후에 크기를 비교합니다.

풀이

㉡ 2분 10초=130초
185>150>130이므로 시간이 가장 긴 것은 ㉢입니다.

답 ㉢

5-1 시간이 가장 긴 것의 기호를 쓰시오.

㉠ 300초
㉡ 3분 40초
㉢ 320초

( )

5-2 시간이 가장 짧은 것의 기호를 쓰시오.

㉠ 1분 8초
㉡ 100초
㉢ 1분 25초

( )

핵심 예제 6

민형이는 오전 11시 35분 15초부터 오후 1시 9분 20초까지 공부를 했습니다. 민형이가 공부를 한 시간은 몇 시간 몇 분 몇 초입니까?

( )

전략

오후 1시 9분 20초를 13시 9분 20초로 나타낸 후에 뺄셈을 합니다.

풀이

오후 1시 9분 20초는 13시 9분 20초입니다.
⇨ 13시 9분 20초−11시 35분 15초
=1시간 34분 5초

답 1시간 34분 5초

오후 1시=13시,
오후 2시=14시, ...

6-1 대우는 오후 12시 10분 25초부터 오후 1시 5분 30초까지 공부를 했습니다. 대우가 공부를 한 시간은 몇 분 몇 초입니까?

( )

6-2 연주는 오후 12시 50분 50초부터 오후 2시 10분 45초까지 책을 읽었습니다. 연주가 책을 읽은 시간은 몇 시간 몇 분 몇 초입니까?

( )

핵심 예제 7

☐ 안에 알맞은 수를 써넣으시오.

	☐	시	22	분	15초
−	2	시간	☐	분	35초
	3	시	28	분	40초

전략

시는 시끼리, 분은 분끼리, 초는 초끼리 계산합니다. 이때 받아내림이 있는지 확인합니다.

풀이

	㉠시	22분 15초
−	2 시간	㉡분 35초
	3 시	28분 40초

- 초에서 15−35를 계산할 수 없으므로 분에서 받아내림이 있습니다.
- 22−1−㉡=28을 계산할 수 없으므로 시에서 받아내림이 있습니다.
  ⇨ 60+22−1−㉡=28, ㉡=53
- ㉠−1−2=3, ㉠=6

답 (위부터) 6, 53

7-1 ☐ 안에 알맞은 수를 써넣으시오.

	☐	시	2	분	15초
−	2	시간	☐	분	35초
	2	시	44	분	40초

7-2 ☐ 안에 알맞은 수를 써넣으시오.

	☐	시	17	분	30초
−	1	시간	☐	분	40초
	2	시	42	분	50초

핵심 예제 8

청소를 35분 20초 동안 했을 때 청소를 끝낸 시각을 구하시오.

시작 시각

(   )

전략

시계를 보고 시작 시각을 구해 시간의 합을 구합니다.

풀이

시작 시각: 9시 5분 15초

⇨ 9시 5분 15초+35분 20초=9시 40분 35초

답 9시 40분 35초

8-1 청소를 34분 45초 동안 했을 때 청소를 끝낸 시각을 구하시오.

시작 시각

(   )

8-2 청소를 24분 50초 동안 했을 때 청소를 끝낸 시각을 구하시오.

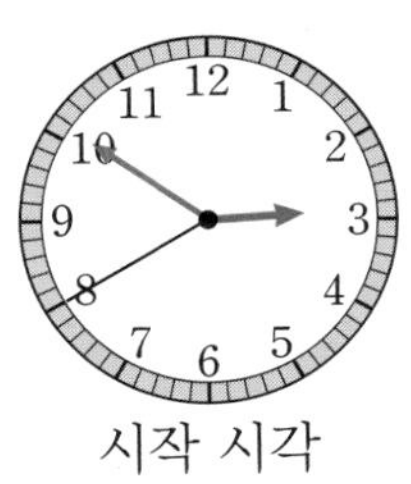

시작 시각

(   )

1주

1주 3일 필수 체크 전략 2

평면도형, 길이와 시간

01 4개의 점 중 3개의 점을 골라 각을 그리려고 합니다. 점 ㄱ을 꼭짓점으로 하는 각은 모두 몇 개 그릴 수 있습니까?

•ㄱ

ㄴ•

•ㄹ

•ㄷ

(　　　　　　　　　)

Tip ①

각은 두 [　　](으)로 이루어진 도형입니다.
점 ㄱ에서 시작하는 두 [　　]을/를 그려 봅니다.

02 직사각형을 한 변의 길이가 4 cm인 정사각형이 가장 많이 나오게 자르려고 합니다. 정사각형은 모두 몇 개까지 만들 수 있습니까?

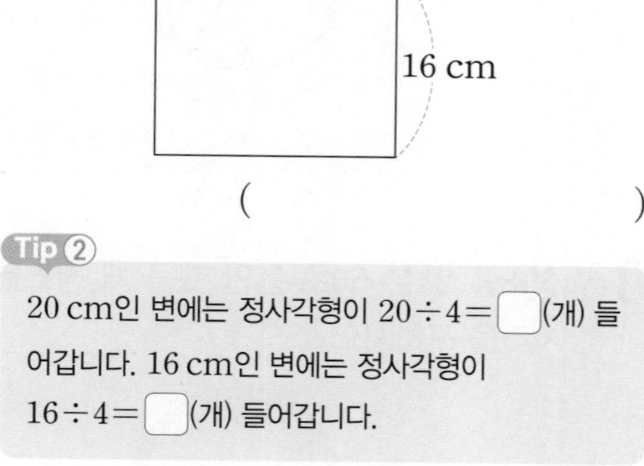

(　　　　　　　　　)

Tip ②

20 cm인 변에는 정사각형이 $20 \div 4 =$ [　](개) 들어갑니다. 16 cm인 변에는 정사각형이 $16 \div 4 =$ [　](개) 들어갑니다.

03 똑같은 직사각형 3개를 겹치지 않게 이어 붙여 정사각형을 만들었습니다. 정사각형의 한 변의 길이가 15 cm일 때 직사각형의 네 변의 길이의 합은 몇 cm인지 구하시오.

(　　　　　　　　　)

Tip ③

직사각형의 짧은 변을 [　]개 이어 붙인 길이는 정사각형의 한 [　]의 길이와 같습니다.

04 그림에서 찾을 수 있는 크고 작은 직사각형은 모두 몇 개입니까?

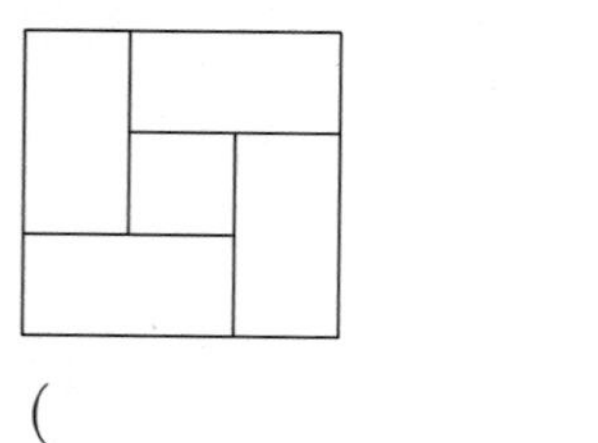

(　　　　　　　　　)

Tip ④

정사각형은 네 각이 모두 직각이므로 [　]사각형입니다. 사각형 [　]개짜리와 5개짜리로 만들 수 있는 직사각형을 찾습니다.

답 Tip ① 반직선, 반직선 ② 5, 4

답 Tip ③ 3, 변 ④ 직, 1

05 시간이 긴 것부터 차례로 기호를 쓰시오.

㉠ 140초	㉡ 1분 20초
㉢ 2분	㉣ 70초

( )

Tip ⑤
㉠, ㉣을 몇 분 몇 초로 바꾸어 ☐부터 비교합니다. 분이 같으면 ☐을/를 비교합니다.

06 지금 시각부터 1시간 52분 40초 후의 시각을 오른쪽 시계에 나타내시오.

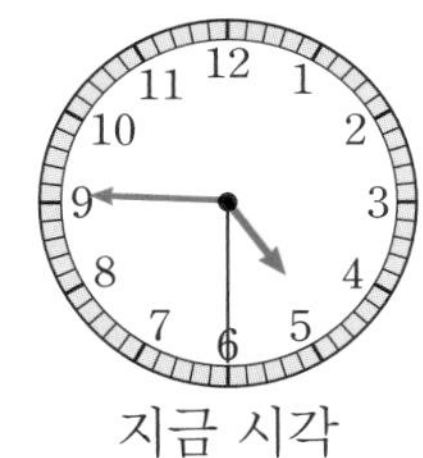

지금 시각

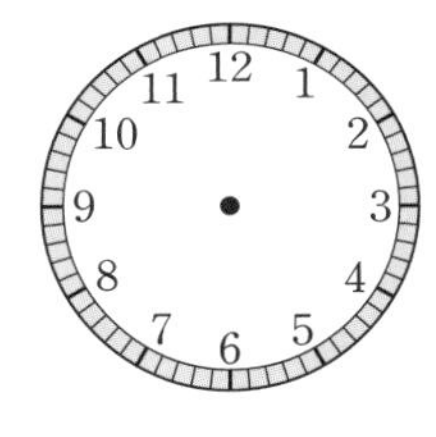

Tip ⑥
지금 시각을 읽으면 4시 45분 ☐초입니다.
지금 시각과 1시간 52분 40초를 ☐합니다.

07 시계가 나타내는 시각에서 200분 전의 시각은 몇 시 몇 분 몇 초인지 구하시오.

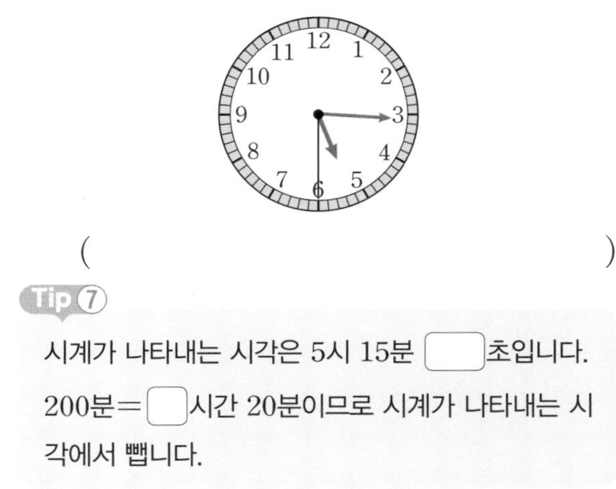

( )

Tip ⑦
시계가 나타내는 시각은 5시 15분 ☐초입니다.
200분＝☐시간 20분이므로 시계가 나타내는 시각에서 뺍니다.

08 어떤 시계가 1시간에 4초씩 늦어진다고 합니다. 어제 오후 12시에 시계를 12시로 맞춰 놓았다면 오늘 오후 12시에 이 시계가 가리키는 시각은 몇 시 몇 분 몇 초입니까?

( )

Tip ⑧
어제 오후 12시부터 오늘 오후 12시까지는 ☐시간입니다. 1시간에 4초씩 늦어지므로 ☐시간 동안 늦어진 시간을 구합니다.

답 Tip ⑤ 분, 초 ⑥ 30, 더

답 Tip ⑦ 30, 3 ⑧ 24, 24

1주

맞은 개수 /개

01 반직선 ㄴㄷ을 그으시오.

ㄱ• •ㄴ

ㄷ•

02 각이 가장 많은 도형을 찾아 기호를 쓰시오.

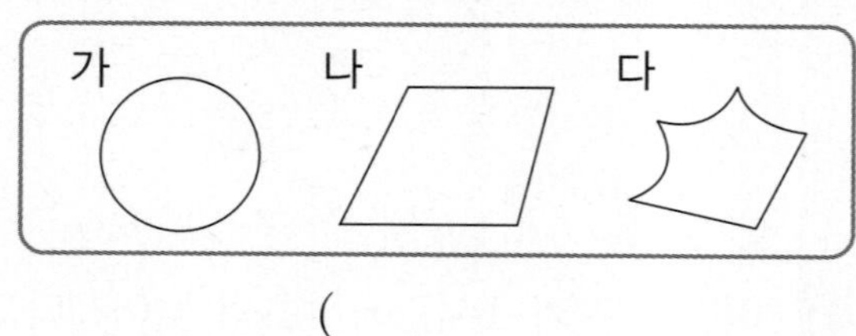

(　　　　)

03 두 도형에 있는 선분의 수의 합은 몇 개입니까?

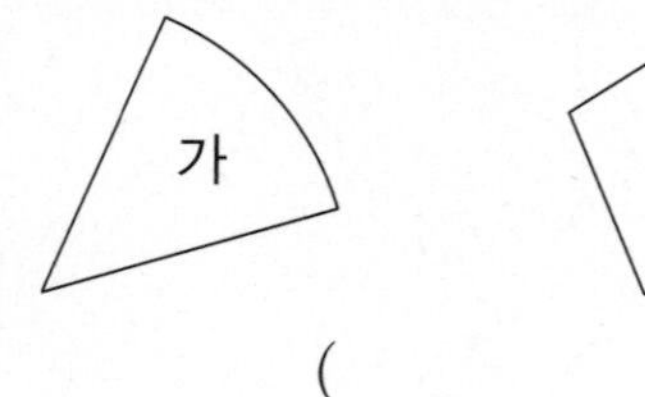

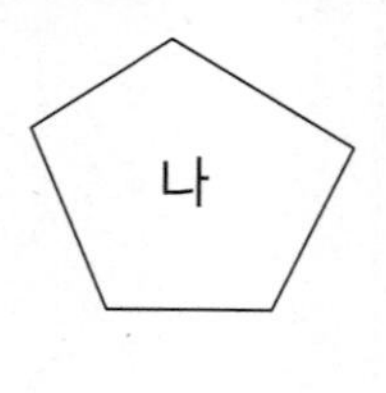

(　　　　)

04 정사각형의 네 변의 길이의 합이 12 cm일 때 □ 안에 알맞은 수를 구하시오.

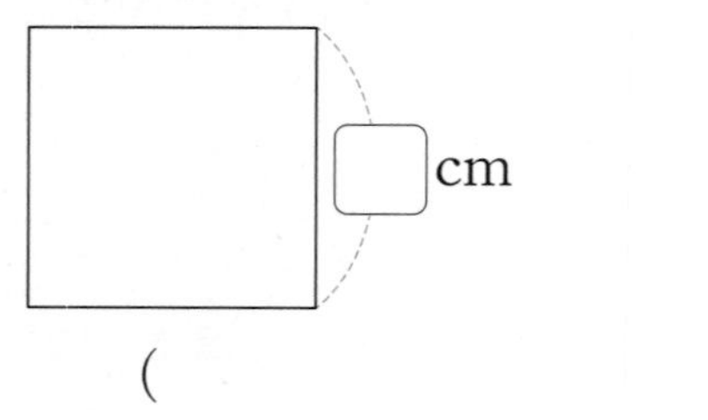

(　　　　)

05 도형에서 찾을 수 있는 크고 작은 정사각형은 모두 몇 개입니까?

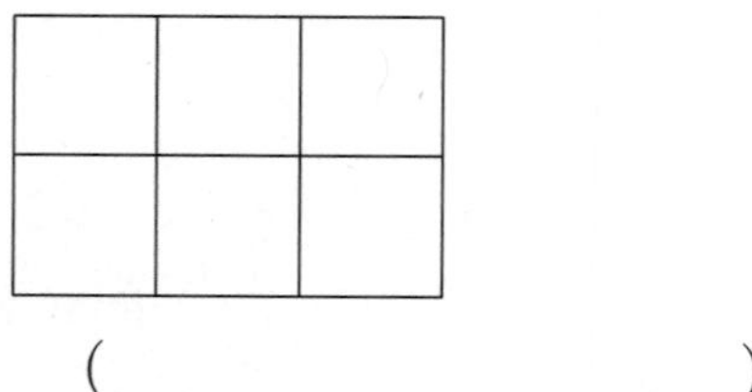

(　　　　)

06 빈 곳에 알맞은 시간을 쓰시오.

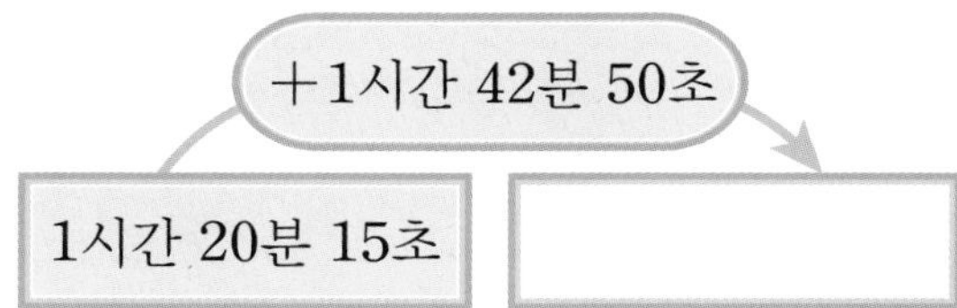

07 지우개의 길이는 몇 mm입니까?

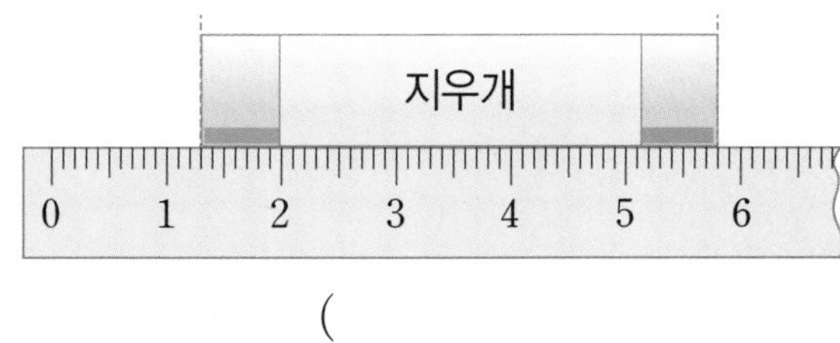

( )

08 주어진 시각보다 1시간 10분 10초 전의 시각은 몇 시 몇 분 몇 초인지 구하시오.

( )

09 길이가 가장 긴 것의 기호를 쓰시오.

㉠ 4 cm 5 mm
㉡ 46 mm
㉢ 5 cm

( )

10 시간이 가장 긴 것의 기호를 쓰시오.

㉠ 300초
㉡ 3분 30초
㉢ 5분 10초

( )

01 게자리에서 찾을 수 있는 선분은 모두 몇 개입니까?

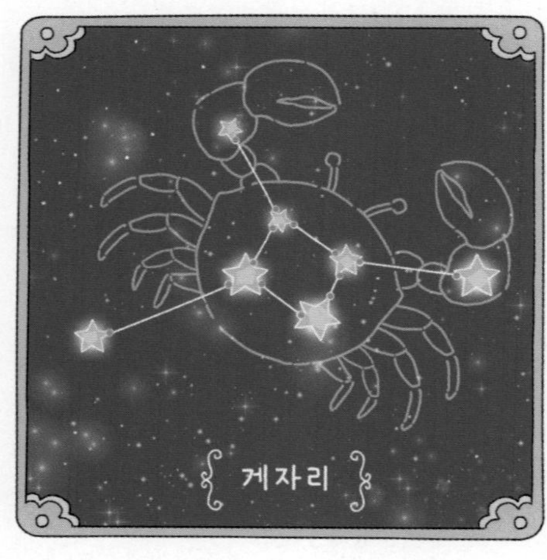

(   )

Tip ①

선분은 두 점을 이은 곧은 ☐입니다. 두 점을 이은 곧은 ☐을/를 모두 찾습니다.

02 칠교판에서 찾을 수 있는 크고 작은 직각삼각형은 모두 몇 개입니까?

(   )

Tip ②

- 직각삼각형은 한 각이 ☐인 삼각형입니다.
- 도형 ☐개짜리, 2개짜리, 5개짜리로 이루어진 삼각형을 모두 찾습니다.

답 Tip ① 선, 선 ② 직각, 1

>> 정답과 풀이 35쪽

03 정사각형 모양의 색종이를 그림과 같이 3번 접은 다음 펼쳤습니다. 접어서 생긴 선을 따라 자르면 직사각형이 몇 개 생깁니까?

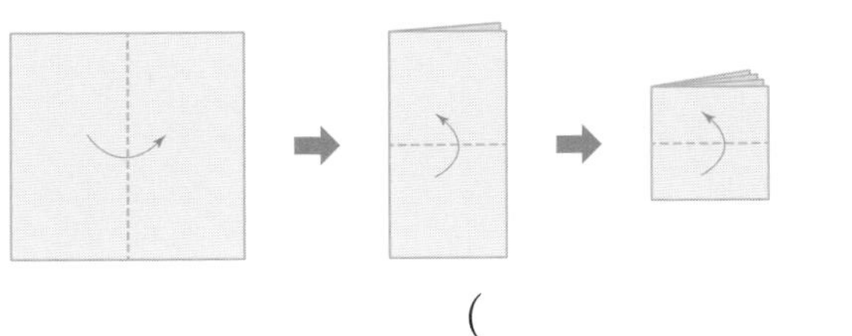

( )

Tip ③
색종이를 한 번 접으면 직사각형이 ☐개 생기고 2번 접으면 직사각형이 ☐개 생깁니다.

1주

04 데칼코마니는 일정한 무늬를 종이에 찍어 다른 표면에 옮겨 붙이는 기법을 말합니다. 미술 시간에 데칼코마니를 이용해 나비를 만들었습니다. 종이의 네 변의 길이의 합은 몇 cm인지 구하시오.

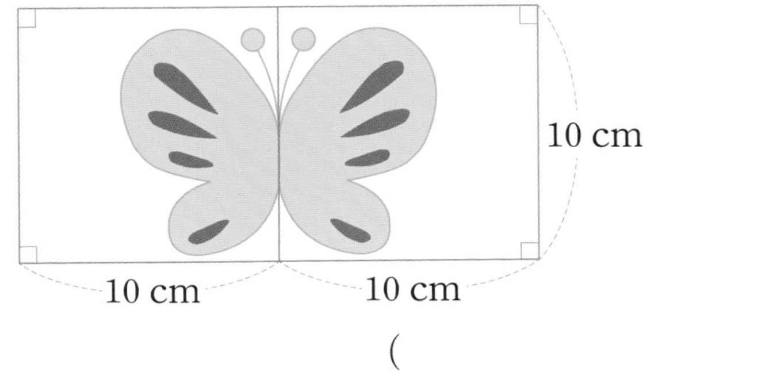

( )

Tip ④
직사각형의 긴 변의 길이는 $10+10=$ ☐(cm)이고, 짧은 변의 길이는 ☐ cm입니다.

답 Tip ③ 2, 4 ④ 20, 10

05 1분에 15 mm씩 움직이는 로봇이 있습니다. 명령어에 따라 움직였을 때 로봇이 움직인 거리는 몇 cm입니까?

( )

Tip ⑤

- 위쪽으로 2분 동안 움직인 거리는 15 mm+15 mm=☐ mm입니다.
- 오른쪽으로 4분 동안 움직인 거리는 15 mm+15 mm+15 mm+15 mm=☐mm입니다.

06 똑같은 직사각형 12개를 겹치는 부분 없이 이어 붙인 모양입니다. 굵은 선의 길이는 몇 cm입니까?

( )

Tip ⑥

- 직사각형의 긴 변의 길이는 9 mm이고, 짧은 변의 길이는 ☐ mm입니다.
- 굵은 선에서 직사각형의 긴 변과 짧은 변이 몇 개 있는지를 구해 길이를 ☐합니다.

답 Tip ⑤ 30, 60 ⑥ 6, 더

07 은희가 산책을 하기 전에 거울을 봤더니 거울에 비친 시계의 모습이 다음과 같았습니다. 산책을 42분 40초 동안 했을 때 산책을 끝낸 시각은 몇 시 몇 분 몇 초인지 구하시오.

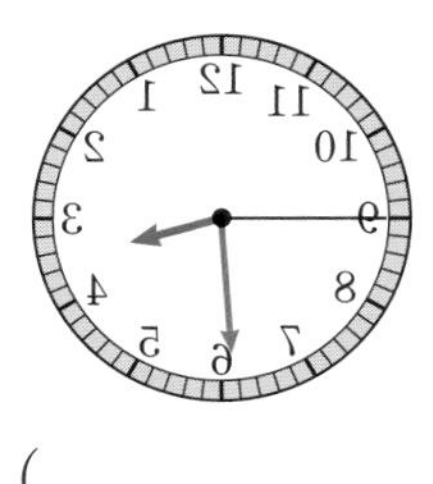

( )

Tip ⑦

짧은바늘이 가리키는 곳은 숫자 3과 ☐ 사이입니다. 초바늘은 숫자 ☐을/를 가리키고 있습니다.

08 우리나라가 오후 2시일 때 파리는 오전 7시입니다. 파리가 오후 1시일 때 우리나라는 오후 몇 시입니까?

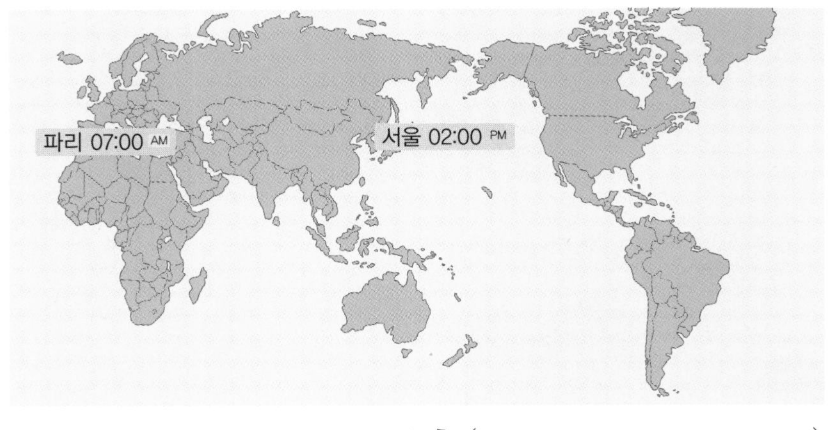

오후 ( )

Tip ⑧

- 오후 2시는 ☐시로 나타낼 수 있습니다.
- 우리나라와 파리는 ☐시간 차이가 납니다.

답 Tip ⑦ 4, 9 ⑧ 14, 7

1주

2주 분수와 소수

공부할 내용	❶ 분수 알아보기	❸ 소수 알아보기
	❷ 분수의 크기 비교하기	❹ 소수의 크기 비교하기

개념 01 분수로 나타내기

• 색칠한 부분과 색칠하지 않은 부분을 각각 분수로 나타내기

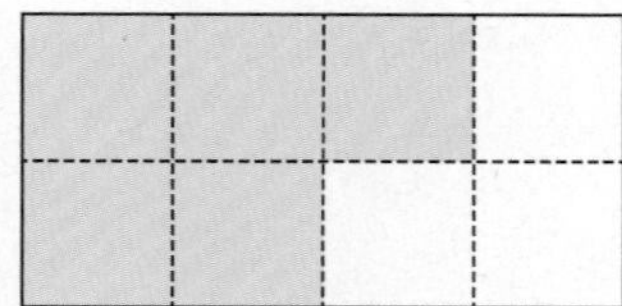

색칠한 부분은 8칸 중의 ❶ 칸입니다.

⇨ $\frac{5}{8}$

색칠하지 않은 부분은 8칸 중의 ❷ 칸입니다.

⇨ $\frac{3}{8}$

확인 01 색칠한 부분과 색칠하지 않은 부분을 각각 차례대로 분수로 나타내시오.

(1)

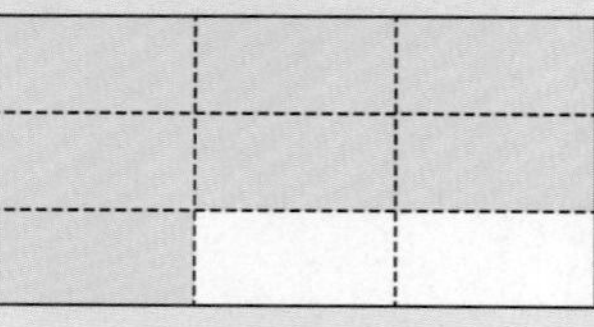

( ), ( )

(2)

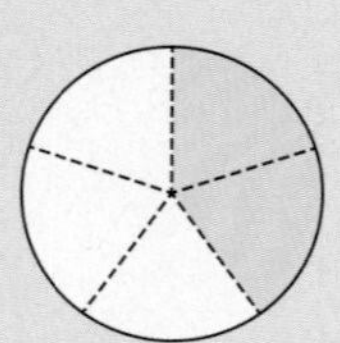

( ), ( )

답 개념 01 ❶ 5 ❷ 3

개념 02 부분 보고 전체 그리기

• 분수를 보고 전체를 그리기

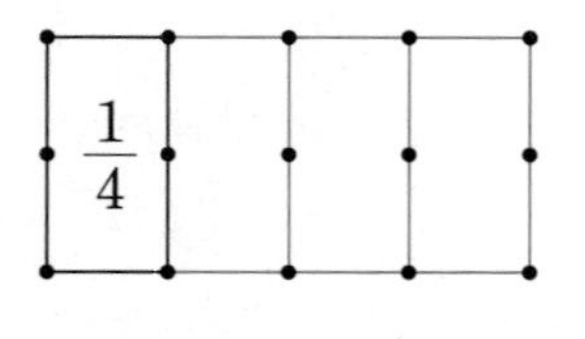

$\frac{1}{4}$은 전체를 똑같이 4로 나눈 것 중의 ❶ 이므로 그려야 하는 부분은 $4-1=$ ❷ 만큼입니다.

확인 02 분수를 보고 전체를 그리시오.

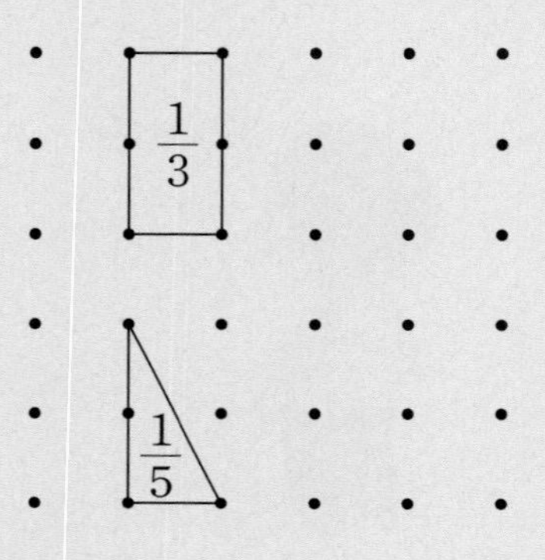

전체를 그릴 수 있는 방법은 여러 가지입니다.

답 개념 02 ❶ 1 ❷ 3

» 정답과 풀이 36쪽

개념 03 세 분수의 크기 비교하기

• 분모가 같은 분수의 크기 비교하기

$\frac{5}{13}$ $\frac{7}{13}$ $\frac{10}{13}$

세 분수의 분모는 13으로 모두 같습니다.
분모가 같은 분수는 분자가 ❶ [ ] 수록 큰 분수입니다.
분자를 비교하면 10 > 7 > 5이므로
$\frac{❷}{13} > \frac{7}{13} > \frac{❸}{13}$ 입니다.

확인 03 크기를 비교하여 가장 큰 분수를 쓰시오.

(1) $\frac{3}{14}$ $\frac{5}{14}$ $\frac{9}{14}$

( )

(2) $\frac{42}{97}$ $\frac{38}{97}$ $\frac{46}{97}$

( )

(3) $\frac{15}{26}$ $\frac{7}{26}$ $\frac{13}{26}$

( )

답 개념 03 ❶ 클 ❷ 10 ❸ 5

개념 04 분자가 같은 분수의 크기 비교하기

• 두 분수 중 더 큰 분수 구하기

$\frac{2}{3}$ $\frac{2}{5}$

두 분수의 분자는 2로 같습니다.
분자가 같은 분수는 ❶ [ ] 을/를 비교합니다.
분모가 작을수록 ❷ [ ] 분수입니다.
분모를 비교하면 3 < 5이므로 $\frac{2}{3} > \frac{2}{5}$ 입니다.

확인 04 더 큰 분수를 쓰시오.

(1) $\frac{3}{5}$ $\frac{3}{10}$

( )

(2) $\frac{9}{10}$ $\frac{9}{11}$

( )

(3) $\frac{8}{99}$ $\frac{8}{73}$

( )

분자가 같은 분수는
분모의 크기만
비교하면 됩니다.

답 개념 04 ❶ 분모 ❷ 큰

2주

개념 05 길이를 소수로 나타내기

• 몇 cm인지 소수로 나타내기

1 cm로 5번, 1 mm로 4번인 길이

• 1 cm로 5번, 1 mm로 4번인 길이는 5 cm 4 mm입니다.
• 1 mm=0.1 cm이므로 4 mm=0.4 cm입니다.

5 cm 4 mm
=5 cm보다 ❶ cm 더 긴 길이
=❷ cm

확인 05 몇 cm인지 소수로 나타내시오.

(1) 1 cm로 6번, 1 mm로 3번인 길이

( )

(2) 1 cm로 3번, 1 mm로 1번인 길이

( )

(3) 1 cm로 12번, 1 mm로 8번인 길이

( )

답 개념 05 ❶ 0.4 ❷ 5.4

개념 06 색칠한 부분을 소수로 나타내기

• 색칠한 부분이 전체의 얼마만큼인지 소수로 나타내기

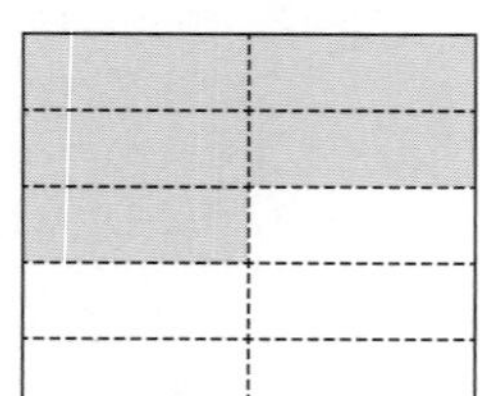

색칠한 부분은 전체를 똑같이 10으로 나눈 것 중의 ❶ 만큼입니다.

색칠한 부분을 분수로 나타내면 $\frac{5}{10}$입니다.

$\frac{5}{10}$를 소수로 나타내면 ❷ 입니다.

확인 06 색칠한 부분이 전체의 얼마만큼인지 소수로 나타내시오.

(1)

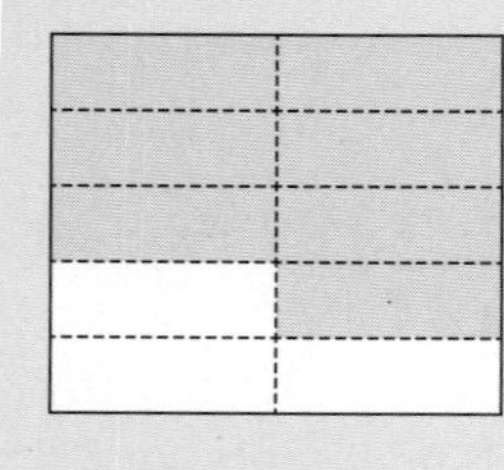

( )

(2)

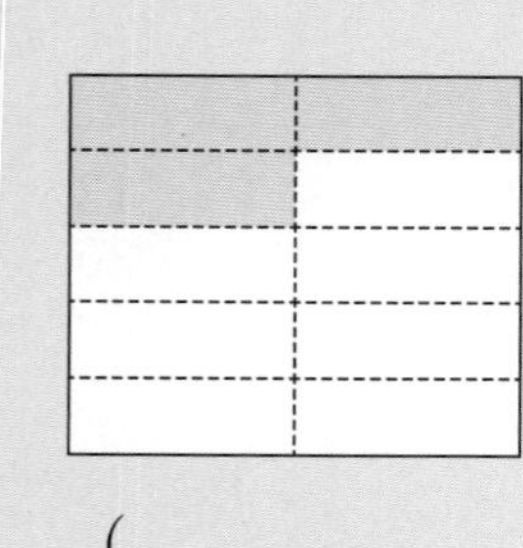

( )

답 개념 06 ❶ 5 ❷ 0.5

개념 07 소수로 나타내기

• 리본 1 m를 똑같이 10조각으로 나누어 5조각을 사용했을 때 남은 리본의 길이는 몇 m인지 소수로 나타내기

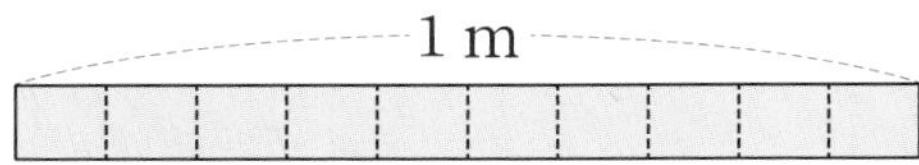

① 전체를 똑같이 10조각으로 나눈 것 중의 5조각을 사용했으므로 남은 리본은 ❶ 조각입니다.

② 전체를 똑같이 10으로 나눈 것 중의 5를 분수로 나타내면 $\frac{5}{10}$이고, $\frac{5}{10}$를 소수로 나타내면 ❷ 입니다.

③ 남은 리본의 길이를 소수로 나타내면 ❸ m입니다.

확인 07 리본 1 m를 똑같이 10조각으로 나누어 1조각을 사용했을 때 남은 리본의 길이는 몇 m인지 소수로 나타내시오.

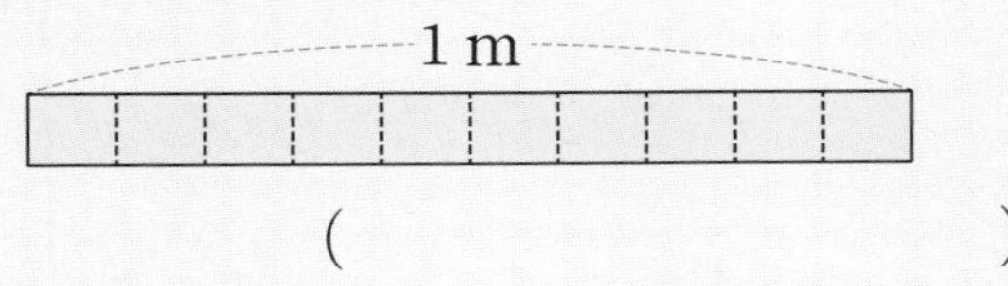

(　　　　　　　　　　)

답 개념 07 ❶ 5 ❷ 0.5 ❸ 0.5

개념 08 소수 비교하기

• □ 안에 들어갈 수 있는 0보다 큰 한 자리 수 모두 구하기

1.3>1.□

① 소수점 왼쪽 부분이 1로 같습니다.

② 소수점 왼쪽 부분이 같으므로 소수점 ❶ 쪽 부분의 크기를 비교합니다.

③ 3>□이므로 □ 안에 들어갈 수 있는 한 자리 수는 1, ❷ 입니다.

확인 08 □ 안에 들어갈 수 있는 0보다 큰 한 자리 수를 모두 구하시오.

4.4>4.□

(　　　　　　　　　　)

개념 09 세 소수의 크기 비교하기

• 가장 큰 소수 구하기

3.3	4.8	4.2

① 소수점 왼쪽 부분을 비교하면 3<❶ 이므로 3.3이 가장 작습니다.

② 소수점 오른쪽 부분을 비교하면 8>❷ 이므로 4.8이 가장 큽니다.

확인 09 크기를 비교하여 가장 큰 소수를 쓰시오.

2.6	1.8	2.9

(　　　　　　　　　　)

답 개념 08 ❶ 오른 ❷ 2 개념 09 ❶ 4 ❷ 2

2주

01 똑같이 나누어진 것을 모두 찾아 기호를 쓰시오.

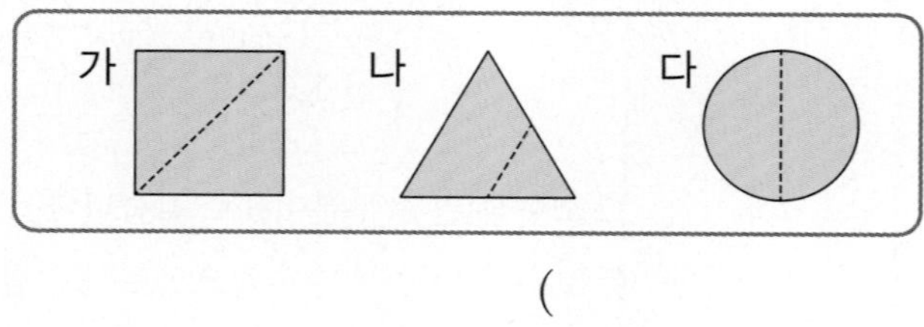

( )

문제 해결 전략 1

- 가는 나누어진 모양과 크기가 ☐습니다.
- 나는 나누어진 모양과 크기가 같지 않습니다.

02 색칠하지 않은 부분을 분수로 바르게 나타낸 것을 찾아 기호를 쓰시오.

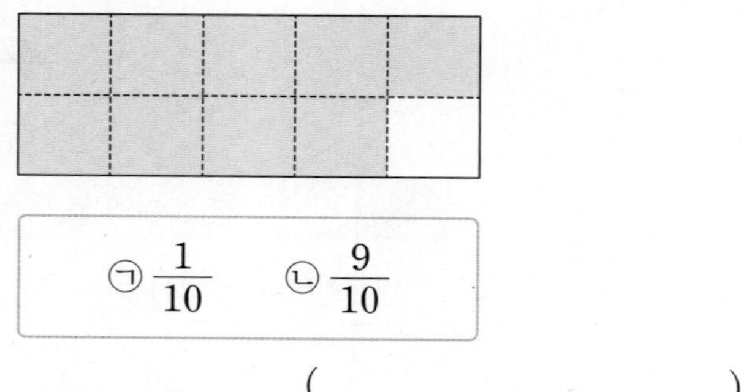

㉠ $\frac{1}{10}$ ㉡ $\frac{9}{10}$

( )

문제 해결 전략 2

전체를 똑같이 10으로 나눈 것 중의 색칠한 부분은 ☐만큼이므로 색칠하지 않은 부분은 $10-9=$☐만큼입니다.

03 가장 큰 분수를 찾아 쓰시오.

$\frac{4}{6}$ $\frac{4}{8}$ $\frac{4}{10}$

( )

문제 해결 전략 3

분자가 ☐(으)로 모두 같습니다. 분자가 같은 분수는 ☐의 크기를 비교합니다.

답 1 같 2 9, 1 3 4, 분모

04 물건의 길이가 몇 cm인지 소수로 나타내시오.

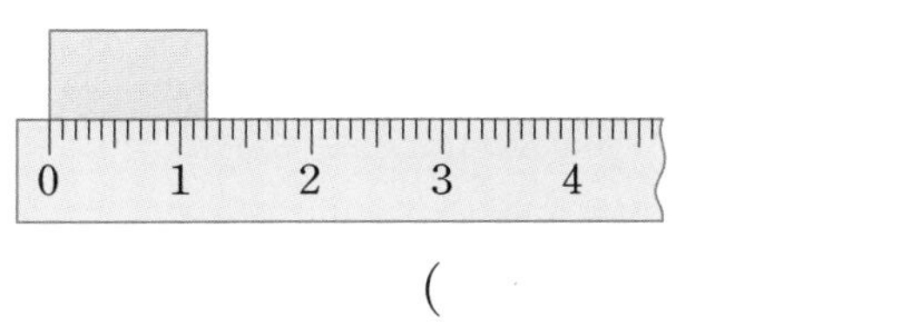

( )

물건의 한쪽 끝은
0에 맞췄습니다.

문제 해결 전략 4

물건의 길이는
1 cm □ mm입니다.
1 cm □ mm를 소수로 나타냅니다.

05 색칠한 부분을 소수로 나타내면 0.3이 되도록 색칠하시오.

문제 해결 전략 5

0.3을 분수로 나타내면 $\frac{\square}{10}$입니다. 전체를 똑같이 10으로 나누었으므로 □만큼 색칠합니다.

06 1부터 9까지의 수 중에서 □ 안에 들어갈 수 있는 수는 모두 몇 개입니까?

$2.6<2.\square$

( )

문제 해결 전략 6

소수점 왼쪽 부분의 크기가 같으므로 소수점 □쪽 부분의 크기를 비교합니다. □ 안에 들어갈 수 있는 수는 □보다 큰 수입니다.

답 4 2, 2 5 3, 3 6 오른, 6

2주

핵심 예제 1

$\frac{5}{7}$는 $\frac{1}{7}$이 몇 개인 수입니까?

( )

전략

$\frac{▲}{■}$는 $\frac{1}{■}$이 ▲개인 수입니다.

풀이

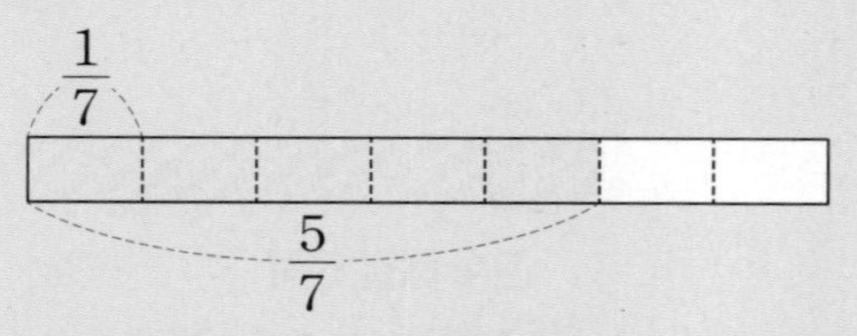

$\frac{5}{7}$는 전체를 똑같이 7로 나눈 것 중의 5이므로 $\frac{1}{7}$이 5개인 수입니다.

답 5개

핵심 예제 2

수직선에서 ↓가 가리키는 분수를 쓰시오.

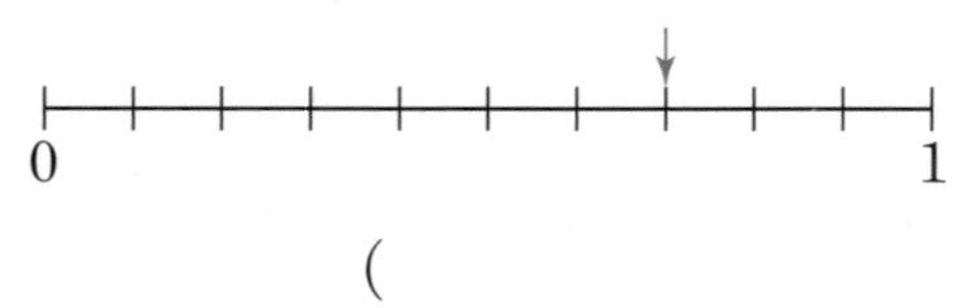

( )

전략

0과 1 사이를 눈금 ■개로 나눈 것 중의 ▲번째

⇨ $\frac{▲}{■}$

풀이

0과 1 사이를 눈금 10개로 나눈 것 중의 7번째를 가리킵니다.

⇨ $\frac{7}{10}$

답 $\frac{7}{10}$

1-1 $\frac{4}{8}$는 $\frac{1}{8}$이 몇 개인 수입니까?

( )

1-2 $\frac{6}{11}$은 $\frac{1}{11}$이 몇 개인 수입니까?

( )

2-1 수직선에서 ↓가 가리키는 분수를 쓰시오.

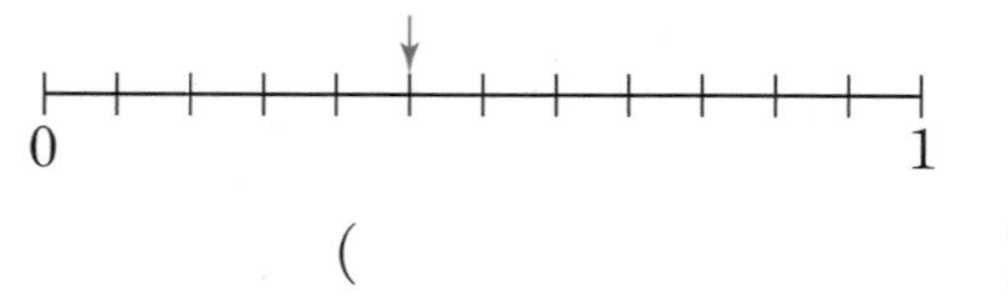

( )

2-2 수직선에서 ↓가 가리키는 분수를 쓰시오.

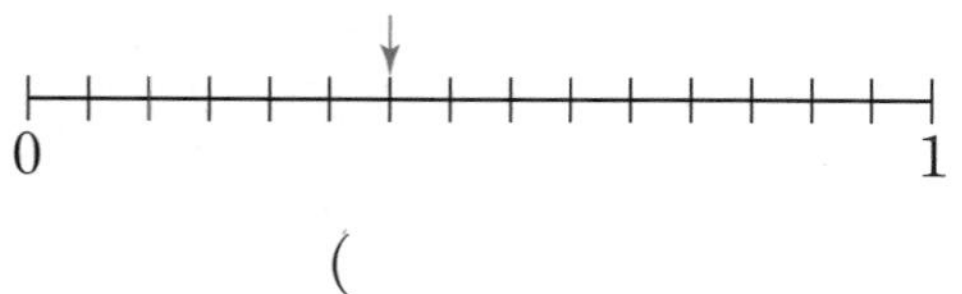

( )

핵심 예제 3

똑같이 넷으로 나누어 보시오.

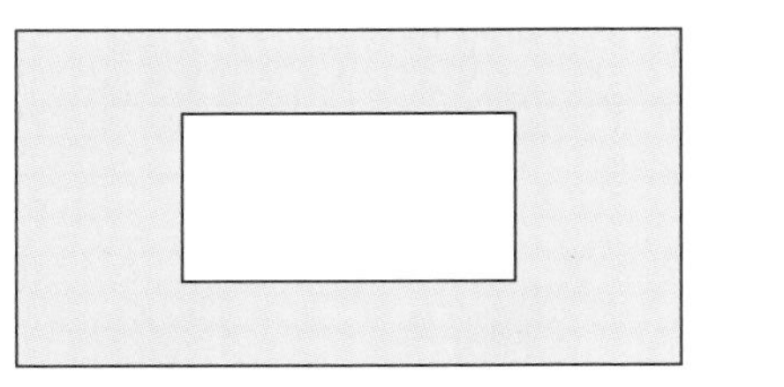

전략

모양과 크기가 같도록 나누어 봅니다.

풀이

넷으로 나눈 모양과 크기가 같은지 확인합니다.

답

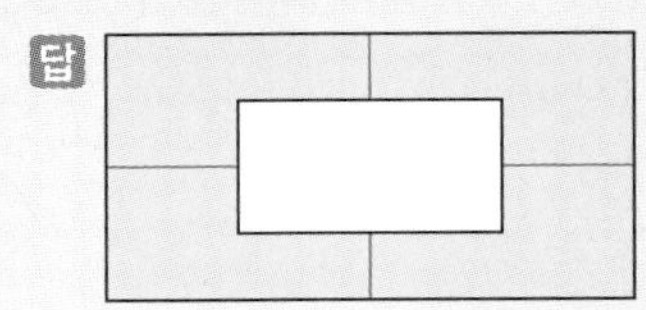

3-1 똑같이 여덟으로 나누어 보시오.

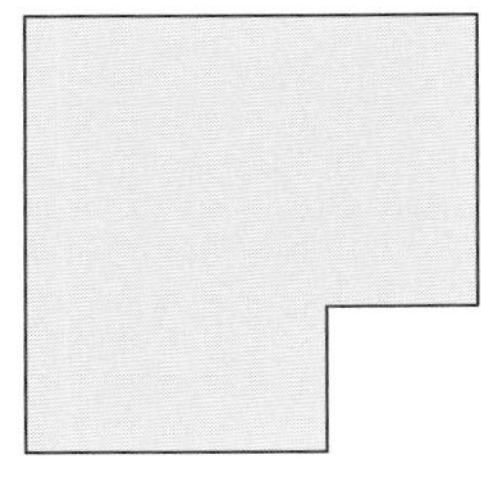

3-2 똑같이 아홉으로 나누어 보시오.

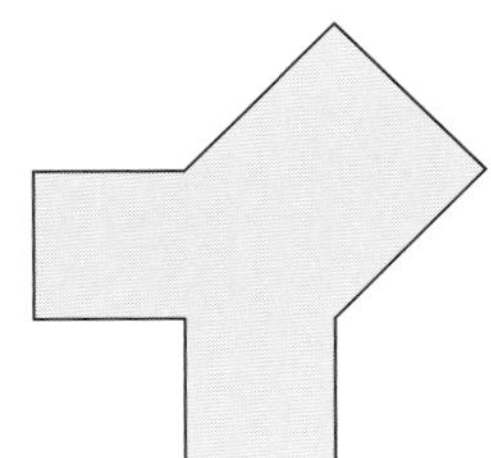

핵심 예제 4

색칠하지 않은 부분이 $\frac{3}{5}$이 되도록 색칠해 보시오.

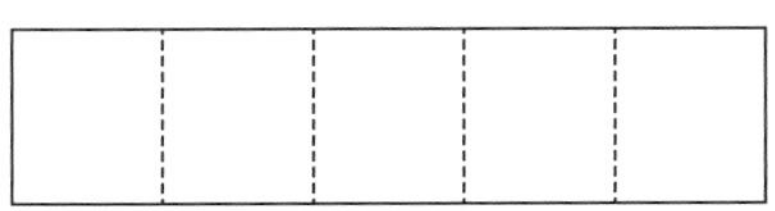

전략

색칠하지 않은 부분이 $\frac{▲}{■}$이면 색칠한 부분은 (■－▲)칸입니다.

풀이

색칠하지 않은 부분이 전체를 똑같이 5로 나눈 것 중의 3이므로 색칠한 부분은 $5-3=2$(칸)입니다.

따라서 색칠한 부분이 $\frac{2}{5}$가 되도록 색칠합니다.

답 예

4-1 색칠하지 않은 부분이 $\frac{7}{10}$이 되도록 색칠해 보시오.

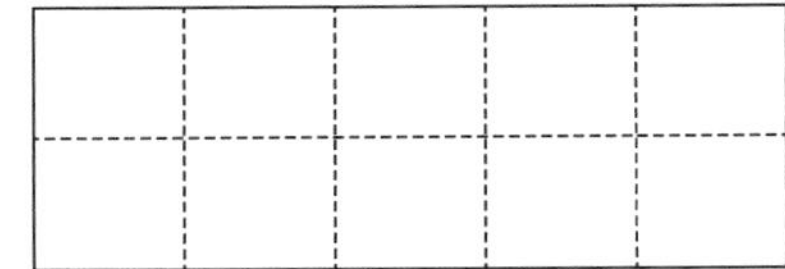

4-2 색칠하지 않은 부분이 $\frac{6}{8}$이 되도록 색칠해 보시오.

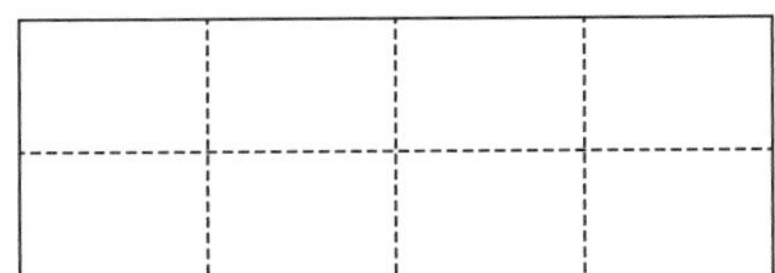

2주

핵심 예제 5

슬이네 마을에 비가 오늘 오전에는 11 mm, 오후에는 23 mm 내렸습니다. 슬이네 마을에 오늘 내린 비의 양은 모두 몇 cm인지 소수로 나타내시오.

오전에 내린 비의 양	오후에 내린 비의 양
오늘 내린 비의 양	

( )

전략

(오늘 내린 비의 양)
=(오전에 내린 비의 양)+(오후에 내린 비의 양)을 구한 뒤 소수로 나타냅니다.

풀이

(오늘 내린 비의 양)
=(오전에 내린 비의 양)+(오후에 내린 비의 양)
=11 mm+23 mm=34 mm
⇨ 34 mm=3 cm 4 mm=3.4 cm

답 3.4 cm

5-1 슬이네 마을에 비가 오늘 오전에는 36 mm, 오후에는 17 mm 내렸습니다. 슬이네 마을에 오늘 내린 비의 양은 모두 몇 cm인지 소수로 나타내시오.

( )

5-2 슬이네 마을에 비가 오늘 오전에는 48 mm, 오후에는 79 mm 내렸습니다. 슬이네 마을에 오늘 내린 비의 양은 모두 몇 cm인지 소수로 나타내시오.

( )

핵심 예제 6

수직선에서 ↓가 가리키는 소수를 쓰시오.

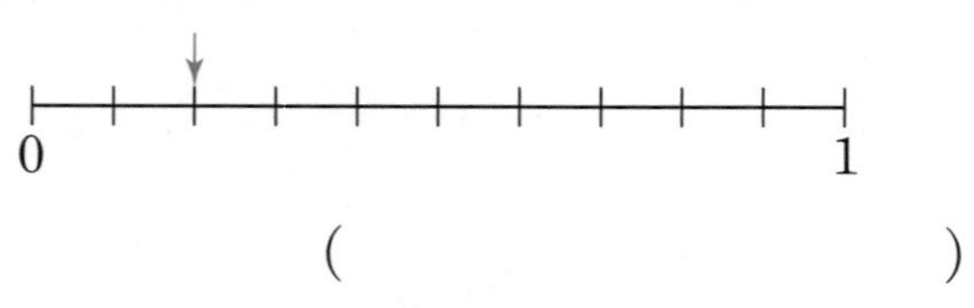

( )

전략

0과 1 사이를 눈금 10개로 나눈 것 중의 ▲번째
⇨ $\frac{▲}{10}$=0.▲

풀이

0과 1 사이를 눈금 10개로 나눈 것 중의 2번째이므로 수직선에서 가리키는 곳은 $\frac{2}{10}$이고 소수로 나타내면 0.2입니다.

답 0.2

6-1 수직선에서 ↓가 가리키는 소수를 쓰시오.

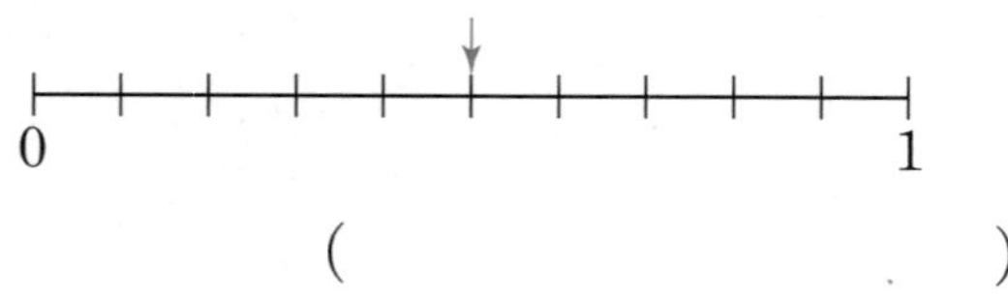

( )

6-2 수직선에서 ↓가 가리키는 소수를 쓰시오.

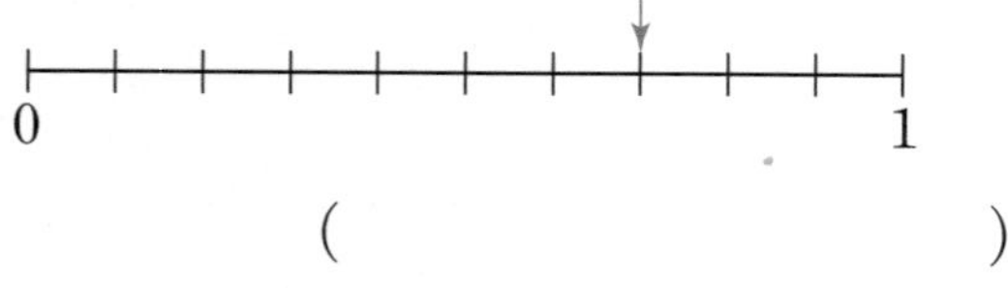

( )

핵심 예제 7

가장 긴 길이를 찾아 기호를 쓰시오.

㉠ 6 cm 7 mm
㉡ 6.9 cm
㉢ 6.5 cm

( )

전략

■ cm ▲ mm를 ■.▲ cm로 바꾸어 소수점 왼쪽 부분부터 비교합니다. 소수점 왼쪽이 같으면 오른쪽 부분을 비교합니다.

풀이

㉠ 6 cm 7 mm=6.7 cm
소수점 왼쪽 부분이 6으로 같으므로 소수점 오른쪽 부분을 비교합니다.
$9>7>5$이므로 가장 긴 길이는 ㉡입니다.

답 ㉡

7-1 가장 긴 길이를 찾아 기호를 쓰시오.

㉠ 5 cm 8 mm
㉡ 5.4 cm
㉢ 5.7 cm

( )

7-2 가장 짧은 길이를 찾아 기호를 쓰시오.

㉠ 10 cm 3 mm
㉡ 11.2 cm
㉢ 10.8 cm

( )

핵심 예제 8

피자를 똑같이 10조각으로 나누어 4조각을 먹었습니다. 남은 부분은 전체의 얼마만큼인지 소수로 나타내시오.

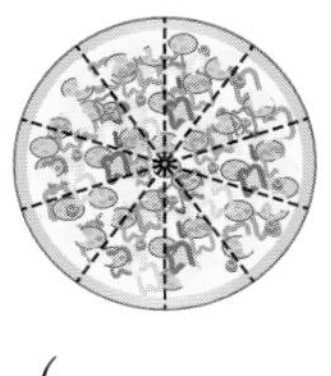

( )

전략

남은 부분이 전체의 얼마인지 분수로 나타낸 후에 소수로 나타냅니다.

풀이

남은 부분은 $10-4=6$(조각)이므로 분수로 나타내면 $\frac{6}{10}$입니다.
따라서 남은 부분은 전체의 얼마만큼인지 소수로 나타내면 0.6입니다.

답 0.6

8-1 피자를 똑같이 10조각으로 나누어 6조각을 먹었습니다. 남은 부분은 전체의 얼마만큼인지 소수로 나타내시오.

( )

8-2 피자를 똑같이 10조각으로 나누어 3조각을 먹었습니다. 남은 부분은 전체의 얼마만큼인지 소수로 나타내시오.

( )

2주

01 파란색 부분이 $\frac{3}{12}$, 초록색 부분이 $\frac{5}{12}$가 되도록 색칠하시오.

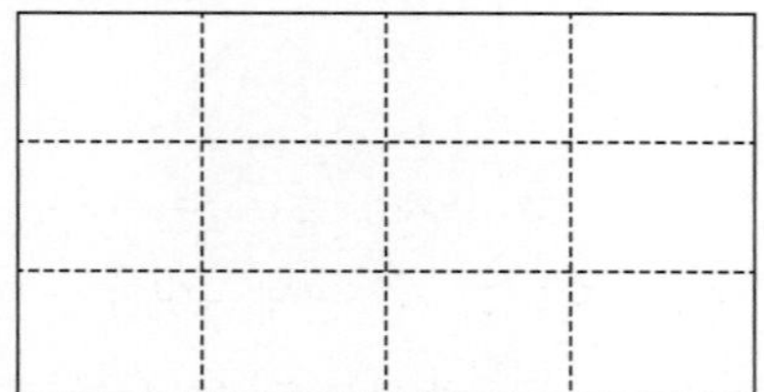

Tip ①

$\frac{3}{12}$은 전체를 똑같이 12로 나눈 것 중의 □이고 $\frac{5}{12}$는 전체를 똑같이 12로 나눈 것 중의 □입니다.

02 ㉠과 ㉡의 합을 구하시오.

- $\frac{3}{5}$은 $\frac{1}{5}$이 ㉠개인 수입니다.
- $\frac{7}{9}$은 $\frac{1}{9}$이 ㉡개인 수입니다.

( )

Tip ②

$\frac{1}{5}$이 □개이면 $\frac{2}{5}$, $\frac{1}{5}$이 □개이면 $\frac{3}{5}$입니다.

답 Tip ① 3, 5 ② 2, 3

03 2부터 9까지의 수 중에서 □ 안에 들어갈 수 있는 수는 모두 몇 개입니까?

$$\frac{1}{\square} < \frac{1}{5}$$

( )

Tip ③

분자가 같으므로 분□을/를 비교합니다.

분□이/가 클수록 작습니다.

04 왼쪽은 전체를 똑같이 4로 나눈 것 중의 2입니다. 전체에 알맞은 도형을 찾아 기호를 써 보시오.

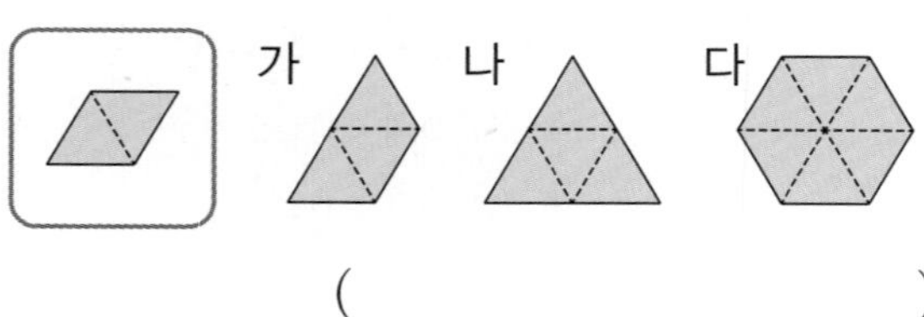

( )

Tip ④

주어진 도형이 전체를 똑같이 4로 나눈 것 중의 □이므로 전체를 똑같이 □(으)로 나눈 도형을 찾습니다.

답 Tip ③ 모, 모 ④ 2, 4

>> 정답과 풀이 39쪽

05 색칠한 부분과 색칠하지 않은 부분을 각각 소수로 나타내시오.

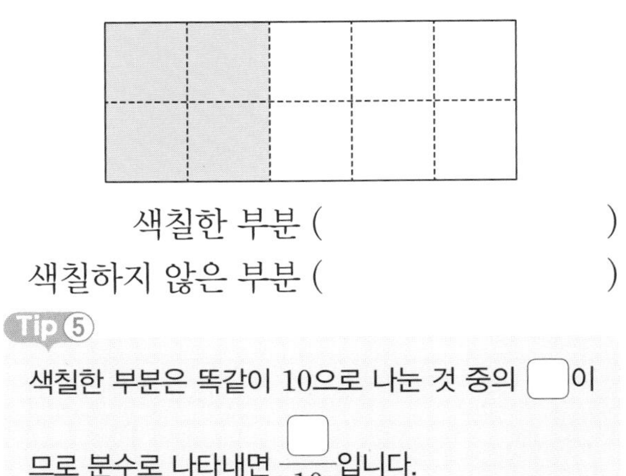

색칠한 부분 (　　　　　　　　)

색칠하지 않은 부분 (　　　　　　　　)

Tip ⑤

색칠한 부분은 똑같이 10으로 나눈 것 중의 □이므로 분수로 나타내면 $\frac{\square}{10}$입니다.

06 길이가 긴 것부터 차례로 기호를 쓰시오.

㉠ 7 cm 8 mm	㉡ 7.9 cm
㉢ 7.2 cm	㉣ 7 cm 5 mm

(　　　　　　　　)

Tip ⑥

7 cm 8 mm를 소수로 나타내면 □.□ cm입니다. 소수로 나타낸 후에 크기를 비교합니다.

07 □ 안에 들어갈 수 있는 한 자리 수는 몇 개입니까?

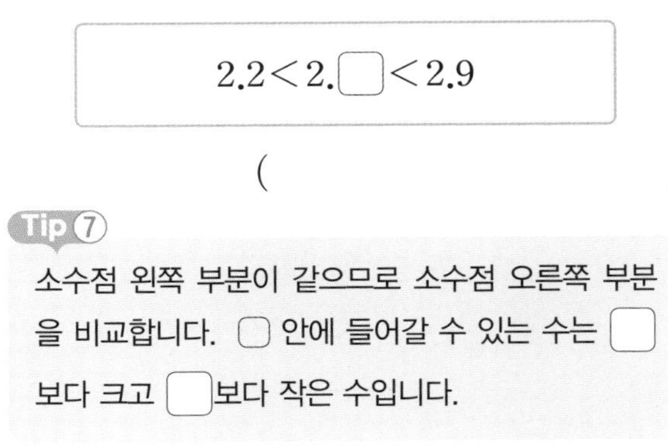

$2.2 < 2.\square < 2.9$

(　　　　　　　　)

Tip ⑦

소수점 왼쪽 부분이 같으므로 소수점 오른쪽 부분을 비교합니다. □ 안에 들어갈 수 있는 수는 □보다 크고 □보다 작은 수입니다.

08 더 큰 수의 기호를 쓰시오.

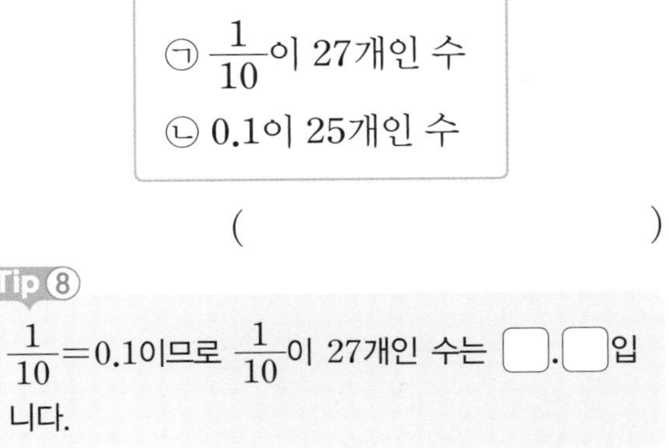

㉠ $\frac{1}{10}$이 27개인 수

㉡ 0.1이 25개인 수

(　　　　　　　　)

Tip ⑧

$\frac{1}{10}$=0.1이므로 $\frac{1}{10}$이 27개인 수는 □.□입니다.

답 Tip ⑤ 4, 4 ⑥ 7, 8

답 Tip ⑦ 2, 9 ⑧ 2, 7

2주

2주 3일 필수 체크 전략 1

분수와 소수

핵심 예제 1

색칠한 부분이 나타내는 분수가 나머지와 다른 것을 찾아 기호를 쓰시오.

가 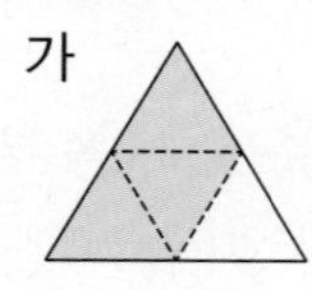 나 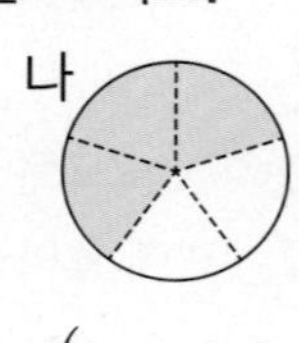 다 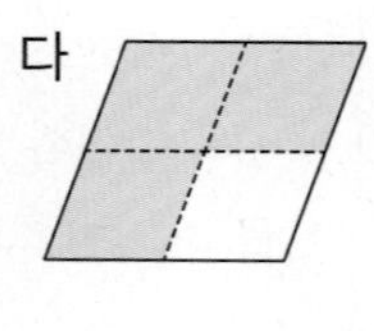

( )

전략

색칠한 부분을 분수로 나타내어 다른 것을 찾습니다.

풀이

- 가, 다는 전체를 똑같이 4로 나눈 것 중의 3을 색칠했으므로 $\frac{3}{4}$입니다.
- 나는 전체를 똑같이 5로 나눈 것 중의 3을 색칠했으므로 $\frac{3}{5}$입니다.

답 나

1-1 색칠한 부분이 나타내는 분수가 나머지와 다른 것을 찾아 기호를 쓰시오.

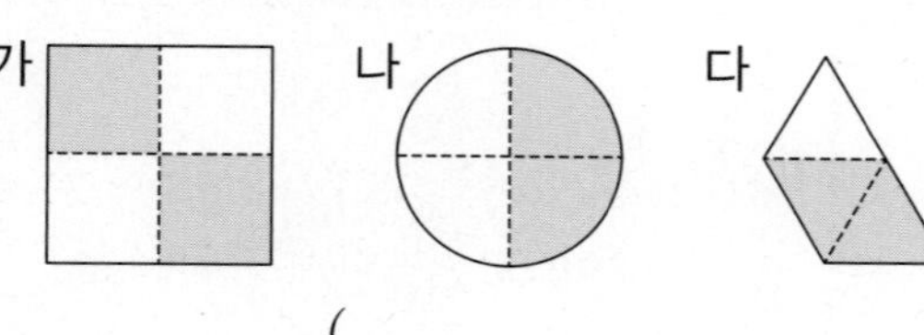

( )

1-2 색칠한 부분이 나타내는 분수가 나머지와 다른 것을 찾아 기호를 쓰시오.

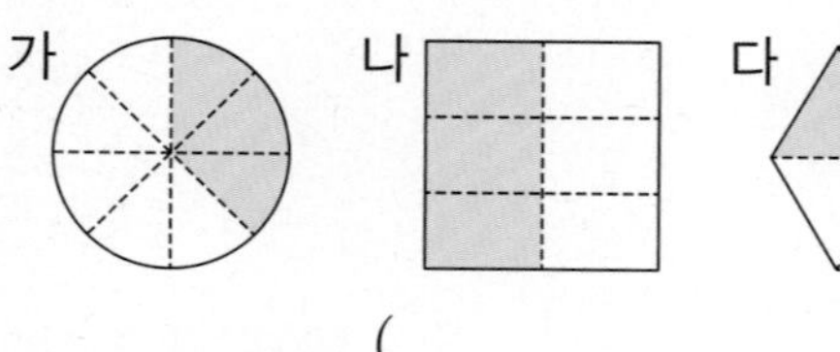

( )

핵심 예제 2

□ 안에 들어갈 수 있는 수 중에서 가장 큰 수를 구하시오.

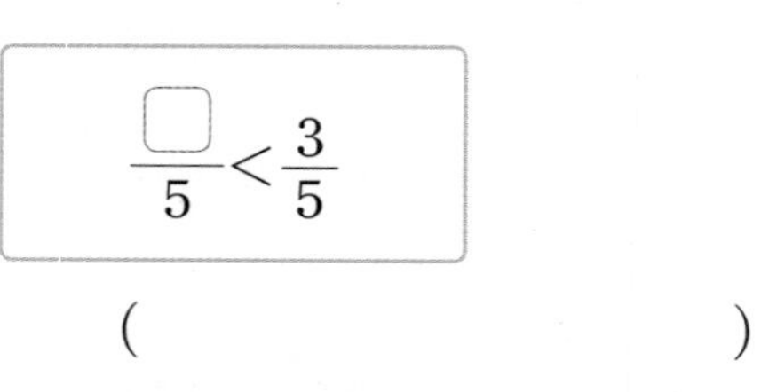

$$\frac{\square}{5} < \frac{3}{5}$$

( )

전략

$\frac{■}{●} < \frac{▲}{●}$이면 ■ < ▲입니다.

풀이

분모가 같으므로 분자를 비교하면 □ < 3입니다.
따라서 □ 안에 들어갈 수 있는 수는 3보다 작은 수이므로 1, 2이고 가장 큰 수는 2입니다.

답 2

2-1 □ 안에 들어갈 수 있는 수 중에서 가장 큰 수를 구하시오.

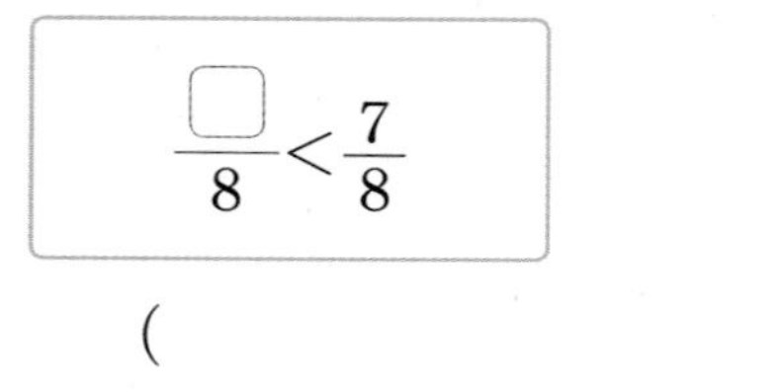

$$\frac{\square}{8} < \frac{7}{8}$$

( )

2-2 □ 안에 들어갈 수 있는 수 중에서 가장 작은 수를 구하시오.

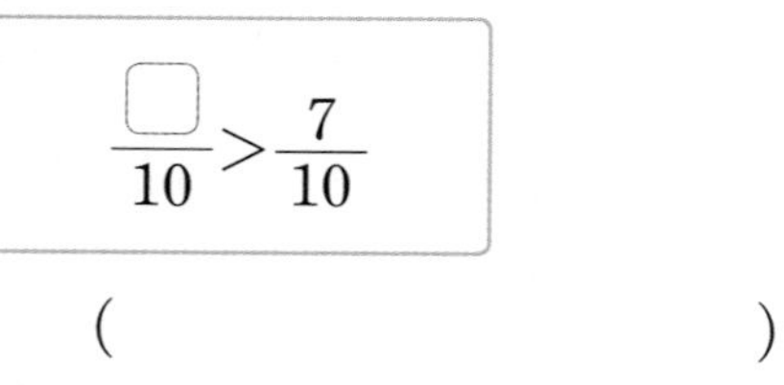

$$\frac{\square}{10} > \frac{7}{10}$$

( )

핵심 예제 3

▢ 안에 들어갈 수 있는 3보다 큰 수 중에서 가장 작은 수를 구하시오.

$$\frac{3}{\square} < \frac{3}{5}$$

(　　　　　　　　)

전략

$\frac{●}{■} < \frac{●}{▲}$이면 ■ > ▲입니다.

풀이

분자가 같으므로 분모를 비교하면 ▢ > 5입니다.
따라서 ▢ 안에 들어갈 수 있는 수는 5보다 큰 수이므로 6, 7, 8, ...이고 가장 작은 수는 6입니다.

답 6

3-1 ▢ 안에 들어갈 수 있는 2보다 큰 수 중에서 가장 작은 수를 구하시오.

$$\frac{2}{\square} < \frac{2}{4}$$

(　　　　　　　　)

3-2 ▢ 안에 들어갈 수 있는 4보다 큰 수 중에서 가장 큰 수를 구하시오.

$$\frac{4}{\square} > \frac{4}{10}$$

(　　　　　　　　)

핵심 예제 4

▢ 안에 들어갈 수 있는 수는 모두 몇 개입니까?

$$\frac{2}{10} < \frac{\square}{10} < \frac{7}{10}$$

(　　　　　　　　)

전략

$\frac{▲}{●} < \frac{■}{●} < \frac{◆}{●}$이면 ▲ < ■ < ◆입니다.

풀이

분모가 같으므로 분자를 비교하면 2 < ▢ < 7입니다.
따라서 ▢ 안에 들어갈 수 있는 수는 3, 4, 5, 6으로 모두 4개입니다.

답 4개

2주

4-1 ▢ 안에 들어갈 수 있는 수는 모두 몇 개입니까?

$$\frac{1}{5} < \frac{\square}{5} < \frac{4}{5}$$

(　　　　　　　　)

4-2 ▢ 안에 들어갈 수 있는 수는 모두 몇 개입니까?

$$\frac{4}{9} < \frac{\square}{9} < \frac{8}{9}$$

(　　　　　　　　)

핵심 예제 5

3장의 수 카드 중에서 2장을 골라 한 번씩만 사용하여 소수 ■.▲를 만들려고 합니다. 만들 수 있는 소수 중에서 가장 큰 수를 구하시오.

2  

( )

전략

가장 큰 소수를 만들려면 가장 큰 수를 ■에, 둘째로 큰 수를 ▲에 놓습니다.

풀이

9>5>2이므로 가장 큰 수인 9를 ■에 놓고, 둘째로 큰 수인 5를 ▲에 놓으면 9.5입니다.

답 9.5

핵심 예제 6

3장의 수 카드 중에서 2장을 골라 한 번씩만 사용하여 소수 ■.▲를 만들려고 합니다. 만들 수 있는 소수 중에서 가장 작은 수를 구하시오.

2  

( )

전략

가장 작은 소수를 만들려면 가장 작은 수를 ■에, 둘째로 작은 수를 ▲에 놓습니다.

풀이

2<5<8이므로 가장 작은 수인 2를 ■에 놓고, 둘째로 작은 수인 5를 ▲에 놓으면 2.5입니다.

답 2.5

5-1 3장의 수 카드 중에서 2장을 골라 한 번씩만 사용하여 소수 ■.▲를 만들려고 합니다. 만들 수 있는 소수 중에서 가장 큰 수를 구하시오.

1  

( )

5-2 3장의 수 카드 중에서 2장을 골라 한 번씩만 사용하여 소수 ■.▲를 만들려고 합니다. 만들 수 있는 소수 중에서 가장 큰 수를 구하시오.

4  

( )

6-1 3장의 수 카드 중에서 2장을 골라 한 번씩만 사용하여 소수 ■.▲를 만들려고 합니다. 만들 수 있는 소수 중에서 가장 작은 수를 구하시오.

6 2 7

( )

6-2 3장의 수 카드 중에서 2장을 골라 한 번씩만 사용하여 소수 ■.▲를 만들려고 합니다. 만들 수 있는 소수 중에서 가장 작은 수를 구하시오.

3  

( )

핵심 예제 7

물건의 길이보다 1 cm 3 mm 더 긴 길이는 몇 cm인지 소수로 나타내시오.

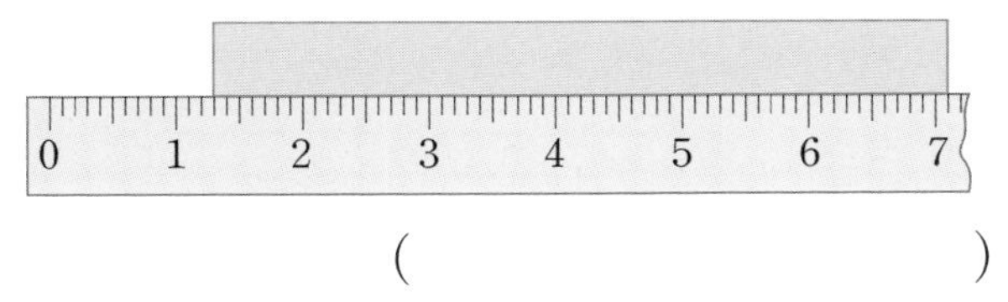

( )

전략

물건의 길이를 재어 1 cm 3 mm를 더한 후에 소수로 나타냅니다.

풀이

물건의 길이는 5 cm 8 mm입니다.

5 cm 8 mm+1 cm 3 mm=7 cm 1 mm

⇨ 7 cm 1 mm=7.1 cm

답 7.1 cm

핵심 예제 8

물건의 길이보다 1 cm 6 mm 더 짧은 길이는 몇 cm인지 소수로 나타내시오.

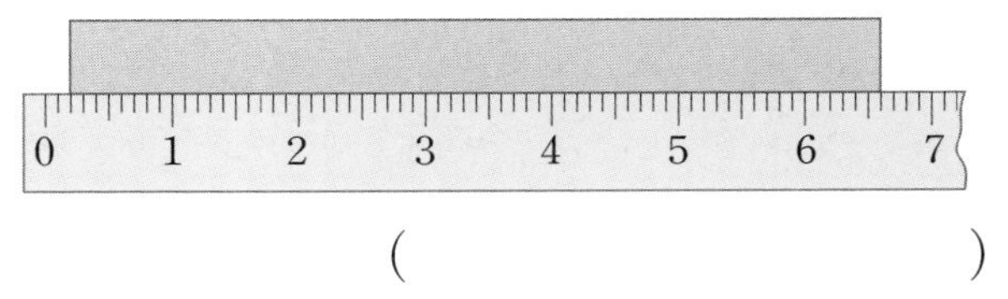

( )

전략

물건의 길이를 재어 1 cm 6 mm를 뺀 후에 소수로 나타냅니다.

풀이

물건의 길이는 6 cm 4 mm입니다.

6 cm 4 mm−1 cm 6 mm=4 cm 8 mm

⇨ 4 cm 8 mm=4.8 cm

답 4.8 cm

2주

7-1 물건의 길이보다 2 cm 6 mm 더 긴 길이는 몇 cm인지 소수로 나타내시오.

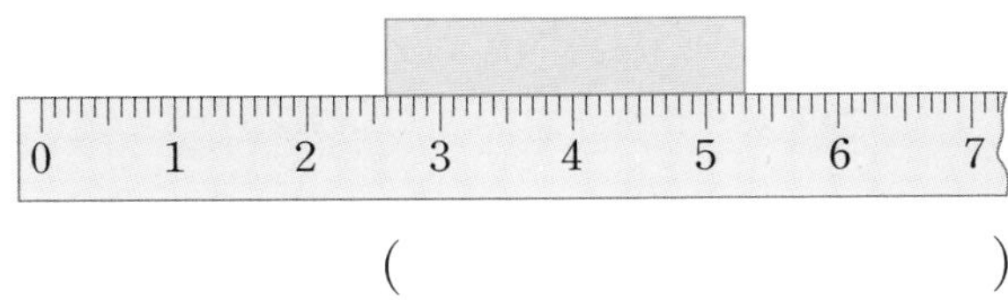

( )

7-2 물건의 길이보다 1 cm 9 mm 더 긴 길이는 몇 cm인지 소수로 나타내시오.

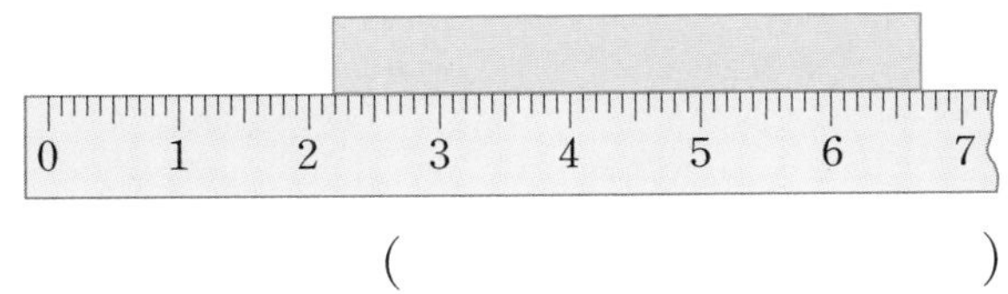

( )

8-1 물건의 길이보다 2 cm 5 mm 더 짧은 길이는 몇 cm인지 소수로 나타내시오.

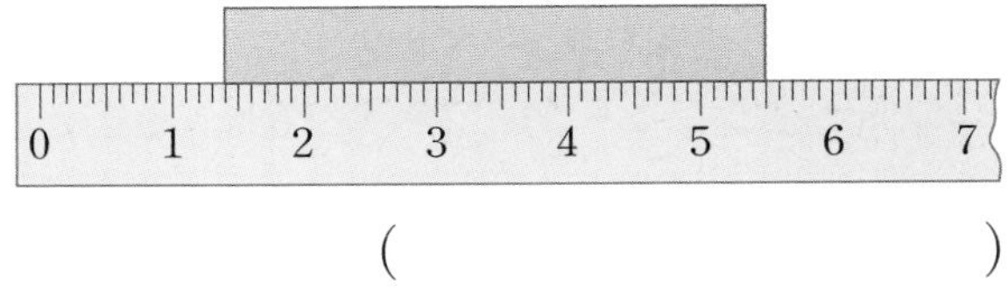

( )

8-2 물건의 길이보다 3 cm 4 mm 더 짧은 길이는 몇 cm인지 소수로 나타내시오.

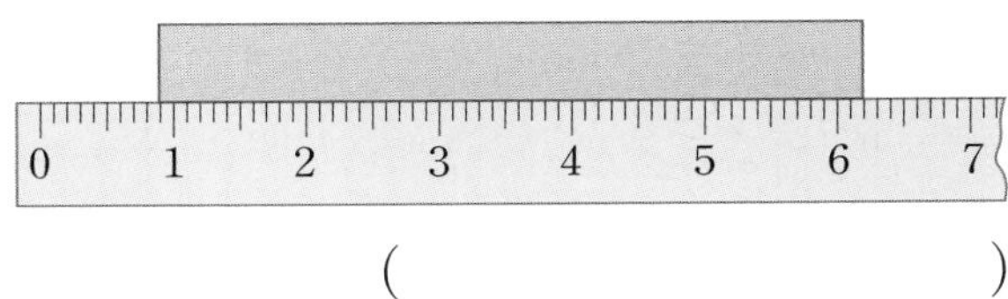

( )

2주 3일 필수 체크 전략 2

01 ☐ 안에 공통으로 들어갈 수 있는 수를 구하시오.

- $\frac{1}{12} < \frac{1}{\square} < \frac{1}{7}$
- $\frac{10}{15} < \frac{\square}{15} < \frac{14}{15}$

( )

Tip ①

$\frac{1}{12} < \frac{1}{\square} < \frac{1}{7}$에서 분자의 크기는 같으므로 분모를 비교합니다. ☐ 안에 들어갈 수 있는 수는 ☐보다 크고 ☐보다 작습니다.

02 조건에 알맞은 분수를 구하시오.

- 1보다 작고 분모가 10인 분수입니다.
- 분자가 3보다 큽니다.
- 0.5보다 작습니다.

( )

Tip ②

0.5를 분수로 나타내면 $\frac{\square}{\square}$입니다.

답 Tip ① 7, 12 ② $\frac{5}{10}$

03 같은 양의 주스를 은희는 $\frac{4}{5}$만큼 마셨고, 준기는 $\frac{7}{8}$만큼 마셨습니다. 남은 주스의 양이 더 많은 사람은 누구입니까?

( )

Tip ③

은희가 마시고 남은 주스의 양은 $\frac{\square}{5}$이고,

준기가 마시고 남은 주스의 양은 $\frac{\square}{8}$입니다.

두 분수의 크기를 비교합니다.

04 피자 한 판을 똑같이 8조각으로 나누었습니다. 경호는 $\frac{2}{8}$, 윤호는 $\frac{3}{8}$만큼 먹고 승우는 나머지를 먹었습니다. 승우가 먹은 피자의 양을 분수로 나타내시오.

( )

Tip ④

피자 한 판을 8조각으로 나눈 것 중의 경호는 ☐조각, 윤호는 ☐조각을 먹었습니다.
남은 조각의 수를 구해 분수로 나타냅니다.

답 Tip ③ 1, 1 ④ 2, 3

05 3장의 수 카드 중에서 2장을 골라 한 번씩만 사용하여 소수 ■.▲를 만들려고 합니다. 만들 수 있는 소수 중에서 두 번째로 큰 수를 구하시오.

3  

( )

Tip ⑤

■에 들어가는 수는 가장 ☐ 수입니다. ▲에 들어가는 수는 ☐째로 큰 수입니다.

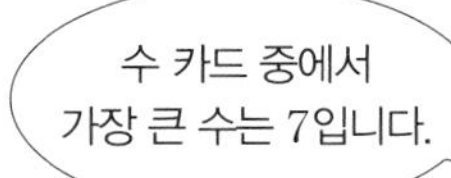

06 물건의 길이보다 19 mm만큼 더 긴 길이는 몇 cm인지 소수로 나타내시오.

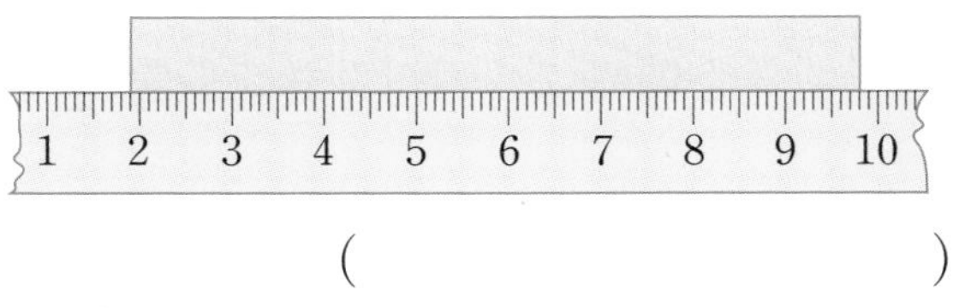

( )

Tip ⑥

물건의 길이는 1 cm로 7번, 1 mm로 9번이므로 ☐ cm ☐ mm입니다.

답 Tip ⑤ 큰, 셋 ⑥ 7, 9

07 별 모양을 똑같이 나눈 것입니다. $\frac{3}{5}$만큼 색칠하고 색칠한 부분을 소수로 나타내시오.

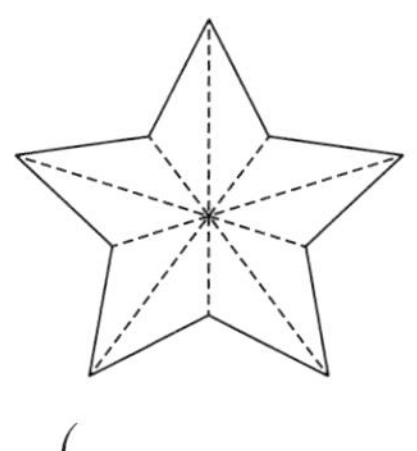

( )

Tip ⑦

전체를 똑같이 5로 나눈 것 중의 ☐만큼 색칠합니다. 색칠한 부분은 전체를 똑같이 10으로 나눈 것 중의 ☐만큼 색칠한 것과 같습니다.

08 ㉠과 ㉡의 합을 구하시오.

- ㉠ mm=0.7 cm
- 0.1이 16개인 수는 1.㉡입니다.

( )

Tip ⑧

0.1 cm는 1 mm입니다.
0.7 cm는 0.1 cm가 ☐번 만큼이므로 ☐ mm입니다.

답 Tip ⑦ 3, 6 ⑧ 7, 7

2주

01 똑같이 나누어진 것을 찾아 기호를 쓰시오.

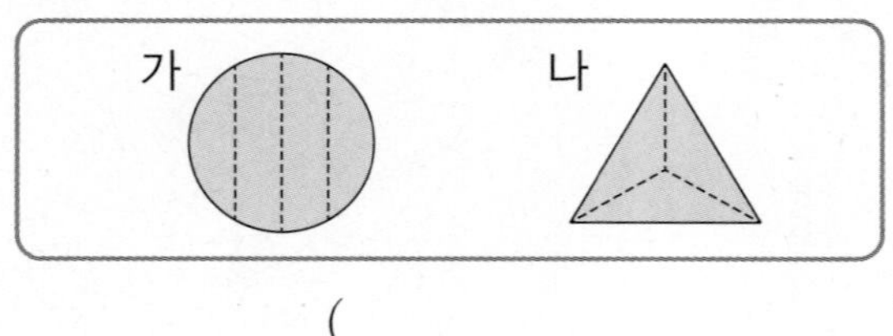

(　　　　　　　　　　)

02 가장 큰 분수를 찾아 쓰시오.

$\frac{3}{7}$　$\frac{3}{5}$　$\frac{3}{13}$

(　　　　　　　　　　)

03 물건의 길이가 몇 cm인지 소수로 나타내시오.

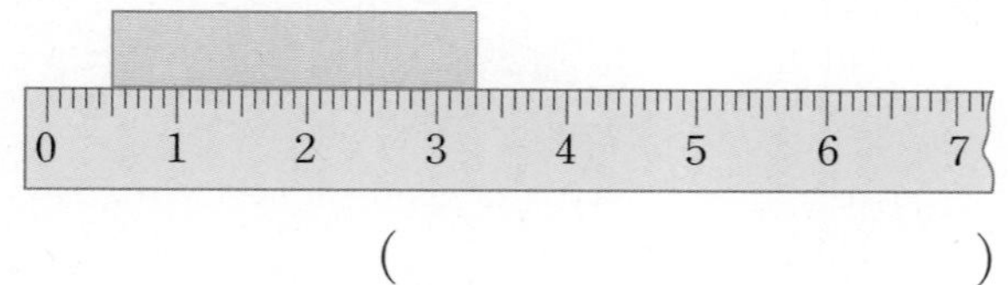

(　　　　　　　　　　)

04 1부터 9까지의 수 중에서 □ 안에 들어갈 수 있는 수는 모두 몇 개입니까?

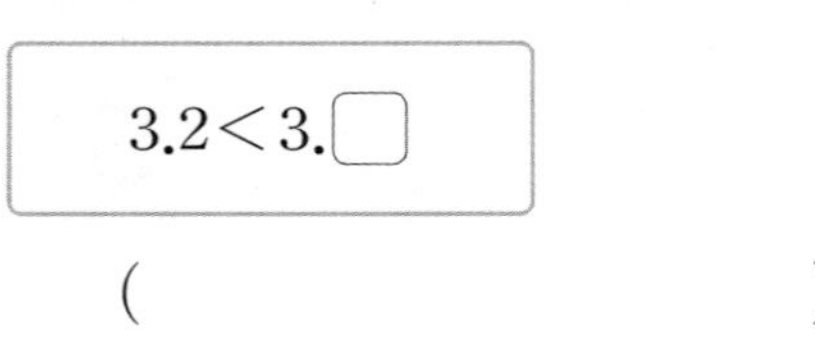

(　　　　　　　　　　)

05 수직선에서 ↓가 가리키는 분수를 쓰시오.

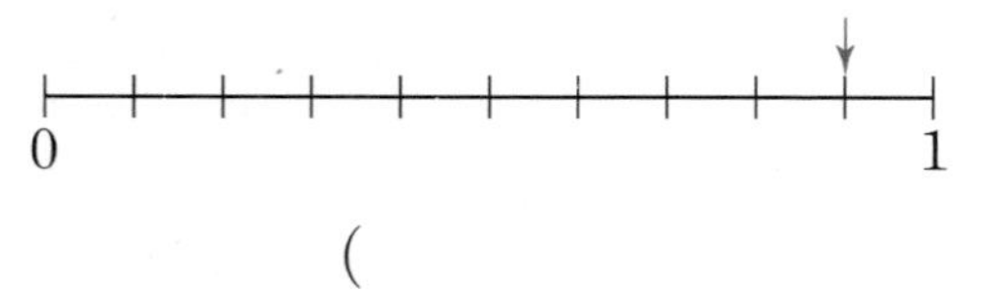

(　　　　　　　　　　)

06 수직선에서 ↓가 가리키는 소수를 쓰시오.

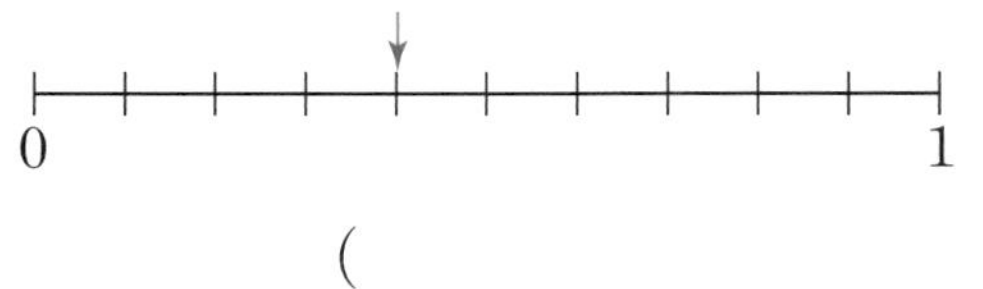

(　　　　　　　　　　)

07 □ 안에 들어갈 수 있는 수 중에서 가장 큰 수를 구하시오.

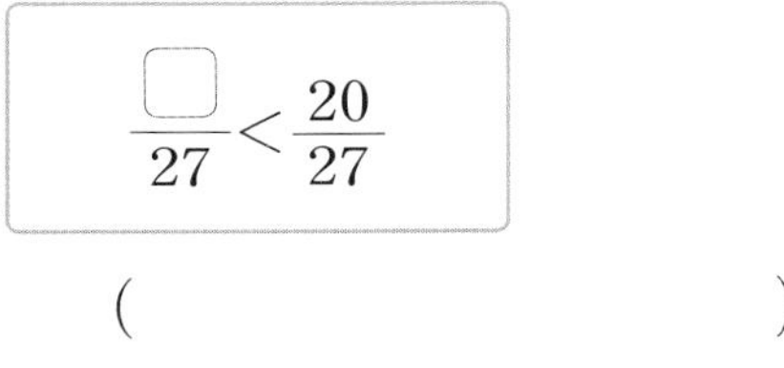

$\frac{\square}{27} < \frac{20}{27}$

(　　　　　　　　　　)

08 ㉠과 ㉡의 합을 구하시오.

- $\frac{9}{12}$는 $\frac{1}{12}$이 ㉠개인 수입니다.
- $\frac{3}{8}$은 $\frac{1}{8}$이 ㉡개인 수입니다.

(　　　　　　　　　　)

09 가장 긴 길이를 찾아 기호를 쓰시오.

㉠ 3 cm 4 mm
㉡ 3.9 cm
㉢ 3.2 cm

(　　　　　　　　　　)

10 3장의 수 카드 중에서 2장을 골라 한 번씩만 사용하여 소수 ■.▲를 만들려고 합니다. 만들 수 있는 소수 중에서 가장 큰 수를 구하시오.

(　　　　　　　　　　)

2주

01 고대 이집트에서는 분수를 다음과 같이 나타내었습니다. 두 분수의 크기를 비교하여 ◯ 안에 >, =, <를 알맞게 써넣으시오.

$\frac{1}{3}$	$\frac{1}{4}$	$\frac{1}{5}$	$\frac{1}{6}$	$\frac{1}{7}$
$\frac{1}{8}$	$\frac{1}{9}$	$\frac{1}{10}$	$\frac{1}{2}$	$\frac{2}{3}$

◯

Tip ①

이 나타내는 분수는 $\frac{1}{\square}$이고 이 나타내는 분수는 $\frac{1}{\square}$입니다.
분자가 같으므로 분모를 비교합니다.

02 색칠한 부분은 전체의 몇 분의 몇인지 분수로 나타내시오.

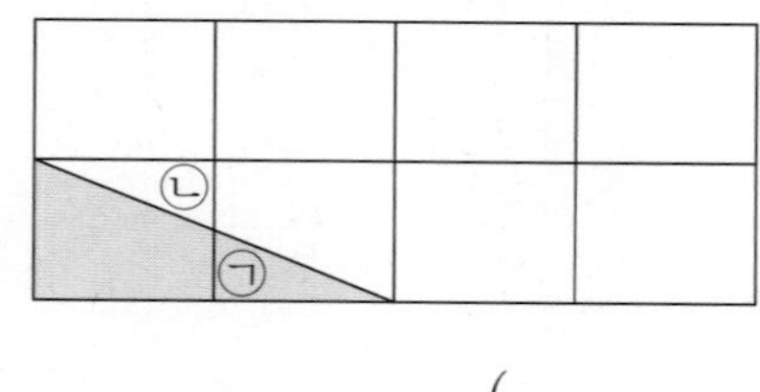

(   )

Tip ②

㉠ 부분을 ㉡ 부분으로 옮기면 색칠한 부분은 전체를 똑같이 ☐(으)로 나눈 것 중의 ☐입니다.

답 Tip ① 6, 8 ② 8, 1

03 똑같이 둘로 나눈 색종이입니다. 선을 더 그어 똑같이 넷으로 나누어 보시오.

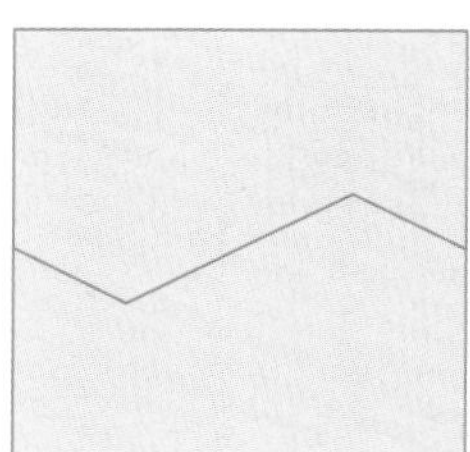

넷으로 나눈 모양과 크기가 같아야 합니다.

Tip ③

똑같이 둘로 나누어진 색종이를 다시 똑같이 ☐(으)로 나누면 똑같이 ☐(으)로 나누어집니다.

2주

04 도형의 각 칸을 한 번 누르면(👆) 그 칸이 색칠되고, 두 번 누르면(👆👆) 색칠되지 않는 게임이 있습니다. 누르기 전 그림을 보고 누른 후 그림에 알맞게 색칠하고 색칠한 부분이 나타내는 분수를 구하시오.

👆	👆	👆👆
👆👆	👆	👆

누르기 전

⇨

누른 후

(　　　　　　　　)

Tip ④

☐ 번 누른 칸은 색칠하고, ☐ 번 누른 칸은 색칠하지 않습니다.

답 Tip ③ 둘, 넷 ④ 한, 두

05 다음 순서도의 시작에 $\frac{1}{5}$을 넣었을 때 끝에 나오는 분수를 구하시오.

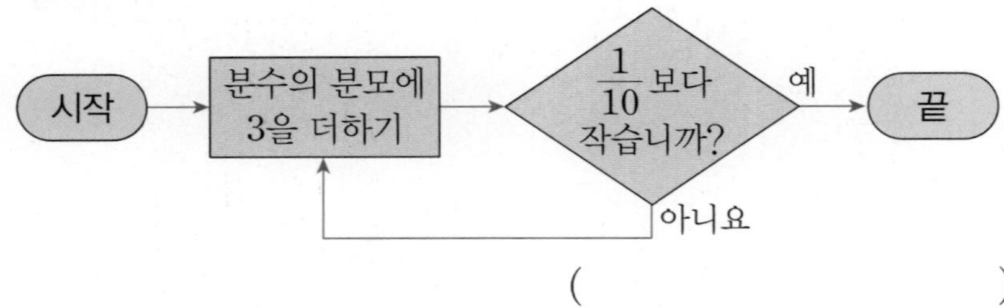

( )

Tip ⑤

$\frac{1}{5}$의 분모에 3을 더하면 $\frac{1}{\square}$입니다. $\frac{1}{10}$보다 □므로 아니요로 이동합니다.

06 어느 날 일기 예보에 나온 전국의 날씨입니다. 가장 기온이 높은 곳의 이름과 기온을 차례대로 쓰시오.

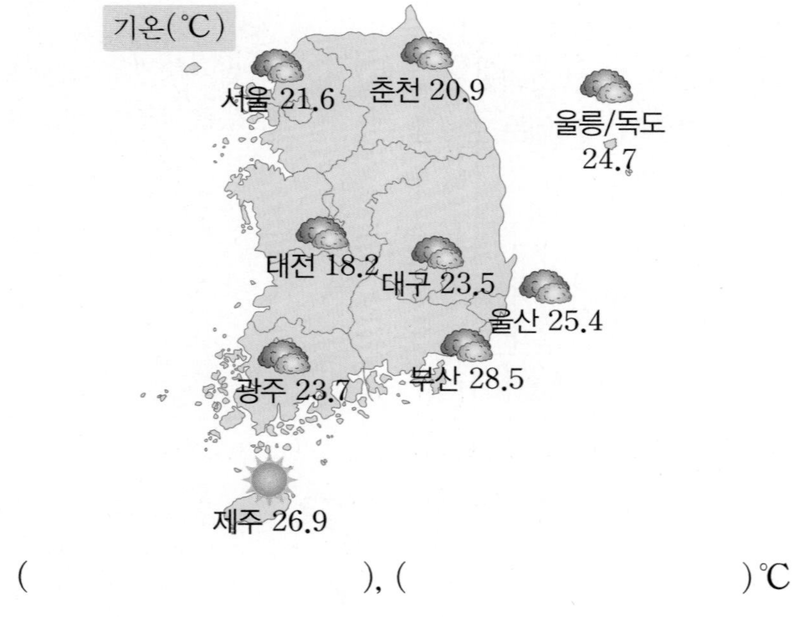

( ), ( )℃

Tip ⑥

소수를 비교할 때는 소수점 □ 부분부터 비교합니다.
가장 기온이 높은 곳은 소수점 왼쪽 부분이 □입니다.

답 Tip ⑤ 8, 크 ⑥ 왼쪽, 28

>> 정답과 풀이 42쪽

07 다음을 읽고 화분에 걸려 있는 이름표 안에 식물을 키우는 학생의 이름을 쓰시오.

- 식물의 키는 각각 7.5 cm 7.9 cm, 8.3 cm, 8.6 cm입니다.
- 나경이가 키우는 식물이 가장 큽니다.
- 다정이가 키우는 식물은 가희가 키우는 식물보다는 큽니다.
- 라운이가 키우는 식물의 키는 7.9 cm입니다.

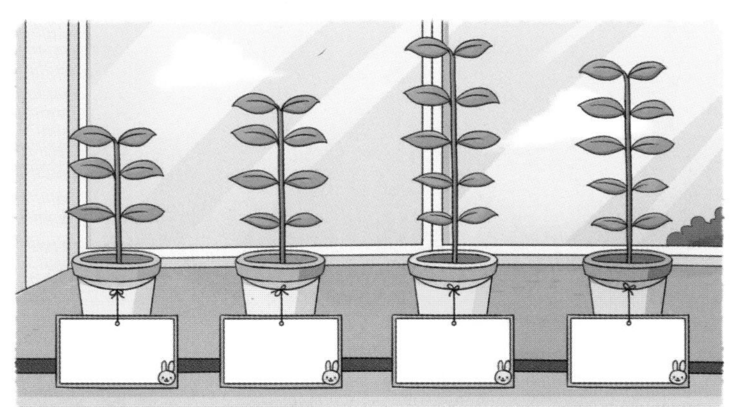

Tip ⑦

나경이가 키우는 식물이 가장 □므로 나경이가 키우는 식물의 키는 □ cm입니다.

08 다음은 규칙에 따라 소수를 늘어놓은 것입니다. 8번째 줄의 가장 오른쪽에 있는 소수를 구하시오.

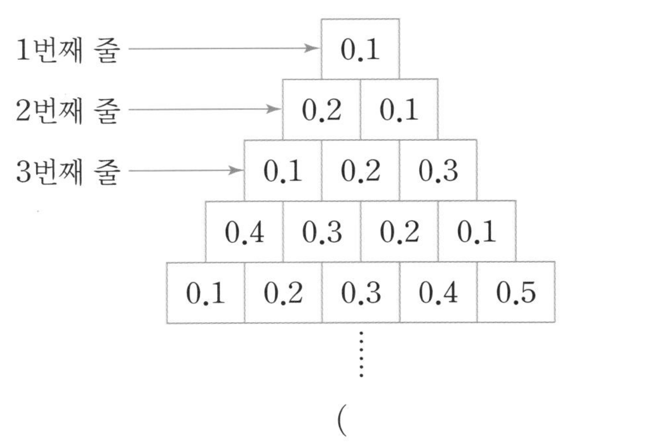

( )

Tip ⑧

홀수 번째 줄의 가장 왼쪽에 있는 소수는 □이고, 짝수 번째 줄의 가장 오른쪽에 있는 소수는 □입니다.

2주

답 Tip ⑦ 크, 8.6 ⑧ 0.1, 0.1

1,2주 마무리 전략

핵심 한눈에 보기

피자를 똑같이 4명이서 나누어 먹으려면 어떻게 잘라야 할까?
이렇게 자르면 똑같이 나눌 수 있어.
내가 넷으로 나누었어.
친구 2
나
친구 1
친구 3
완전 엉터리야.
개구리가 뛴다!
팔짝!
개구리가 $\frac{5}{10}$ m만큼 뛰었어.
$\frac{5}{10}$ m를 소수로 나타낼 수 있어?
$\frac{5}{10}=0.5$이니까 0.5 m야.
0
0.5 m
1 m

신유형·신경향·서술형 전략

평면도형, 길이와 시간, 분수와 소수

01 사방치기 놀이판에서 찾을 수 있는 크고 작은 직사각형은 모두 몇 개입니까?

( )

Tip ①

네 각이 모두 [ ]인 사각형을 찾아야 합니다.
삼각형이 [ ]개 모인 사각형도 직사각형이 됩니다.

답 Tip ① 직각, 4

02 글자에서 찾을 수 있는 직각이 더 많은 것은 무엇인지 알아보시오.

㉠
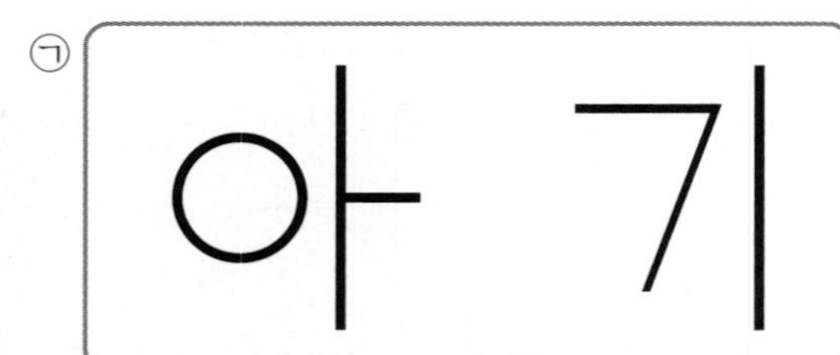

㉡
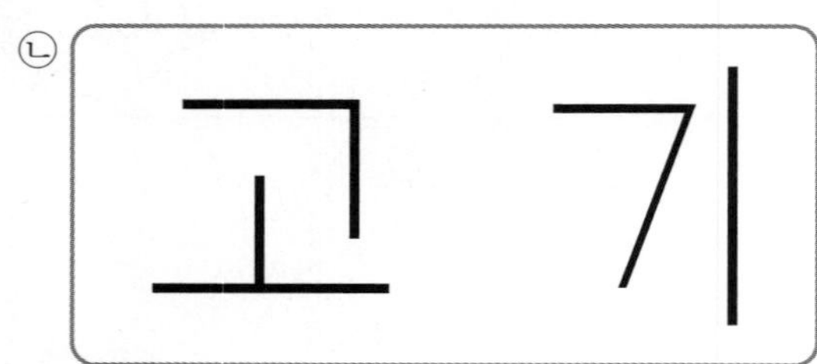

(1) ㉠에서 찾을 수 있는 직각은 몇 개입니까?

( )

(2) ㉡에서 찾을 수 있는 직각은 몇 개입니까?

( )

(3) 직각이 더 많은 것의 기호를 쓰시오.

( )

Tip ②

종이를 반듯하게 두 번 접었을 때 생기는 [ ]을/를 [ ](이)라고 합니다.

답 Tip ② 각, 직각

03 세 변의 길이가 모두 같은 삼각형이 있습니다. 삼각형의 세 변의 길이의 합은 몇 cm 몇 mm인지 구하는 식을 쓰고 답을 구하시오.

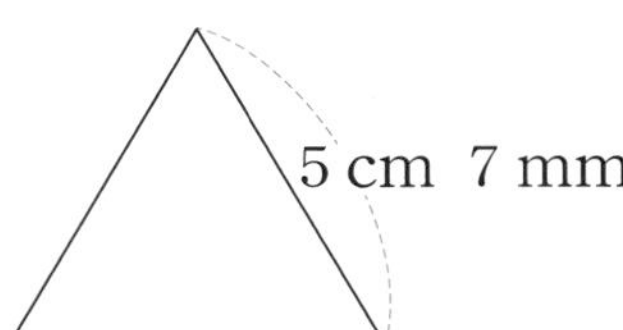

(1) 삼각형의 세 변의 길이의 합을 구하는 식을 쓰시오.

____

____

(2) 답을 구하시오.

( )

Tip ③

삼각형은 변이 ☐개인 도형입니다. 세 변의 길이가 모두 같으므로 한 변의 길이를 ☐번 더해야 합니다.

mm끼리 더했을 때 10이거나 10이 넘으면 받아올림합니다.

답 Tip ③ 3, 3

04 정사각형의 네 변의 길이의 합은 몇 cm 몇 mm인지 구하시오.

3 cm 9 mm

( )

Tip ④

사각형은 변이 ☐개인 도형입니다. 정사각형은 네 변의 길이가 모두 같으므로 한 변의 길이를 ☐번 더해야 합니다.

05 1분에 3 mm씩 타는 양초가 타고 있습니다. 남은 양초가 다 타는데 걸리는 시간은 몇 분입니까?

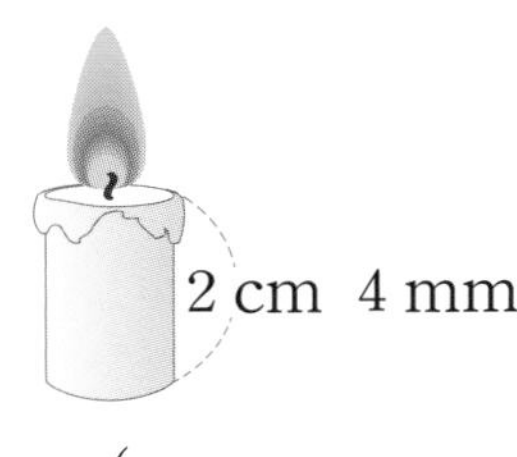

( )

Tip ⑤

1분에 3 mm씩 타므로 2분에 ☐mm, 3분에 ☐mm 탑니다.

답 Tip ④ 4, 4 ⑤ 6, 9

06 그림과 같이 색종이를 3번 접은 다음 펼쳤습니다. 접힌 부분을 점선으로 나타내고 가장 작은 삼각형은 전체의 몇 분의 몇인지 분수로 나타내시오.

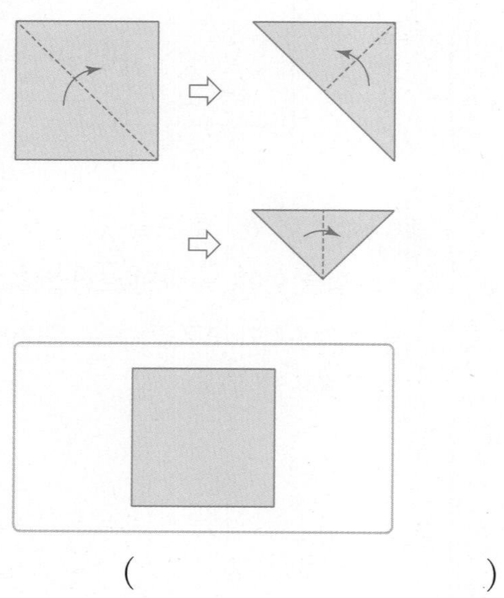

( )

Tip 6

한 번 접으면 전체를 똑같이 ☐(으)로 나눈 것이고, 두 번 접으면 전체를 똑같이 ☐(으)로 나눈 것입니다.

답 Tip ⑥ 2, 4

07 수 카드 3장 중에서 2장을 골라 한 번씩만 ☐ 안에 써넣어 분자가 1인 분수를 만들려고 합니다. 만들 수 있는 가장 작은 분수를 구하시오.

$\frac{1}{\square\square}$

(1) 알맞은 말에 ○표 하시오.

단위분수를 작게 만들려면 분모를 (작게 , 크게) 만들어야 합니다.

(2) 수 카드 3장 중에서 2장을 골라 만들 수 있는 가장 큰 두 자리 수를 쓰시오.

( )

(3) 만들 수 있는 가장 작은 분수를 구하시오.

( )

Tip 7

단위분수는 분모가 클수록 ☐습니다. 가장 작은 분수를 만들려면 분모를 가장 ☐게 만듭니다.

답 Tip ⑦ 작, 크

08 집에서 편의점, 빵집, 마트까지의 거리를 나타낸 것입니다. 집에서 가장 가까운 곳은 어디인지 구하시오.

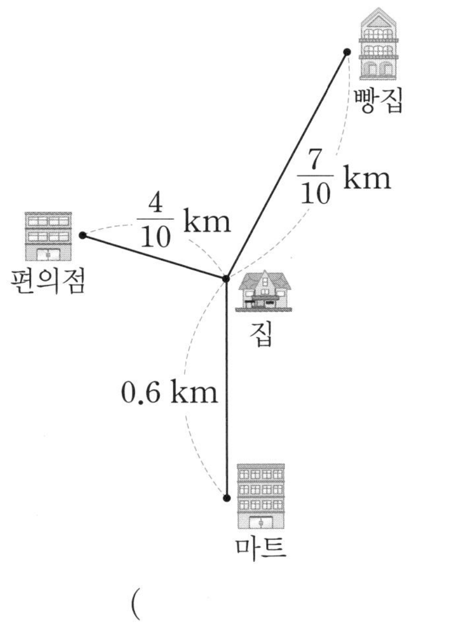

(　　　　　　　　)

Tip ⑧

0.6을 분수로 나타내면 $\frac{\square}{10}$입니다. 세 분수의 분모가 $\square$(으)로 같으므로 분자의 크기를 비교합니다.

분수를 소수로 나타내거나
소수를 분수로 나타냅니다.

답 Tip ⑧ 6, 10

09 눈의 수가 1부터 6까지 있는 주사위 2개를 던져서 나오는 두 눈의 수를 ■와 ▲에 넣어 소수인 ■.▲를 만들려고 합니다. 만들 수 있는 소수 중에서 5.5보다 큰 소수는 모두 몇 개인지 구하시오.

(1) 5.5보다 큰 소수를 만들기 위해 소수점 왼쪽 부분에 올 수 있는 수를 모두 쓰시오.

(　　　　　　　　)

(2) 주사위 눈의 수로 만들 수 있는 소수 중에서 5.5보다 큰 소수를 모두 쓰시오.

(　　　　　　　　)

(3) 5.5보다 큰 소수는 모두 몇 개입니까?

(　　　　　　　　)

Tip ⑨

주사위를 던졌을 때 나올 수 있는 수는 1부터 $\square$까지입니다. 5.5보다 큰 소수이므로 소수점 왼쪽 부분이 될 수 있는 수는 5 또는 $\square$입니다.

답 Tip ⑨ 6, 6

고난도 해결 전략 1회

01 6개의 점 중에서 2개의 점을 골라 그을 수 있는 선분은 모두 몇 개입니까?

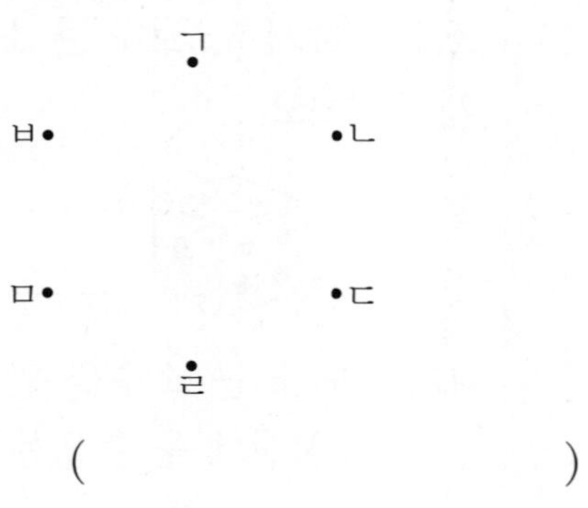

(   )

02 두 길이의 합과 차는 각각 몇 cm 몇 mm인지 구하시오.

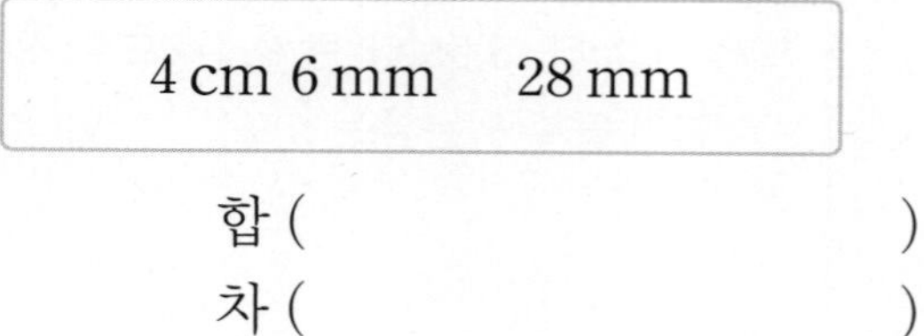

합 (   )
차 (   )

03 직사각형의 종이를 잘라 만들 수 있는 가장 큰 정사각형의 한 변의 길이는 몇 cm입니까?

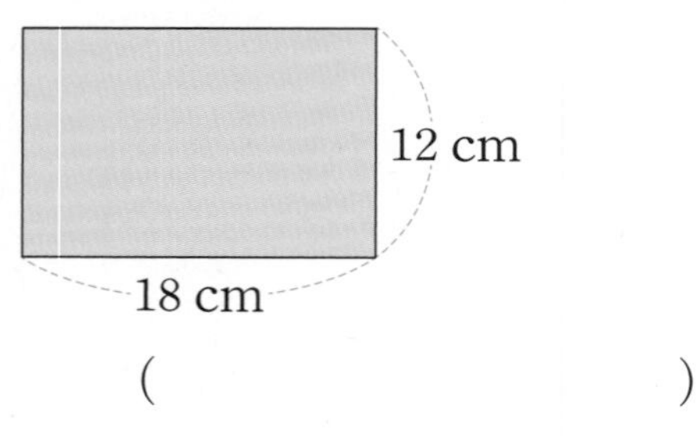

(   )

04 두 길이의 차는 몇 cm 몇 mm입니까?

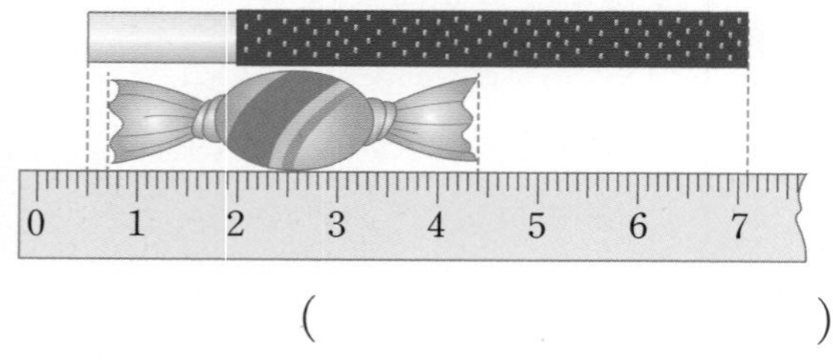

(   )

05 직사각형을 한 변의 길이가 6 cm인 정사각형이 가장 많이 나오게 자르려고 합니다. 정사각형을 몇 개까지 만들 수 있습니까?

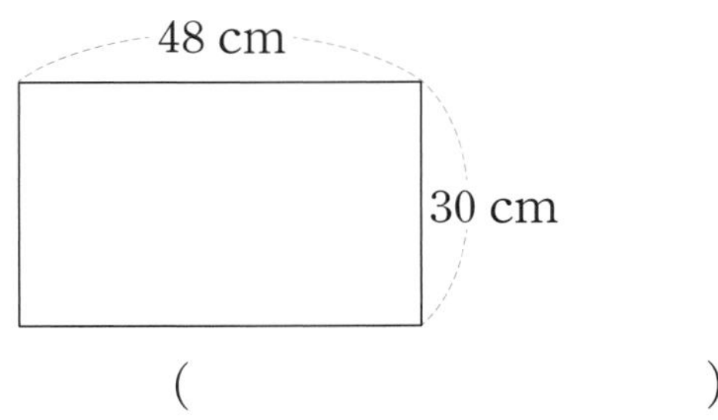

( )

06 길이가 더 긴 것의 기호를 쓰시오.

㉠ 4 km 600 m+3 km 800 m
㉡ 10 km 200 m−1 km 900 m

( )

07 그림에서 찾을 수 있는 크고 작은 직사각형은 모두 몇 개입니까?

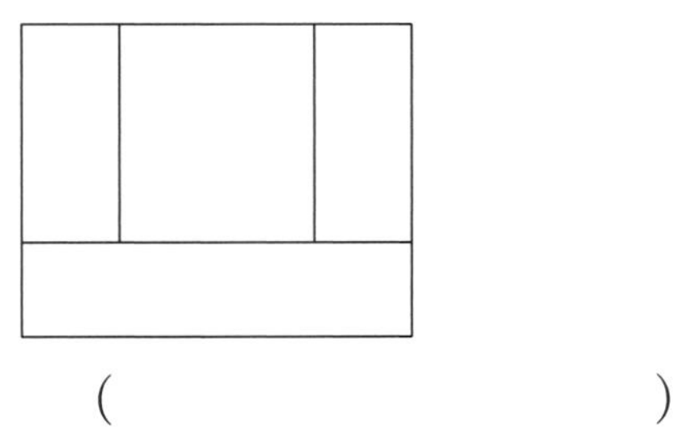

( )

08 시계가 나타내는 시각에서 150분 전의 시각은 몇 시 몇 분 몇 초인지 구하시오.

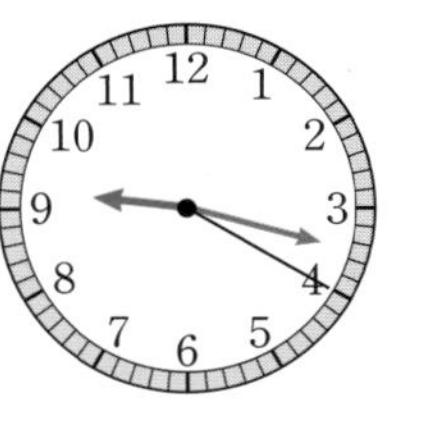

( )

09 똑같은 직사각형 4개를 이어 붙여 정사각형을 만들었습니다. 정사각형의 한 변의 길이가 28 cm일 때 직사각형의 네 변의 길이의 합을 구하시오.

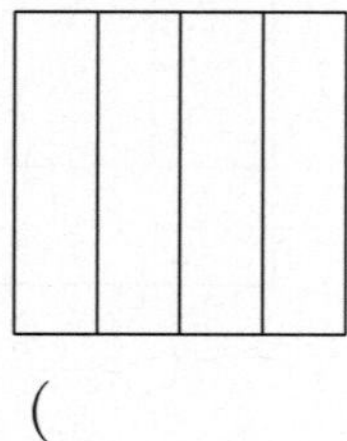

( )

10 어떤 시계가 1시간에 5초씩 늦어진다고 합니다. 어제 낮 12시에 시계를 12시로 맞춰 놓았다면 오늘 오후 3시에 이 시계가 가리키는 시각은 몇 시 몇 분 몇 초입니까?

( )

11 길이가 10 cm인 철사를 사용하여 한 변의 길이가 19 mm인 정사각형을 만들었습니다. 만들고 남은 철사의 길이는 몇 mm입니까?

( )

12 다음은 세 변의 길이가 모두 같은 삼각형과 정사각형입니다. 정사각형은 삼각형보다 변의 길이의 합이 몇 cm 몇 mm 더 긴지 쓰시오.

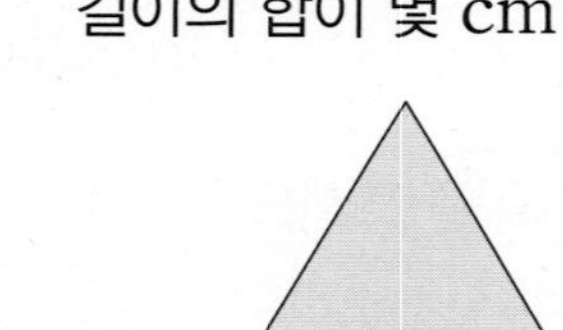

( )

13 다음은 지희가 청소, 독서, 운동을 한 시간입니다. 지희가 청소, 독서, 운동을 한 시간이 모두 3시간 10분이라면 독서를 한 시간은 몇 시간 몇 분입니까?

청소	25분
독서	
운동	1시간 20분

( )

14 사각형 ㄱㄴㅇㅅ과 사각형 ㅅㄹㅁㅂ은 정사각형입니다. 직사각형 ㄴㄷㄹㅇ의 네 변의 길이의 합은 몇 cm인지 구하시오.

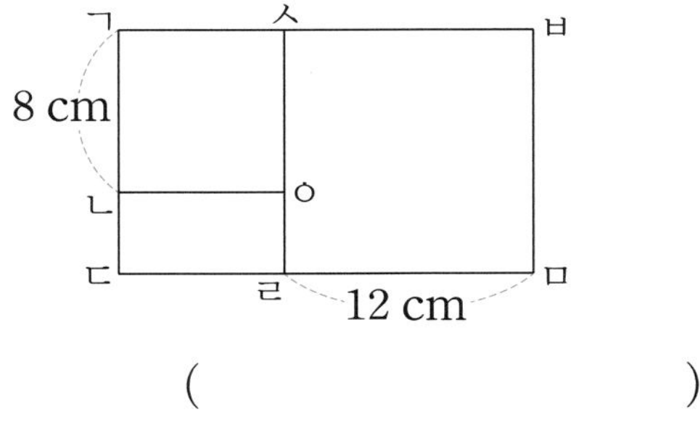

( )

15 ㉡에서 ㉢까지의 거리는 몇 cm 몇 mm입니까?

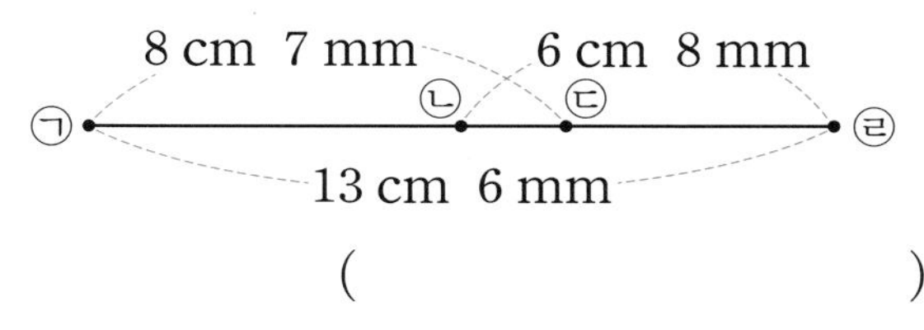

( )

16 인수가 어제는 2시간 15분 공부했고 오늘은 어제보다 1시간 25분 더 공부했습니다. 인수가 어제와 오늘 공부를 한 시간은 몇 시간 몇 분입니까?

( )

고난도 해결 전략 2회

01 색칠한 부분과 색칠하지 않은 부분을 각각 소수로 나타내시오.

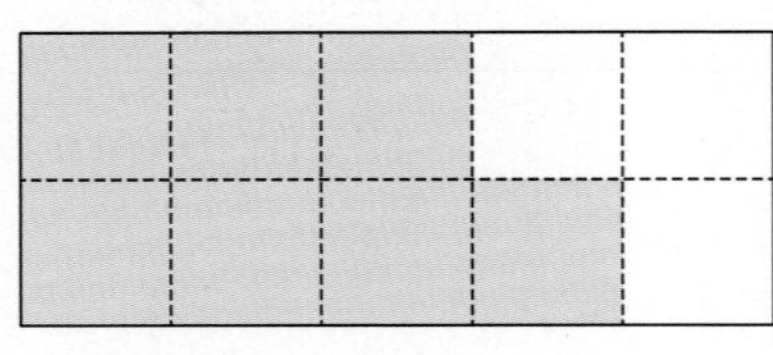

색칠한 부분 (   )

색칠하지 않은 부분 (   )

02 길이가 긴 것부터 차례로 기호를 쓰시오.

㉠ 6 cm 6 mm	㉡ 6.4 cm
㉢ 6.2 cm	㉣ 6 cm 5 mm

(   )

03 더 큰 수의 기호를 쓰시오.

㉠ $\frac{1}{10}$이 36개인 수

㉡ 0.1이 38개인 수

(   )

04 ㉠과 ㉡의 합을 구하시오.

- $\frac{9}{19}$는 $\frac{1}{19}$이 ㉠개인 수입니다.
- $\frac{13}{15}$은 $\frac{1}{15}$이 ㉡개인 수입니다.

(   )

>> 정답과 풀이 46쪽

05 □ 안에 공통으로 들어갈 수 있는 수를 모두 구하시오.

- $\frac{3}{15} < \frac{3}{\square} < \frac{3}{10}$
- $\frac{11}{20} < \frac{\square}{20} < \frac{16}{20}$

( )

06 3장의 수 카드 중에서 2장을 골라 한 번씩만 사용하여 소수 ■.▲를 만들려고 합니다. 만들 수 있는 소수 중에서 두 번째로 큰 수를 구하시오.

( )

07 ㉠과 ㉡의 합을 구하시오.

- ㉠ mm=1.9 cm
- 0.1이 4개인 수는 0.㉡입니다.

( )

08 2부터 9까지의 수 중에서 □ 안에 들어갈 수 있는 수는 모두 몇 개입니까?

$\frac{1}{\square} < \frac{1}{6}$

( )

09 조건에 알맞은 분수를 구하시오.

- 1보다 작고 분모가 10인 분수입니다.
- 분자가 6보다 큽니다.
- 0.8보다 작습니다.

(　　　　　　　　　　)

10 피자 한 판을 똑같이 6조각으로 나누어 연희는 $\frac{1}{6}$, 현수는 $\frac{3}{6}$만큼 먹고 승희는 나머지를 먹었습니다. 승희가 먹은 피자의 양을 분수로 나타내시오.

(　　　　　　　　　　)

11 3장의 수 카드 중에서 2장을 골라 한 번씩만 사용하여 소수 ■.▲를 만들려고 합니다. 만들 수 있는 소수 중에서 두 번째로 작은 수를 구하시오.

0　2　3

(　　　　　　　　　　)

12 크기가 큰 순서대로 기호를 쓰시오.

㉠ 4와 0.2만큼인 수
㉡ 4.9
㉢ $\frac{1}{10}$이 47개인 수
㉣ 0.1이 45개인 수
㉤ 4와 $\frac{6}{10}$만큼인 수

(　　　　　　　　　　)

13 긴 변의 길이는 4 cm 2 mm이고 짧은 변의 길이는 1 cm 6 mm인 직사각형이 있습니다. 이 직사각형의 네 변의 길이의 합은 몇 cm인지 소수로 나타내시오.

( )

14 수 카드 4장 중 2장을 골라 한 번씩만 사용하여 소수 ■.▲를 만들려고 합니다. 만들 수 있는 소수 중에서 네 번째로 큰 소수를 구하시오.

( )

15 전체 일의 $\frac{1}{6}$만큼을 일하는 데 8분이 걸립니다. 같은 빠르기로 전체 일을 하는 데 걸리는 시간은 몇 분입니까?

( )

16 색 테이프를 10조각으로 나누어 은희는 2조각, 영철이는 3조각을 주었습니다. 남은 조각은 경희가 가졌을 때 경희가 가진 조각은 전체의 얼마인지 소수로 나타내시오.

( )

memo

배움으로 행복한 내일을 꿈꾸는

천재교육 커뮤니티 안내

교재 안내부터 구매까지 한 번에!

천재교육 홈페이지

자사가 발행하는 참고서, 교과서에 대한 소개는 물론
도서 구매도 할 수 있습니다. 회원에게 지급되는 별을 모아
다양한 상품 응모에도 도전해 보세요!

다양한 교육 꿀팁에 깜짝 이벤트는 덤!

천재교육 인스타그램

천재교육의 새롭고 중요한 소식을 가장 먼저 접하고 싶다면?
천재교육 인스타그램 팔로우가 필수!
깜짝 이벤트도 수시로 진행되니 놓치지 마세요!

수업이 편리해지는

천재교육 ACA 사이트

오직 선생님만을 위한, 천재교육 모든 교재에 대한 정보가 담긴
아카 사이트에서는 다양한 수업자료 및 부가 자료는 물론
시험 출제에 필요한 문제도 다운로드하실 수 있습니다.

https://aca.chunjae.co.kr

천재교육을 사랑하는 샘들의 모임

천사샘

학원 강사, 공부방 선생님이시라면 누구나 가입할 수 있는 천사샘!
교재 개발 및 평가를 통해 교재 검토진으로 참여할 수 있는 기회는 물론
다양한 교사용 교재 증정 이벤트가 선생님을 기다립니다.

아이와 함께 성장하는 학부모들의 모임공간

튠맘 학습연구소

튠맘 학습연구소는 초·중등 학부모를 대상으로 다양한 이벤트와 함께
교재 리뷰 및 학습 정보를 제공하는 네이버 카페입니다.
초등학생, 중학생 자녀를 둔 학부모님이라면 튠맘 학습연구소로 오세요!

book.chunjae.co.kr

교재 내용 문의 ························· 교재 홈페이지 ▸ 초등 ▸ 교재상담
교재 내용 외 문의 ······················ 교재 홈페이지 ▸ 고객센터 ▸ 1:1문의
발간 후 발견되는 오류 ·············· 교재 홈페이지 ▸ 초등 ▸ 학습지원 ▸ 학습자료실

일등공략 필승학습!
단기간에 끝장내자!

초등 **수학**

3·1

BOOK 3

정답과 풀이

◀ 정답은
이안에
있어!

정답과 풀이

BOOK1

일등 전략 3-1

정답과 풀이

개념 돌파 전략 1 | 확인 문제 8~11쪽

01 800, 150, 12, 800, 150, 12, 962

02 700, 131, 700, 131, 831

03 500, 20, 5, 500, 20, 5, 525

04 500, 42, 500, 42, 542

05

$$\begin{array}{rcccl} & & 8 & 3 & 4 \\ + & & 5 & 7 & 6 \\ \hline & & & \boxed{1} & \boxed{0} \quad \leftarrow 4+6 \\ & & \boxed{1} & \boxed{0} & 0 \quad \leftarrow 3+7 \\ & \boxed{1} & \boxed{3} & 0 & 0 \quad \leftarrow 8+5 \\ \hline & \boxed{1} & \boxed{4} & \boxed{1} & \boxed{0} \end{array}$$

06 (1) 3, 7, 7 (2) 4, 4, 6 (3) 4, 6, 7

07 (위부터) (1) 5, 7 (2) 9, 6

08 (위부터) (1) 9, 6 (2) 3, 7

09 (1) 450 (2) 647

10 (1) 138 (2) 218

11 (1) 423 (2) 619

06 (1)
$$\begin{array}{rccc} & 6 & 3 & 4 \\ - & 2 & 5 & 7 \\ \hline \end{array} \Rightarrow \begin{array}{rccc} & 5 & 12 & 14 \\ - & 2 & 5 & 7 \\ \hline & 3 & 7 & 7 \end{array}$$

(2)
$$\begin{array}{rccc} & 9 & 1 & 3 \\ - & 4 & 6 & 7 \\ \hline \end{array} \Rightarrow \begin{array}{rccc} & 8 & 10 & 13 \\ - & 4 & 6 & 7 \\ \hline & 4 & 4 & 6 \end{array}$$

(3)
$$\begin{array}{rccc} & 7 & 0 & 5 \\ - & 2 & 3 & 8 \\ \hline \end{array} \Rightarrow \begin{array}{rccc} & 6 & 9 & 15 \\ - & 2 & 3 & 8 \\ \hline & 4 & 6 & 7 \end{array}$$

07 (1)
$$\begin{array}{rccc} & 3 & 6 & \square \\ + & 4 & \square & 8 \\ \hline & 8 & 4 & 3 \end{array}$$

- 일의 자리 계산: $\square+8=13$, $13-8=\square$, $\square=5$
- 십의 자리 계산: $1+6+\square=14$, $7+\square=14$, $14-7=\square$, $\square=7$

(2)
$$\begin{array}{rccc} & 2 & \square & 5 \\ + & 5 & 3 & \square \\ \hline & 8 & 3 & 1 \end{array}$$

- 일의 자리 계산: $5+\square=11$, $11-5=\square$, $\square=6$
- 십의 자리 계산: $1+\square+3=13$, $4+\square=13$, $13-4=\square$, $\square=9$

08 (1)
$$\begin{array}{rccc} & 8 & 4 & 2 \\ - & 5 & \square & 6 \\ \hline & 2 & 4 & \square \end{array}$$

- 일의 자리 계산: $10+2-6=\square$, $12-6=\square$, $\square=6$
- 십의 자리 계산: $10+4-1-\square=4$, $13-\square=4$, $\square+4=13$, $13-4=\square$, $\square=9$

(2)
$$\begin{array}{rccc} & 7 & \square & 2 \\ - & 2 & 6 & \square \\ \hline & 4 & 6 & 5 \end{array}$$

- 일의 자리 계산: $10+2-\square=5$, $12-\square=5$, $\square+5=12$, $12-5=\square$, $\square=7$

• 십의 자리 계산: $10+\square-1-6=6$,
$6+6=10+\square-1$,
$10+\square-1=12$,
$12+1=10+\square$,
$10+\square=13$,
$13-10=\square$, $\square=3$

09 (1) 254보다 196만큼 더 큰 수는 $254+196$입니다.
⇨ $254+196=450$
(2) 378과 269의 합은 $378+269$입니다.
⇨ $378+269=647$

10 (1) 514보다 376만큼 더 작은 수는 $514-376$입니다.
⇨ $514-376=138$
(2) 495와 713의 차는 $495<713$이므로 $713-495$입니다.
⇨ $713-495=218$

11 (1) 어떤 수를 □라 하면 잘못 계산한 식은 $\square-254=169$입니다.
$254+169=\square$, $\square=423$입니다.
따라서 어떤 수는 423입니다.
(2) 어떤 수를 □라 하면 잘못 계산한 식은 $\square-178=263$입니다.
$178+263=\square$, $\square=441$입니다.
따라서 바르게 계산한 값을 구하는 식은 $\square+178$이므로
$441+178=619$입니다.

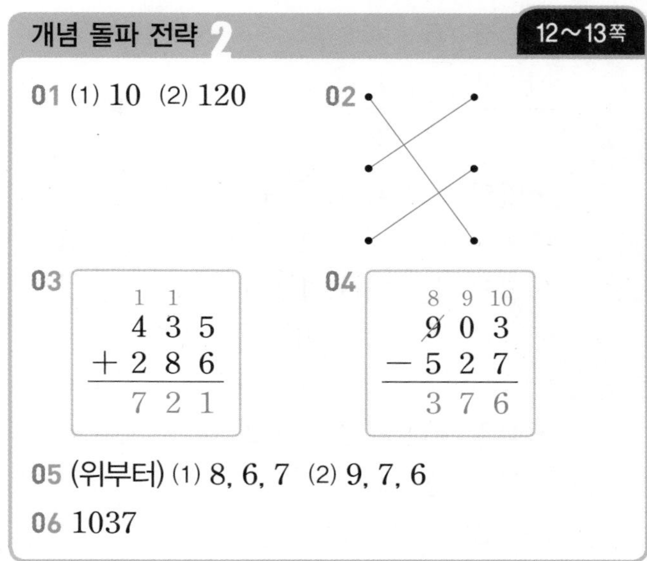

개념 돌파 전략 2 12~13쪽

01 (1) 10 (2) 120
02 (선 잇기)
03
$$\begin{array}{r} {\scriptstyle 1\ 1\ \ } \\ 4\ 3\ 5 \\ +\ 2\ 8\ 6 \\ \hline 7\ 2\ 1 \end{array}$$
04
$$\begin{array}{r} {\scriptstyle 8\ \ 9\ \ 10} \\ \not{9}\ 0\ 3 \\ -\ 5\ 2\ 7 \\ \hline 3\ 7\ 6 \end{array}$$
05 (위부터) (1) 8, 6, 7 (2) 9, 7, 6
06 1037

01 (1) $5+7=12$이므로 십의 자리로 10을 받아올림하여 십의 자리 위에 작게 1을 쓴 것입니다.
(2) 10을 받아내림한 것이므로 $12-7=5$입니다. 실제로 십의 자리 계산이므로 $120-70=50$입니다.

02 세로셈으로 받아올림이나 받아내림에 주의하여 계산합니다.

$$\begin{array}{r} {\scriptstyle 1\ 1\ \ } \\ 2\ 5\ 8 \\ +\ 2\ 9\ 6 \\ \hline 5\ 5\ 4 \end{array} \qquad \begin{array}{r} {\scriptstyle 7\ \ 11\ \ 10} \\ \not{8}\ \not{2}\ 3 \\ -\ 2\ 8\ 9 \\ \hline 5\ 3\ 4 \end{array} \qquad \begin{array}{r} {\scriptstyle 1\ 1\ \ } \\ 3\ 6\ 7 \\ +\ 1\ 7\ 7 \\ \hline 5\ 4\ 4 \end{array}$$

03 같은 자리의 수끼리의 합이 10이거나 10보다 크면 10을 바로 윗자리로 받아올림하여 같이 더해 주어야 합니다.

04 같은 자리 수끼리 뺄 수 없을 때 바로 윗자리에서 받아내림합니다.
십의 자리 수가 0일 때 백의 자리에서 1을 받아내림하면 십의 자리에 9와 일의 자리에 10을 써 줍니다.

05 (1)

$$\begin{array}{r} 2\ 5\ \square \\ +\ 4\ \square\ 4 \\ \hline \square\ 2\ 2 \end{array}$$

• 일의 자리 계산: □+4=12,
12−4=□, □=8

• 십의 자리 계산: 1+5+□=12,
6+□=12,
12−6=□, □=6

• 백의 자리 계산: 1+2+4=□, □=7

(2)

$$\begin{array}{r} \square\ 2\ 4 \\ -\ 3\ \square\ 8 \\ \hline 5\ 4\ \square \end{array}$$

• 일의 자리 계산: 10+4−8=□,
14−8=□, □=6

• 십의 자리 계산: 10+2−1−□=4,
11−□=4,
□+4=11,
11−4=□, □=7

• 백의 자리 계산: □−1−3=5,
3+5=□−1,
□−1=8, 1+8=□,
□=9

06 어떤 수를 □라 하면 잘못 계산한 식은 648−□=259입니다.
□+259=648, 648−259=□,
□=389입니다.
따라서 바르게 계산한 값을 구하는 식은 648+□이므로
648+389=1037입니다.

1주 2일

필수 체크 전략 1 14~17쪽

1-1 582	1-2 841
2-1 810	2-2 1013
3-1 1324	3-2 1455
4-1 1350개	4-2 1530개
5-1 862	5-2 923
6-1 1110	6-2 883
7-1 622명	7-2 544명
8-1 827회	8-2 853회

1-1 사각형 안에 써 있는 수는 287과 295이므로
287+295=582입니다.

1-2 원 안에 써 있는 수는 456과 385입니다.
⇨ 456+385=841

2-1 100이 4개이면 400, 10이 8개이면 80, 1이 16개이면 16이므로 400+80+16=496입니다.
따라서 496보다 314만큼 더 큰 수는
496+314=810입니다.

2-2 100이 2개이면 200, 10이 11개이면 110, 1이 37개이면 37이므로
200+110+37=347입니다.
따라서 347보다 666만큼 더 큰 수는
347+666=1013입니다.

3-1 수 카드의 수를 큰 수부터 쓰면 $7>5>4$이므로 만든 세 자리 수 중 가장 큰 수는 754입니다.
⇨ $754+570=1324$

3-2 수 카드의 수를 큰 수부터 쓰면 $9>8>6$이므로 만든 세 자리 수 중 가장 큰 수는 986,
둘째로 큰 수는 968입니다.
⇨ $968+487=1455$

4-1 (오전과 오후에 판 귤 수)
=(오전에 판 귤 수)+(오후에 판 귤 수)
이므로
565+785=1350(개)입니다.

4-2 (오전과 오후에 판 귤 수)
=(오전에 판 귤 수)+(오후에 판 귤 수)
이므로
695+835=1530(개)입니다.

5-1 $574+289=863$이므로 $863>\square$입니다.
⇨ $\square=862, 861, \ldots, 101, 100$
따라서 □ 안에 들어갈 수 있는 가장 큰 세 자리 수는 862입니다.

5-2 $469+453=922$이므로 $\square>922$입니다.
⇨ $\square=923, 924, \ldots, 998, 999$
따라서 □ 안에 들어갈 수 있는 가장 작은 세 자리 수는 923입니다.

6-1 수 카드의 수를 큰 수부터 쓰면 $8>5>2$이므로 만든 세 자리 수 중 가장 큰 수는 852이고 가장 작은 수는 258입니다.
⇨ $852+258=1110$

6-2 수 카드의 수를 큰 수부터 쓰면 $7>6>1$이므로 만든 세 자리 수 중 가장 큰 수는 761, 둘째로 큰 수는 716이고 가장 작은 수는 167입니다.
⇨ $716+167=883$

7-1 (오늘 입장한 어린이 수)
=(오늘 입장한 어른 수)+365
이므로 257+365=622(명)입니다.

7-2 (오늘 입장한 어린이 수)
=(오늘 입장한 어른 수)+196
이므로 348+196=544(명)입니다.

8-1 (정표의 줄넘기 횟수)
=(원석이의 줄넘기 횟수)+135
=346+135=481(회)
이므로
(원석이와 정표의 줄넘기 횟수)
=(원석이의 줄넘기 횟수)
+(정표의 줄넘기 횟수)
=346+481=827(회)입니다.

8-2 (정표의 줄넘기 횟수)
=(원석이의 줄넘기 횟수)+277
=288+277=565(회)
이므로
(원석이와 정표의 줄넘기 횟수)
=(원석이의 줄넘기 횟수)
+(정표의 줄넘기 횟수)
=288+565=853(회)입니다.

필수 체크 전략 2

18～19쪽

01 1270	02 1131
03 1261	04 1033
05 오전	06 1202
07 1057	08 1413

01 합이 가장 크려면 가장 큰 수와 둘째로 큰 수를 더하면 됩니다.
$676>594>458>279$이므로 가장 큰 수는 676, 둘째로 큰 수는 594입니다.
⇨ $676+594=1270$

02 379와 285의 합은 $379+285=664$입니다.
664보다 467만큼 더 큰 수는
$664+467=1131$입니다.

03 ㉠ 100이 3개이면 300, 10이 14개이면 140, 1이 25개이면 25이므로
$300+140+25=465$입니다.
㉡ 100이 4개이면 400, 10이 38개이면 380, 1이 16개이면 16이므로
$400+380+16=796$입니다.
따라서 ㉠과 ㉡의 합은 $465+796=1261$입니다.

다른 풀이
㉠과 ㉡의 합은 100이 $3+4=7$(개),
10이 $14+38=52$(개),
1이 $25+16=41$(개)인 수입니다.
100이 7개이면 700, 10이 52개이면 520, 1이 41개이면 41이므로 $700+520+41=1261$입니다.

04 어떤 수를 □라 하면 $□-436=319$이므로 덧셈과 뺄셈의 관계를 이용하면
$436+319=□$, $□=755$입니다.
따라서 어떤 수와 278의 합은
$755+278=1033$입니다.

05 (오전의 방문객 수)
=(오전의 남자 방문객 수)
+(오전의 여자 방문객 수)
$=358+273=631$(명),
(오후의 방문객 수)
=(오후의 남자 방문객 수)
+(오후의 여자 방문객 수)
$=194+436=630$(명)입니다.
따라서 $631>630$이므로 오전의 방문객 수가 더 많습니다.

06 $257+268=525$, $179+498=677$
⇨ $525<□<677$에서 □ 안에 들어갈 수 있는 세 자리 수는 526, 527, ..., 675, 676입니다.
따라서 가장 큰 수는 676, 가장 작은 수는 526이므로 합은 $676+526=1202$입니다.

07 수 카드의 수를 큰 수부터 쓰면 $7>5>3>0$이므로 만든 세 자리 수 중 가장 큰 수는 753, 둘째로 큰 수는 750입니다.
수 카드의 수를 작은 수부터 쓰면
$0<3<5<7$이고 백의 자리에 0이 올 수 없으므로 만든 세 자리 수 중 가장 작은 수는 305, 둘째로 작은 수는 307입니다.
⇨ $750+307=1057$

08
$$\begin{array}{r} 7\ ㉠\ 5 \\ +\ ㉡\ 7\ ㉢ \\ \hline 1\ 3\ 2\ 4 \end{array}$$

• 일의 자리 계산: 5+㉢=14, 14−5=㉢, ㉢=9

• 십의 자리 계산: 1+㉠+7=12, ㉠+8=12, 12−8=㉠, ㉠=4

• 백의 자리 계산: 1+7+㉡=13, 8+㉡=13, 13−8=㉡, ㉡=5

㉠㉡㉢: 459, ㉢㉡㉠: 954

⇨ 459+954=1413

1주 3일

필수 체크 전략 1 (20~23쪽)

1-1 466	1-2 445
2-1 347	2-2 353
3-1 165	3-2 289
4-1 282개	4-2 557개
5-1 265	5-2 538
6-1 297	6-2 468
7-1 98마리	7-2 177마리
8-1 378명	8-2 723명

1-1 삼각형 안에 써 있는 수는 734와 268이므로 734−268=466입니다.

1-2 원이 아닌 도형은 오각형과 육각형이므로 오각형과 육각형 안에 써 있는 수는 357과 802입니다.
⇨ 802−357=445

2-1 100이 8개이면 800, 10이 1개이면 10, 1이 12개이면 12이므로 800+10+12=822입니다.
따라서 822보다 475만큼 더 작은 수는 822−475=347입니다.

2-2 100이 6개이면 600, 10이 11개이면 110, 1이 21개이면 21이므로 600+110+21=731입니다.
따라서 731보다 378만큼 더 작은 수는 731−378=353입니다.

3-1 수 카드의 수를 작은 수부터 쓰면 3＜6＜9이므로 만든 세 자리 수 중 가장 작은 수는 369입니다.
369와 534의 차는 369＜534이므로 534－369입니다.
⇨ 534－369＝165

3-2 수 카드의 수를 작은 수부터 쓰면 4＜7＜8이므로 만든 세 자리 수 중 가장 작은 수는 478, 둘째로 작은 수는 487입니다.
487과 198의 차는 487＞198이므로 487－198입니다.
⇨ 487－198＝289

4-1 (오전에 딴 사과 수)
＝(오늘 딴 사과 수)－(오후에 딴 사과 수)
이므로 720－438＝282(개)입니다.

4-2 (오후에 딴 사과 수)
＝(오늘 딴 사과 수)－(오전에 딴 사과 수)
이므로 913－356＝557(개)입니다.

5-1 705－439＝266이므로 266＞□입니다.
⇨ □＝265, 264, ..., 101, 100
따라서 □ 안에 들어갈 수 있는 가장 큰 세 자리 수는 265입니다.

5-2 915－378＝537이므로 □＞537입니다.
⇨ □＝538, 539, ..., 998, 999
따라서 □ 안에 들어갈 수 있는 가장 작은 세 자리 수는 538입니다.

6-1 수 카드의 수를 큰 수부터 쓰면 7＞5＞4이므로 만든 세 자리 수 중 가장 큰 수는 754이고 가장 작은 수는 457입니다.
⇨ 754－457＝297

6-2 수 카드의 수를 큰 수부터 쓰면 8＞6＞3이므로 만든 세 자리 수 중 가장 큰 수는 863, 둘째로 큰 수는 836이고 가장 작은 수는 368입니다.
⇨ 836－368＝468

7-1 (오후에 판 생선 수)
＝(오늘 판 생선 수)－(오전에 판 생선 수)
이므로 854－476＝378(마리)입니다.
따라서 오전에 판 생선은 오후에 판 생선보다 476－378＝98(마리) 더 많습니다.

7-2 (오후에 판 생선 수)
＝(오늘 판 생선 수)－(오전에 판 생선 수)
이므로 813－495＝318(마리)입니다.
따라서 오후에 판 생선은 오전에 판 생선보다 495－318＝177(마리) 더 적습니다.

8-1 (연실이네 학교 여학생 수)
＝477－289＝188(명)
(진호네 학교 여학생 수)
＝536－346＝190(명)
⇨ (연실이네 학교 여학생 수)
＋(진호네 학교 여학생 수)
＝188＋190＝378(명)

8-2 (진기네 학교 남학생 수)
＝743－475＝268(명)
(초희네 학교 남학생 수)
＝823－368＝455(명)
⇨ (진기네 학교 남학생 수)
＋(초희네 학교 남학생 수)
＝268＋455＝723(명)

필수 체크 전략 2	24~25쪽
01 519	02 477
03 369	04 448 cm
05 348	06 353
07 537	08 99

01 차가 가장 크려면 가장 큰 수에서 가장 작은 수를 빼면 됩니다.
814>672>358>295이므로 가장 큰 수는 814, 가장 작은 수는 295입니다.
⇨ 814－295＝519

02 900과 237의 차는 900－237＝663입니다.
663보다 186만큼 더 작은 수는
663－186＝477입니다.

03 어떤 수를 □라 하면 □＋478＝712이므로 덧셈과 뺄셈의 관계를 이용하면
712－478＝□, □＝234입니다.
따라서 어떤 수와 603의 차는 234<603이므로 603－234＝369입니다.

04 (사용하고 남은 색 테이프의 길이)
＝(색 테이프의 전체 길이)
－(인형과 옷을 포장하는 데 사용한 색 테이프의 길이)
이므로 8 m＝800 cm이고
(인형과 옷을 포장하는 데 사용한 색 테이프의 길이)＝187＋165＝352 (cm)입니다.
따라서 (사용하고 남은 색 테이프의 길이)
＝800－352＝448 (cm)입니다.

05 576＋3□△＝924이므로 덧셈과 뺄셈의 관계를 이용하면 924－576＝3□△,
3□△＝348입니다.

06 수 카드의 수를 큰 수부터 쓰면 7>6>4>0이므로 만든 세 자리 수 중 가장 큰 수는 764, 둘째로 큰 수는 760입니다.
수 카드의 수를 작은 수부터 쓰면
0<4<6<7이고 백의 자리에 0이 올 수 없으므로 만든 세 자리 수 중 가장 작은 수는 406, 둘째로 작은 수는 407입니다.
⇨ 760－407＝353

07 □＋274＝812에서 812－274＝□,
□＝538입니다.
□＋274<812에서 □ 안에 들어갈 수 있는 세 자리 수는 538보다 작은
537, 536, ..., 101, 100입니다.
따라서 가장 큰 수는 537입니다.

08
$$\begin{array}{r} 7\ ㉠\ 4 \\ -\ ㉡\ 8\ ㉢ \\ \hline 4\ 6\ 8 \end{array}$$

• 일의 자리 계산: 10＋4－㉢＝8,
14－㉢＝8, ㉢＋8＝14,
14－8＝㉢, ㉢＝6

• 십의 자리 계산: 10＋㉠－1－8＝6,
10＋㉠－1＝14,
10＋㉠＝15,
15－10＝㉠, ㉠＝5

• 백의 자리 계산: 7－1－㉡＝4,
6－㉡＝4, ㉡＋4＝6,
6－4＝㉡, ㉡＝2

㉠㉡㉢: 526, ㉢㉡㉠: 625
⇨ 625－526＝99

누구나 만점 전략 26～27쪽

01 632	02 563
03 252	04 379
05 650	06 411
07 653	08 932회
09 136마리	10 602명

01 □－387＝245
⇨ 387＋245＝□(또는 245＋387＝□),
□＝632

02 원 안에 써 있는 수는 165와 398입니다.
⇨ 165＋398＝563

03 수 카드의 수를 작은 수부터 쓰면 0＜7＜8이고 백의 자리에 0이 올 수 없으므로 만든 세 자리 수 중 가장 작은 수는 708입니다.
708과 456의 차는 708＞456이므로
708－456입니다.
⇨ 708－456＝252

04 100이 5개이면 500, 10이 13개이면 130,
1이 14개이면 14이므로
500＋130＋14＝644입니다.
따라서 644보다 265만큼 더 작은 수는
644－265＝379입니다.

05 387＋264＝651이므로 □＜651입니다.
⇨ □＝650, 649, ..., 101, 100
따라서 □ 안에 들어갈 수 있는 가장 큰 세 자리 수는 650입니다.

06 500과 364의 차는 500－364＝136입니다.
136보다 275만큼 더 큰 수는
136＋275＝411입니다.

07 어떤 수를 □라 하면 □＋157＝421이므로
덧셈과 뺄셈의 관계를 이용하면
421－157＝□, □＝264입니다.
따라서 어떤 수와 389의 합은
264＋389＝653입니다.

08 (은이의 줄넘기 횟수)
＝(혁이의 줄넘기 횟수)－158
＝545－158＝387(회)이므로
(혁이와 은이의 줄넘기 횟수)
＝(혁이의 줄넘기 횟수)
＋(은이의 줄넘기 횟수)
＝545＋387＝932(회)입니다.

09 (오후에 판 생선 수)
＝(오늘 판 생선 수)－(오전에 판 생선 수)
이므로 912－388＝524(마리)입니다.
따라서 오전에 판 생선은 오후에 판 생선보다
524－388＝136(마리) 더 적습니다.

10 (나은이네 학교 여학생 수)
＝(나은이네 학교 학생 수)
－(나은이네 학교 남학생 수)
이므로 650－295＝355(명)입니다.
(연경이네 학교 여학생 수)
＝(연경이네 학교 학생 수)
－(연경이네 학교 남학생 수)
이므로 700－453＝247(명)입니다.
따라서
(나은이네 학교 여학생 수)
＋(연경이네 학교 여학생 수)
＝355＋247＝602(명)입니다.

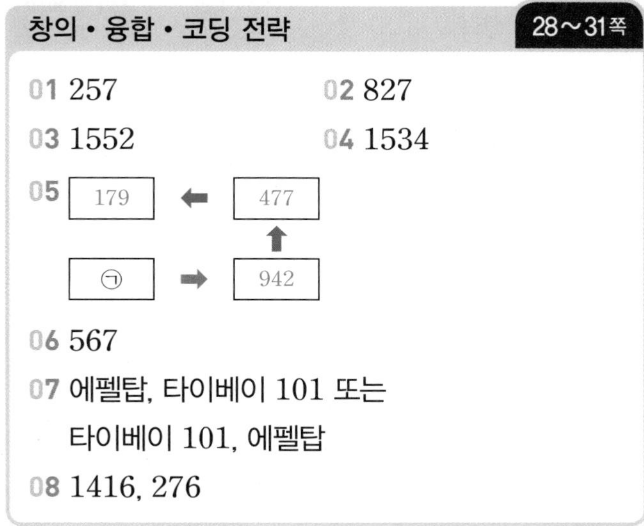

창의 • 융합 • 코딩 전략 28~31쪽

01 257　　02 827

03 1552　　04 1534

05 179 ⬅ 477 ⬆ ㉠ ➡ 942

06 567

07 에펠탑, 타이베이 101 또는 타이베이 101, 에펠탑

08 1416, 276

01 변의 수는 팔각형 8개, 원 0개, 삼각형 3개, 오각형 5개, 사각형 4개, 육각형 6개입니다.
㉠ 803, ㉡ 546
⇨ 803－546＝257

02 코뿔소의 다리는 4개, 문어의 다리는 8개, 오리의 다리는 2개입니다.
2＜4＜8이므로 만든 세 자리 중 가장 작은 수는 248입니다.
⇨ 248＋579＝827

03 ▣: 5＜7＜8이므로 가장 작은 세 자리 수는 578입니다.
◉: 9＞7＞4이므로 가장 큰 세 자리 수는 974입니다.
⇨ 578＋974＝1552

04 Ⅵ → 6, Ⅸ → 9, Ⅴ → 5이고 9＞6＞5이므로 만든 세 자리 수 중 가장 큰 수는 965, 5＜6＜9이므로 만든 세 자리 수 중 가장 작은 수는 569입니다.
⇨ 965＋569＝1534

05 수 카드의 수를 작은 수부터 쓰면 3＜4＜6이므로 만든 세 자리 수 중 가장 작은 수는 346, 둘째로 작은 수는 364입니다.
㉠＝364이므로 화살표의 약속에 따라 계산하면
➡: 364＋578＝942,
⬆: 942－465＝477,
⬅: 477－298＝179입니다.

06 258 ⇨ 825
258은 825로 보이므로
825－258＝567입니다.

07 829＞509＞324이므로
829－509＝320 (m),
829－324＝505 (m),
509－324＝185 (m)입니다.
따라서 에펠탑과 타이베이 101의 높이 차가 200 m에 가장 가깝습니다.

08 상혁: 8＞6＞4이므로 만든 세 자리 수 중 가장 큰 수는 864, 둘째로 큰 수는 846입니다.
가은: 0＜5＜7이고 백의 자리에 0이 올 수 없으므로 만든 세 자리 수 중 가장 작은 수는 507, 둘째로 작은 수는 570입니다.
⇨ 합: 846＋570＝1416,
차: 846－570＝276

2주 1일

개념 돌파 전략 1 | 확인 문제 34~37쪽

01 6, 3, 2
02 15, 5, 3
03 (1) 12, 6, 6 (2) 16, 8, 8
04 14, 7, 2 ; 14, 2, 7
05 3, 4, 12 ; 4, 3, 12
06 9, 9
07 (1) 28, 28 (2) 24, 24 (3) 45, 45
08 (1) 80 (2) 90
09 (1) 8, 28 (2) 6, 8, 6
10 (1) 2, 8, 8 (2) 8, 1, 0, 8
11 (1) 27, 87 (2) 2, 5, 2
12 (1) 15, 135 (2) 0, 1, 2, 0
13 3
14 (1) 208 (2) 222

01 $6 \div 3 = 2$ (6: 나누어지는 수, 3: 나누는 수, 2: 몫)

13 7×□의 일의 자리 숫자가 1입니다.
7×3=21이므로 □=3입니다.

14 (1) 어떤 수를 □라 하면 계산한 식은 □÷4=52입니다.
52×4=□, □=208입니다.
(2) 어떤 수를 □라 하면 계산한 식은 □÷6=37입니다.
37×6=□, □=222입니다.

개념 돌파 전략 2 38~39쪽

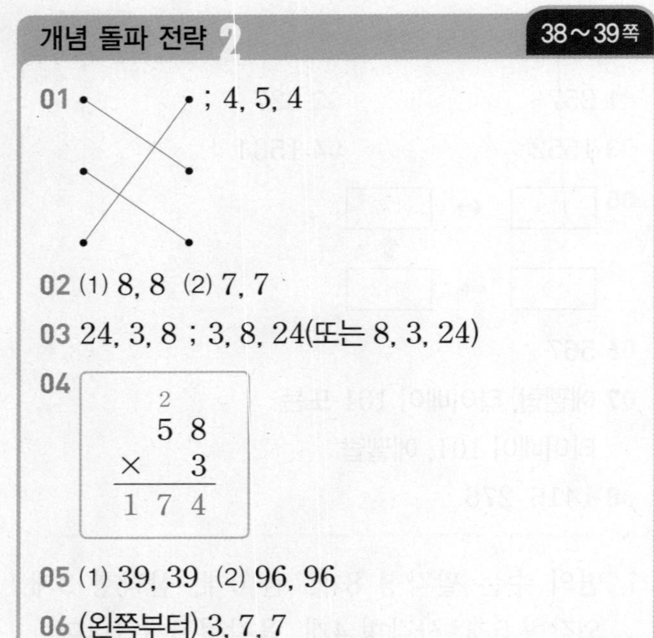

01 ; 4, 5, 4
02 (1) 8, 8 (2) 7, 7
03 24, 3, 8 ; 3, 8, 24(또는 8, 3, 24)
04
$$\begin{array}{r} {}^{2}\\ 5\ 8 \\ \times\ \ \ 3 \\ \hline 1\ 7\ 4 \end{array}$$
05 (1) 39, 39 (2) 96, 96
06 (왼쪽부터) 3, 7, 7

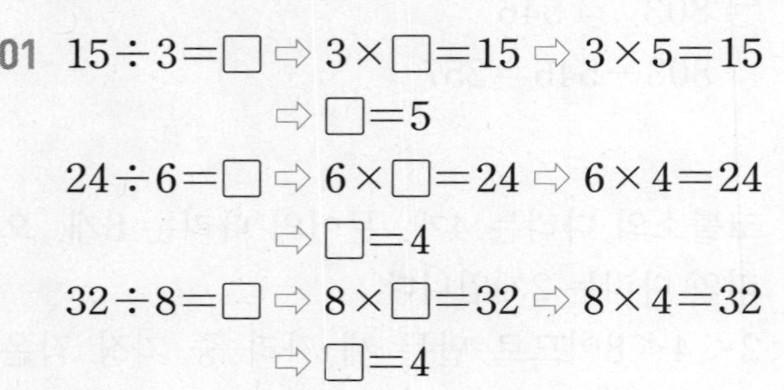

01 15÷3=□ ⇨ 3×□=15 ⇨ 3×5=15
⇨ □=5
24÷6=□ ⇨ 6×□=24 ⇨ 6×4=24
⇨ □=4
32÷8=□ ⇨ 8×□=32 ⇨ 8×4=32
⇨ □=4

02 (1) 16÷□=2
⇨ 2×□=16 또는 □×2=16
⇨ 16÷2=□, □=8
(2) 42÷□=6
⇨ 6×□=42 또는 □×6=42
⇨ 42÷6=□, □=7

03 24−3−3−3−3−3−3−3−3=0 (8번)
⇨ 24÷3=8
⇨ 3×8=24 또는 8×3=24

04 $8\times3=24$ ⇨ 20을 십의 자리로 올림합니다. 십의 자리 계산을 할 때 올림한 수를 같이 더해 줍니다.

05 (1) $\square\div3=13$

⇨ $3\times13=\square$ 또는 $13\times3=\square$

⇨ $\square=39$

(2) $\square\div4=24$

⇨ $4\times24=\square$ 또는 $24\times4=\square$

⇨ $\square=96$

06
$$\begin{array}{r} 5\ 3 \\ \times\ \ \ \square \\ \hline \square\square\ 1 \end{array}$$

$3\times\square$의 일의 자리 숫자가 1입니다.

$3\times7=21$이므로 $\square=7$입니다.

⇨ $53\times7=371$

필수 체크 전략 1 40~43쪽

1-1 $20\div5=4$; $5\times4=20$, $4\times5=20$

1-2 $48\div8=6$; $8\times6=48$, $6\times8=48$

2-1 7개	**2-2** 6개
3-1 5개	**3-2** 6개
4-1 6명	**4-2** 8명
5-1 84 cm	**5-2** 105 cm
6-1 259 m	
7-1 304장	**7-2** 567장
8-1 166개	**8-2** 232개

1-1 $20-5-5-5-5=0$ (4번)

⇨ $20\div5=4$

⇨ $5\times4=20$, $4\times5=20$

1-2 $48-8-8-8-8-8-8=0$ (6번)

⇨ $48\div8=6$

⇨ $8\times6=48$, $6\times8=48$

2-1 (남는 초콜릿 수)$=25-4=21$(개)

⇨ (한 접시에 담을 수 있는 초콜릿 수)

$=21\div3=7$(개)

2-2 (남는 초콜릿 수)$=31-7=24$(개)

⇨ (한 접시에 담을 수 있는 초콜릿 수)

$=24\div4=6$(개)

3-1 (어제 산 사과 수)+(오늘 산 사과 수)

$=14+16=30$(개)

⇨ $30\div6=5$(개)

3-2 (어제 산 사과 수)+(오늘 산 사과 수)

$=17+25=42$(개)

⇨ $42\div7=6$(개)

4-1 (연필 4타)

=(연필 한 타)+(연필 한 타)+(연필 한 타)

+(연필 한 타)

$=12+12+12+12$

$=12\times4=48$(자루)

⇨ (나누어 줄 수 있는 사람 수)

$=48\div8=6$(명)

4-2 (생선 2두름)
$=$(생선 한 두름)$+$(생선 한 두름)
$=20+20$
$=20\times2=40$(마리)
⇨ (나누어 줄 수 있는 사람 수)
$=40\div5=8$(명)

5-1 세 변의 길이가 모두 같고 한 변의 길이가 28 cm이므로
(세 변의 길이의 합)$=$(한 변의 길이)$\times3$
$=28\times3=84$ (cm)
입니다.

5-2 세 변의 길이가 모두 같고 한 변의 길이가 35 cm이므로
(세 변의 길이의 합)$=$(한 변의 길이)$\times3$
$=35\times3=105$ (cm)
입니다.

6-1 (가로등 사이의 간격 수)$=$(가로등의 수)-1
$=8-1=7$(군데)
이므로
(도로의 길이)$=$(가로등 사이의 간격)
$\times$(가로등 사이의 간격 수)
$=37\times7=259$ (m)
입니다.

7-1 (상혁이가 가지고 있는 딱지의 수)
$=37\times4=148$(장),
(가은이가 가지고 있는 딱지의 수)
$=26\times6=156$(장)
이므로 상혁이와 가은이가 가지고 있는 딱지는 모두 $148+156=304$(장)입니다.

7-2 (상혁이가 가지고 있는 딱지의 수)
$=59\times5=295$(장),
(가은이가 가지고 있는 딱지의 수)
$=34\times8=272$(장)
이므로 상혁이와 가은이가 가지고 있는 딱지는 모두 $295+272=567$(장)입니다.

8-1 (소 24마리의 다리 수)
$=4\times24=24\times4=96$(개)
(오리 35마리의 다리 수)
$=2\times35=35\times2=70$(개)
따라서 소 24마리와 오리 35마리의 다리 수의 합은 $96+70=166$(개)입니다.

8-2 (소 37마리의 다리 수)
$=4\times37=37\times4=148$(개)
(오리 42마리의 다리 수)
$=2\times42=42\times2=84$(개)
따라서 소 37마리와 오리 42마리의 다리 수의 합은 $148+84=232$(개)입니다.

필수 체크 전략 2 44~45쪽

01 9명	02 9
03 3	04 0, 4, 8
05 2, 3, 4, 5, 6, 7	06 342
07 7, 7	08 248 cm

01 (바늘 3쌈)
=(바늘 한 쌈)+(바늘 한 쌈)+(바늘 한 쌈)
=24+24+24
=24×3=72(개)
⇨ (나누어 줄 수 있는 사람 수)
=72÷8=9(명)

02 36에서 0이 될 때까지 ♠를 4번 뺐으므로 몫이 4입니다.
⇨ 36÷♠=4
⇨ 36÷4=♠, ♠=9

03 어떤 수를 □라 하면 □×7=63입니다.
⇨ 63÷7=□, □=9
따라서 □÷3=9÷3=3입니다.

04 2□÷4=▲라 하면 4×▲=2□이므로
4단 곱셈구구에서 곱의 십의 자리 숫자가 2가 되는 것을 찾아보면
4×4=16, 4×5=20, 4×6=24,
4×7=28, 4×8=32입니다.
따라서 □=0, 4, 8입니다.

05 47×5=235<350, 47×6=282<350,
47×7=329<350, 47×8=376>350, …
이므로 □ 안에 들어갈 수 있는 수는
2, 3, 4, 5, 6, 7입니다.

06 어떤 수를 □라 하면 잘못 계산한 식은
□−6=51이므로
덧셈과 뺄셈의 관계를 이용하면
51+6=□, □=57입니다.
따라서 바르게 계산한 값을 구하는 식은
□×6이므로
57×6=342입니다.

07

$$\begin{array}{r} \square\ 5 \\ \times\quad \square \\ \hline 5\ 2\ 5 \end{array}$$

5×□의 일의 자리 숫자가 5입니다.
5×1=5, 5×3=15, 5×5=25,
5×7=35, 5×9=45
이므로
5×1=5일 때 □×1=52 (×),
5×3=15일 때 □×3=51 (×),
5×5=25일 때 □×5=50, □=10 (×),
5×7=35일 때 □×7=49, □=7 (○),
5×9=45일 때 □×9=48 (×)
입니다.

08 5 m=500 cm이고
(정사각형 1개의 네 변의 길이의 합)
=21×4=84 (cm)
이므로
(정사각형 3개의 네 변의 길이의 합)
=84×3=252 (cm)
입니다.
⇨ (남은 철사의 길이)=500−252
=248 (cm)

BOOK 1

2주 3일

필수 체크 전략 1 46~49쪽

1-1 8	1-2 8
2-1 5	2-2 8
3-1 3개	3-2 4개
4-1 8	4-2 7
5-1 168 cm	5-2 304 cm
6-1 455	6-2 696
7-1 238	7-2 603
8-1 260개	8-2 187개

1-1 수 카드의 수를 큰 수부터 쓰면 $3>2>1$이므로 만든 두 자리 수 중 가장 큰 수는 32입니다.
⇨ $32\div4=8$

1-2 수 카드의 수를 큰 수부터 쓰면 $6>4>2$이므로 만든 두 자리 수 중 가장 큰 수는 64입니다.
⇨ $64\div8=8$

2-1 수 카드의 수를 작은 수부터 쓰면 $3<5<8$이므로 만든 두 자리 수 중 가장 작은 수는 35입니다.
⇨ $35\div7=5$

2-2 수 카드의 수를 작은 수부터 쓰면 $4<8<9$이므로 만든 두 자리 수 중 가장 작은 수는 48입니다.
⇨ $48\div6=8$

3-1 (전체 복숭아의 수)
=(한 상자에 들어 있는 복숭아의 수) ×(상자 수)
$=6\times4=24$(개)
⇨ (한 명이 먹을 수 있는 복숭아의 수)
$=24\div8=3$(개)

3-2 (전체 복숭아의 수)
=(한 상자에 들어 있는 복숭아의 수) ×(상자 수)
$=6\times6=36$(개)
⇨ (한 명이 먹을 수 있는 복숭아의 수)
$=36\div9=4$(개)

4-1 $35\div7=5$이므로 $40\div\square=5$에서
$40\div5=\square$, $\square=8$입니다.

4-2 $72\div8=9$이므로 $63\div\square=9$에서
$63\div9=\square$, $\square=7$입니다.

5-1 네 변의 길이가 모두 같고 한 변의 길이가 42 cm이므로
(네 변의 길이의 합)=(한 변의 길이)×4
$=42\times4=168$ (cm)
입니다.

5-2 네 변의 길이가 모두 같고 한 변의 길이가 76 cm이므로
(네 변의 길이의 합)=(한 변의 길이)×4
$=76\times4=304$ (cm)
입니다.

6-1 수 카드의 수를 큰 수부터 쓰면 $6>5>2$이므로 만든 두 자리 수 중 가장 큰 수는 65입니다.
⇨ $65\times7=455$

6-2 수 카드의 수를 큰 수부터 쓰면 $8>7>3$이므로 만든 두 자리 수 중 가장 큰 수는 87입니다.
⇨ $87\times8=696$

7-1 수 카드의 수를 작은 수부터 쓰면 $3<4<8$이므로 만든 두 자리 수 중 가장 작은 수는 34입니다.
⇨ $34\times7=238$

7-2 수 카드의 수를 작은 수부터 쓰면 $6<7<9$이므로 만든 두 자리 수 중 가장 작은 수는 67입니다.
⇨ $67\times9=603$

8-1 (처음 귤의 수)$=50\times8=400$(개),
(판 귤의 수)$=28\times5=140$(개)
⇨ (남은 귤의 수)$=400-140$
$=260$(개)

8-2 (처음 귤의 수)$=48\times9=432$(개),
(판 귤의 수)$=35\times7=245$(개)
⇨ (남은 귤의 수)$=432-245$
$=187$(개)

필수 체크 전략 2 　50~51쪽

01 9그루	02 3
03 42개	04 7마리
05 5, 6, 3 ; 168	06 7, 4, 9 ; 666
07 588	08 383 cm

01 나무 사이의 간격 수를 □군데라 하면 $72\div\square=9$입니다.
⇨ $72\div9=\square$, $\square=8$
따라서 처음부터 끝까지 심은 나무는 $8+1=9$(그루)입니다.

02 어떤 수를 □라 하면 잘못 계산한 식은 $\square\div6=4$입니다.
⇨ $6\times4=\square$, $\square=24$
따라서 바르게 계산한 값을 구하는 식은 $\square\div8$이므로 $24\div8=3$입니다.

03 긴 변에는 $56\div8=7$(개)까지 그릴 수 있고 짧은 변에는 $36\div6=6$(개)까지 그릴 수 있습니다.
따라서 그릴 수 있는 직사각형은 $7\times6=42$(개)입니다.

04 (말 9마리의 다리 수)
$=4\times9=36$(개)
(닭의 다리 수의 합)
$=50-36=14$(개)
⇨ (닭의 수)$=14\div2=7$(마리)

05 수 카드의 수를 작은 수부터 쓰면 $3<5<6$이므로 한 자리 수에는 가장 작은 수인 3을 놓고 남은 두 수 $5<6$으로 더 작은 두 자리 수인 56을 만듭니다.
⇨ $56\times3=168$

06 수 카드의 수를 큰 수부터 쓰면 $9>7>4>3$이므로 한 자리 수에는 가장 큰 수인 9를 놓고 남은 세 수 $7>4>3$으로 가장 큰 두 자리 수인 74를 만듭니다.
⇨ $74\times9=666$

07 어떤 수를 □라 하면 잘못 계산한 식은 □$\div7=12$입니다.
⇨ $12\times7=$□, □$=84$
따라서 바르게 계산한 값을 구하는 식은 □$\times7$이므로
$84\times7=588$입니다.

08 (색 테이프 7장의 길이)
=(색 테이프 한 장의 길이)×7
$=65\times7=455$ (cm),
(겹친 부분의 수)
=(색 테이프의 장수)−1
$=7-1=6$(군데),
(겹친 부분의 길이)
=(겹친 한 부분의 길이)×(겹친 부분의 수)
$=12\times6=72$ (cm)
⇨ (이어 붙인 전체 길이)
=(색 테이프 7장의 길이)
−(겹친 부분의 길이)
$=455-72=383$ (cm)

누구나 만점 전략 52~53쪽

01 $42\div6=7$; $6\times7=42$, $7\times6=42$
02 57 cm
03 9
04 6개
05 170개
06 7
07 2, 3, 4, 5, 6
08 198개
09 56개
10 408

01 $42-6-6-6-6-6-6-6=0$ (7번)
⇨ $42\div6=7$
⇨ $6\times7=42$, $7\times6=42$

02 세 변의 길이가 모두 같고 한 변의 길이가 19 cm이므로
(세 변의 길이의 합)=(한 변의 길이)×3
$=19\times3=57$ (cm)
입니다.

03 수 카드의 수를 큰 수부터 쓰면 $6>3>0$이므로 만든 두 자리 수 중 가장 큰 수는 63입니다.
⇨ $63\div7=9$

04 (어제 산 사과 수)+(오늘 산 사과 수)
$=23+31=54$(개)
⇨ $54\div9=6$(개)

05 (양 32마리의 다리 수)
$=4\times32=32\times4$
$=128$(개)
(거위 21마리의 다리 수)
$=2\times21=21\times2$
$=42$(개)
따라서 양 32마리와 거위 21마리의 다리 수의 합은 $128+42=170$(개)입니다.

06 $32 \div 4 = 8$이므로 $56 \div \square = 8$에서 $56 \div 8 = \square$, $\square = 7$입니다.

07 $32 \times 5 = 160 < 220$, $32 \times 6 = 192 < 220$, $32 \times 7 = 224 > 220$, ...이므로 $\square$ 안에 들어갈 수 있는 수는 2, 3, 4, 5, 6입니다.

08 (처음 귤의 수)$= 30 \times 9 = 270$(개), (판 귤의 수)$= 24 \times 3 = 72$(개)
⇨ (남은 귤의 수)$= 270 - 72 = 198$(개)

09 긴 변에는 $49 \div 7 = 7$(개)까지 그릴 수 있고 짧은 변에는 $40 \div 5 = 8$(개)까지 그릴 수 있습니다.
따라서 그릴 수 있는 직사각형은 $7 \times 8 = 56$(개)입니다.

10 어떤 수를 $\square$라 하면 잘못 계산한 식은 $\square \div 5 = 17$이므로 $17 \times 5 = \square$, $\square = 85$입니다.
바르게 계산한 값을 구하는 식은 $\square \times 5$이므로 $85 \times 5 = 425$입니다.
따라서 잘못 계산한 값과 바르게 계산한 값의 차는 $425 - 17 = 408$입니다.

창의・융합・코딩 전략 54～57쪽

01 7	02 5도막
03 6 ; 5, 4	04 7, 6
05 96	06 239개
07 360 m	08 80, 224

01 $12 \div 3 = 4$이고 4는 6보다 작으므로 9를 더합니다. $12 + 9 = 21$이므로 $21 \div 3 = 7$입니다.
⇨ 7은 6보다 크므로 끝에 나오는 수는 7입니다.

02 색 테이프를 $\square$도막으로 나누었다고 하면 $45 \div \square = 9$입니다.
⇨ $45 \div 9 = \square$, $\square = 5$

03 한가운데 있는 수를 빈 곳에 있는 수로 나누면 빈 곳에 있는 수의 개수가 몫이 됩니다.
12를 6으로 나누면 6의 개수인 2가 몫이 됩니다. ⇨ 나눗셈식 $12 \div 6 = 2$를 씁니다.
20을 5로 나누면 5의 개수인 4가 몫이 됩니다. ⇨ 나눗셈식 $20 \div 5 = 4$를 씁니다.

04 큰 수를 작은 수로 나눈 몫이 써 있는 공이 나옵니다.
$63 > 9$이고 $63 \div 9 = 7$이므로 7이 써 있는 공이 나옵니다.
$7 < 42$이고 $42 \div 7 = 6$이므로 6이 써 있는 공이 나옵니다.

05 $16 \times 6 = 96$이고 96은 95보다 크므로 96을 출력합니다.

06 ㉠의 접시에 담은 초콜릿은 $27 \times 5 = 135$(개), ㉡의 접시에 담은 초콜릿은 $13 \times 8 = 104$(개)이므로 ㉠과 ㉡의 접시에 담은 초콜릿은 모두 $135 + 104 = 239$(개)입니다.

07 (가로등 사이의 간격 수)=(세운 가로등의 수)이고
(호수의 가장자리 둘레)
=(가로등 사이의 간격)
×(가로등 사이의 간격 수)
이므로 $8\times45=45\times8=360$ (m)입니다.

08 두 수의 곱이 써 있는 공이 나오는 규칙입니다.
$16\times5=80$이므로 80이 써 있는 공이 나옵니다.
$7\times32=32\times7=224$이므로 224가 써 있는 공이 나옵니다.

신유형・신경향・서술형 전략 60~63쪽

01 157, 175, 332 또는 175, 157, 332
02 964, 469, 495
03 (1) 4, 8, 6 (2) 1312, 396
04

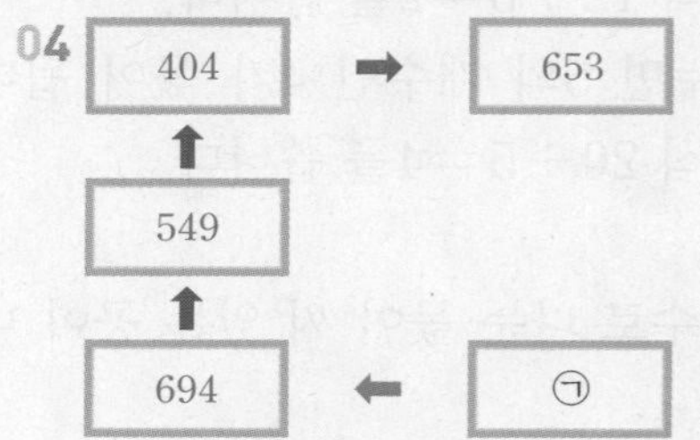

05 182, 256
06 8, 5
07 3 cm
08 방법 1 4, 6 ; 예 젤리를 6명에게 나누어 줄 수 있습니다.
방법 2 4, 6 ; 예 한 명에게 젤리를 6개씩 줄 수 있습니다.
09 225
10 108 m
11 38
12 (1) 10, 5, 15 (2) 15, 3, 45

01 수 카드의 수를 작은 수부터 쓰면 $1<5<7$이므로 만든 세 자리 수 중 가장 작은 수는 157, 둘째로 작은 수는 175입니다.
⇨ $157+175=332$

02 수 카드의 수를 큰 수부터 쓰면 $9>6>4$이므로 만든 세 자리 수 중 가장 큰 수는 964입니다.
수 카드의 수를 작은 수부터 쓰면 $4<6<9$이므로 만든 세 자리 수 중 가장 작은 수는 469입니다.
⇨ $964-469=495$

03 (1) 四 → 4, 八 → 8, 六 → 6
(2) $8>6>4$이므로 만든 세 자리 수 중 가장 큰 수는 864입니다.
$4<6<8$이므로 만든 세 자리 수 중 가장 작은 수는 468입니다.
⇨ 합: $864+468=1312$
차: $864-468=396$

04 수 카드의 수를 큰 수부터 쓰면 $8>7>4>0$이므로 만든 세 자리 수 중 가장 큰 수는 874, 둘째로 큰 수는 870입니다.
㉠=870이므로
화살표의 약속에 따라 계산하면
⬅: $870-176=694$,
⬆: $694-145=549$,
⬆: $549-145=404$,
➡: $404+249=653$입니다.

05 • ㉠이 공통이므로 534=278+㉡입니다.
⇨ 534−278=㉡, ㉡=256
• ㉡이 공통이므로 ㉠+278=460입니다.
⇨ 460−278=㉠, ㉠=182

다른 풀이
• ㉠이 공통이므로 534=278+㉡입니다.
⇨ 534−278=㉡, ㉡=256
• ㉡+460=256+460=716
⇨ 534+㉠=716, 716−534=㉠, ㉠=182

06 56에서 0이 될 때까지 ♥를 7번 뺐으므로 몫이 7입니다.
⇨ 56÷♥=7, 56÷7=♥, ♥=8
⇨ 40÷■=8, 40÷8=■, ■=5

07 (철사 한 도막의 길이)
=45÷5=9 (cm),
(삼각형의 세 변의 길이의 합)
=(철사 한 도막의 길이)
=9 cm
⇨ (삼각형의 한 변의 길이)
=9÷3=3 (cm)

08 방법 1 젤리 24개를 한 명에게 4개씩 나누어 주면 나누어 줄 수 있는 친구 수를 구할 수 있습니다.
방법 2 젤리 24개를 4명에게 똑같이 나누어 주면 한 명에게 줄 수 있는 젤리의 수를 구할 수 있습니다.

09 상혁이가 가지고 있는 수 카드의 수 39와 45 중 더 큰 수는 45입니다.
가은이가 가지고 있는 수 카드의 수 7과 5 중 더 작은 수는 5입니다.
⇨ 45×5=225

10 (홈에서 1루까지 거리)
=(1루에서 2루까지 거리)
=(2루에서 3루까지 거리)
=(3루에서 홈까지 거리)
=27 m
⇨ 27×4=108 (m)

11 34×7=238 ⇨ ㉠=238
69×4=276 ⇨ ㉡=276
따라서 ㉠과 ㉡의 차는
276−238=38입니다.

12 (1) (영아 오빠의 나이)
=(영아의 나이)+5
=10+5=15(살)
(2) (영아 아버지의 나이)
=(영아 오빠의 나이)×3
=15×3=45(살)

BOOK 1

고난도 해결 전략 1회

64~67쪽

01 744　02 588
03 69개　04 811명
05 296　06 556
07 162　08 274
09 356　10 237 cm
11 (1) 764, 467 (2) 1231 (3) 297
12 (1)

100원짜리 동전 수(개)	10원짜리 동전 수(개)	1원짜리 동전 수(개)
3	0	0
2	1	0
2	0	1
1	2	0
1	1	1
1	0	2

; 300, 210, 201, 120, 111, 102
(2) 402 (3) 198
13 555　14 445명

01 각이 3개인 도형은 삼각형이고 변이 6개인 도형은 육각형이므로 삼각형과 육각형 안에 써 있는 수는 176과 568입니다.
⇨ $176+568=744$

02 100이 6개이면 600, 10이 23개이면 230, 1이 84개이면 84이므로
$600+230+84=914$입니다.
따라서 914보다 326만큼 더 작은 수는
$914-326=588$입니다.

03 (오후에 딴 사과 수)
=(오늘 딴 사과 수)−(오전에 딴 사과 수)
이므로 $803-367=436$(개)입니다.
따라서 오후에 딴 사과는 오전에 딴 사과보다
$436-367=69$(개) 더 많습니다.

04 (원석이네 학교 남학생 수)
$=712-347=365$(명)입니다.
(연경이네 학교 남학생 수)
$=935-489=446$(명)입니다.
따라서 (원석이네 학교 남학생 수)
+(연경이네 학교 남학생 수)
$=365+446=811$(명)입니다.

05 수 카드의 수를 큰 수부터 쓰면 $8>6>5>0$이므로 만든 세 자리 수 중 가장 큰 수는 865, 둘째로 큰 수는 860, 셋째로 큰 수는 856입니다.
수 카드의 수를 작은 수부터 쓰면
$0<5<6<8$이고 백의 자리에 0이 올 수 없으므로 만든 세 자리 수 중 가장 작은 수는 506, 둘째로 작은 수는 508, 셋째로 작은 수는 560입니다.
⇨ $856-560=296$

06 수 카드의 수를 작은 수부터 쓰면 $2<5<8<9$이므로 300보다 작은 세 자리 수는 2□△입니다.
2□△ 중 가장 큰 수는 298, 가장 작은 수는 258입니다.
⇨ $298+258=556$

07 342와 800의 차는 $800-342=458$입니다.
458과 620의 차는 $620-458=162$입니다.

08 어떤 수를 □라 하면 □$-385=368$이므로 덧셈과 뺄셈의 관계를 이용하면
$385+368=$□, □$=753$입니다.
따라서 어떤 수와 479의 차는
$753-479=274$입니다.

09 367－179＝188, 367＋179＝546
⇨ 188＜□＜546에서 □ 안에 들어갈 수 있는 세 자리 수는 189, 190, ..., 544, 545입니다.
따라서 가장 큰 수는 545, 가장 작은 수는 189이므로 차는
545－189＝356입니다.

10 (사용하고 남은 색 테이프의 길이)
＝(색 테이프의 전체 길이)
－(신발, 인형, 옷을 포장하는 데 사용한 색 테이프의 길이)
이므로
(신발, 인형, 옷을 포장하는 데 사용한 색 테이프의 길이)
＝(신발을 포장하는 데 사용한 색 테이프의 길이)
＋(인형을 포장하는 데 사용한 색 테이프의 길이)
＋(옷을 포장하는 데 사용한 색 테이프의 길이)
＝129＋158＋176＝287＋176
＝463 (cm)입니다.
7 m＝700 cm이므로
(사용하고 남은 색 테이프의 길이)
＝700－463＝237 (cm)
입니다.

11 (1) Ⅳ → 4, Ⅵ → 6, Ⅶ → 7이고 7＞6＞4이므로 만든 세 자리 수 중 가장 큰 수는 764입니다.
4＜6＜7이므로 만든 세 자리 수 중 가장 작은 수는 467입니다.
(2) 764＋467＝1231
(3) 764－467＝297

12 (1) 모형 동전 3개만 사용하여 세 자리 수를 만들어야 하므로 100원짜리 동전은 최소 1개를 사용해야 합니다.
(2) 300＋102＝402
(3) 300－102＝198

13 조건을 만족하는 세 자리 수 ●■▲는
■＞●, ▲＜● → ■＞●＞▲입니다.
수 카드의 수는 7＞6＞5＞4＞3＞2＞1＞0이므로 가장 큰 세 자리 수는
■＝7, ●＝6, ▲＝5인 675입니다.
가장 작은 세 자리 수는
■＝2, ●＝1, ▲＝0인 120입니다.
⇨ 675－120＝555

14 전체적으로 어른 수는 어린이 수보다
24－9＝15(명)이 더 많습니다.
어린이 수를 □명이라 하면 어른 수는
(□＋15)명입니다.
□＋□＋15＝875, □＋□＝875－15,
□＋□＝860,
430＋430＝860이므로 □＝430입니다.
⇨ (어른 수)＝□＋15
＝430＋15
＝445(명)

참고
(남자 어른 수)＝(남자 어린이 수)－9,
(여자 어른 수)＝(여자 어린이 수)＋24이므로
(어른 수)＝(남자 어른 수)＋(여자 어른 수)
＝(남자 어린이 수)－9＋(여자 어린이 수)＋24
＝(남자 어린이 수)＋(여자 어린이 수)＋15
＝(어린이 수)＋15
입니다.

고난도 해결 전략 2회 68~71쪽

01 8명	02 3, 4, 5
03 36개	04 (위부터) 9, 8
05 148그루	06 512
07 2, 8	08 92 cm
09 4개	10 598 cm
11 (1) 63 (2) 270	12 158개
13 10	14 186
15 5마리, 4마리	16 1, 2, 3, 6

01 (연필 6타)$=$(연필 한 타)$\times 6$
$=12\times 6=72$(자루)
⇨ (나누어 줄 수 있는 사람 수)
$=72\div 9=8$(명)

02 $67\times 2=134<200$,
$67\times 3=201>200$,
$67\times 4=268<400$,
$67\times 5=335<400$,
$67\times 6=402>400$, ...이므로
□ 안에 들어갈 수 있는 수는 3, 4, 5입니다.

03 종이의 긴 변에는 긴 변의 길이가 7 cm인 직사각형을 빈틈없이 그릴 수 없으므로 긴 변에는 짧은 변의 길이가 4 cm인 직사각형을 그립니다.
종이의 긴 변에는 $36\div 4=9$(개)까지 그릴 수 있고 짧은 변에는 $28\div 7=4$(개)까지 그릴 수 있습니다.
따라서 그릴 수 있는 직사각형은
$9\times 4=36$(개)입니다.

04
$$\begin{array}{r} 7\ 6 \\ \times\ \ \square \\ \hline 6\ \square\ 4 \end{array}$$
$6\times$□의 일의 자리 숫자가 4입니다.
$6\times 4=24$, $6\times 9=54$이므로
$76\times 4=304$ (×),
$76\times 9=684$ (○)입니다.

05 공원의 네 변에 나무를 심으려면 필요한 나무는 $38\times 4=152$(그루)이고 꼭짓점에 심을 4그루와 겹치므로 필요한 나무는 모두 $152-4=148$(그루)입니다.

06 8단 곱셈구구에서 $8\times 8=64$이므로
6□$=64$입니다. ⇨ $64\times 8=512$

07 2단 곱셈구구에서 곱의 십의 자리 숫자가 1이 되는 것을 찾아보면
$2\times 5=10$, $2\times 6=12$, $2\times 7=14$,
$2\times 8=16$, $2\times 9=18$입니다.
⇨ □$=0, 2, 4, 6, 8$
3단 곱셈구구에서 곱의 십의 자리 숫자가 1이 되는 것을 찾아보면
$3\times 4=12$, $3\times 5=15$, $3\times 6=18$입니다.
⇨ □$=2, 5, 8$
따라서 □ 안에 알맞은 수는 2, 8입니다.

08 5 m$=$500 cm입니다.
(정사각형 1개의 네 변의 길이의 합)
$=17\times 4=68$ (cm)이므로
(정사각형 6개의 네 변의 길이의 합)
$=68\times 6=408$ (cm)입니다.
⇨ (남은 철사의 길이)
$=500-408=92$ (cm)

09 수 카드의 수를 작은 수부터 쓰면 $1<2<4<5$이므로 만들 수 있는 두 자리 수는 12, 14, 15, 21, 24, 25, 41, 42, 45, 51, 52, 54입니다.
따라서 $12 \div 6=2$, $24 \div 6=4$, $42 \div 6=7$, $54 \div 6=9$이므로 4개입니다.

10 (색 테이프 9장의 길이)
=(색 테이프 한 장의 길이)×9
$=78 \times 9=702$ (cm),
(겹친 부분의 수)
=(색 테이프의 장수)−1
$=9-1=8$(군데),
(겹친 부분의 길이)
=(겹친 한 부분의 길이)×(겹친 부분의 수)
$=13 \times 8=104$ (cm)
⇨ (이어 붙인 전체 길이)
=(색 테이프 9장의 길이)
−(겹친 부분의 길이)
$=702-104=598$ (cm)

11 (1) Ⅶ → 7, Ⅸ → 9이고 □÷7=9이므로
7×9=□, □=63입니다.
(2) Ⅴ → 5, Ⅳ → 4이고 54×5=□,
□=270입니다.

12 (거미 17마리의 다리 수)$=8 \times 17=17 \times 8$
$=136$(개)
(개미 한 마리의 다리 수)$=8-2=6$(개)
(개미 49마리의 다리 수)$=6 \times 49=49 \times 6$
$=294$(개)
⇨ $294-136=158$(개)

13 $7 \times 9=63$이므로
$63 \div 7=9$ 또는 $63 \div 9=7$에서
□=7 또는 9입니다.
$3 \times 9=27$이므로
$27 \div 3=9$ 또는 $27 \div 9=3$에서
△=3 또는 9입니다.
두 나눗셈의 몫이 9로 같아야 하므로
□=7일 때 $63 \div 7=9$,
△=3일 때 $27 \div 3=9$입니다.
따라서 □와 △의 합은 $7+3=10$입니다.

14 어떤 두 자리 수를 ■▲라 하면
▲■×3=78입니다.
$6 \times 3=18$이므로 ■=6입니다.
▲×3=6이므로 ▲=2입니다.
따라서 ■▲×3=$62 \times 3=186$입니다.

15 닭의 다리는 2개, 돼지의 다리는 4개이므로 표를 만들어 봅니다.

닭의 다리 수(개)	2	4	6	8	10	…
돼지의 다리 수(개)	24	22	20	18	16	…
다리 수의 차(개)	22	18	14	10	6	…

따라서 닭은 $10 \div 2=5$(마리),
돼지는 $16 \div 4=4$(마리)입니다.

16 곱해서 54가 되는 수를 찾으면
$1 \times 54=54$, $2 \times 27=54$, $3 \times 18=54$, $6 \times 9=54$입니다.
⇨ ■=1, 2, 3, 6, 9, 18, 27, 54
곱해서 48이 되는 수를 찾으면
$1 \times 48=48$, $2 \times 24=48$, $3 \times 16=48$, $4 \times 12=48$, $6 \times 8=48$입니다.
⇨ ■=1, 2, 3, 4, 6, 8, 12, 16, 24, 48
따라서 ■가 될 수 있는 수는 공통으로 있는 수이므로 1, 2, 3, 6입니다.

memo

정답과 풀이

BOOK 2

일등 전략 3-1

정답과 풀이

1주 1일

개념 돌파 전략 1 | 확인 문제 8~11쪽

01 반직선 ㄴㄷ
02 각 ㄴㄱㄷ 또는 각 ㄷㄱㄴ
03 4개　　04 18 cm
05 20 cm　　06 가, 나 ; 가
07 (1) 7, 3 (2) 19, 5
08 (1) 4, 800 (2) 3, 160
09 (1) 4시 10분 15초 (2) 3시 20분 5초
10 (1) 5, 26, 5 (2) 5, 5, 55 (3) 8, 21, 5
11 (1) 55, 20 (2) 2, 9, 40 (3) 4, 51, 25

01 점 ㄴ에서 시작하여 점 ㄷ을 지나므로 반직선 ㄴㄷ입니다.

02 각의 꼭짓점이 가운데 오도록 읽습니다.

03 점 ㄱ에서 그을 수 있는 선분은 선분 ㄱㄴ, 선분 ㄱㄷ, 선분 ㄱㄹ, 선분 ㄱㅁ입니다.
따라서 점 ㄱ에서 그을 수 있는 선분의 수는 4개입니다.

04 (직사각형의 네 변의 길이의 합)
$=5+4+5+4=18$ (cm)

05 (정사각형의 네 변의 길이의 합)
$=5+5+5+5=20$ (cm)

06 네 각이 직각인 사각형은 가, 나입니다.
네 각이 직각이고 네 변의 길이가 모두 같은 사각형은 가입니다.

07 (1) 73 mm $=$ 70 mm $+$ 3 mm
$=$ 7 cm $+$ 3 mm $=$ 7 cm 3 mm
(2) 195 mm $=$ 190 mm $+$ 5 mm
$=$ 19 cm $+$ 5 mm
$=$ 19 cm 5 mm

08 (1) 4800 m $=$ 4000 m $+$ 800 m
$=$ 4 km $+$ 800 m
$=$ 4 km 800 m
(2) 3160 m $=$ 3000 m $+$ 160 m
$=$ 3 km $+$ 160 m
$=$ 3 km 160 m

09 (1) • 짧은바늘과 긴바늘이 가리키는 시각은 4시 10분입니다.
• 초바늘은 3을 가리키므로 15초입니다.
따라서 시계가 나타내는 시각은 4시 10분 15초입니다.

10 (2)
　　1
　1시간 30분 15초
＋ 3시간 35분 40초
　5시간 5분 55초

(3)
　1　　1
　3시간 34분 40초
＋ 4시간 46분 25초
　8시간 21분 5초

11 (2)
　　　　19　60
　3시간 20분 30초
－ 1시간 10분 50초
　2시간 9분 40초

(3)
　6　　67　60
　7시간 8분 20초
－ 2시간 16분 55초
　4시간 51분 25초

개념 돌파 전략 2 (12~13쪽)

01 ㄱ ㄴ ㄷ ㄹ	02 다
03 ㉠, ㉡	04 (1) 86 (2) 4320
05 3, 43, 6	06 3시 9분 45초

01 점 ㄷ에서 시작하여 점 ㄹ을 지나도록 곧은 선을 긋습니다.

02 가: 3개, 나: 4개, 다: 5개
따라서 다가 각이 가장 많습니다.

03 변이 4개이므로 사각형이고, 네 각이 모두 직각이므로 직사각형입니다.
네 변의 길이가 모두 같지 않으므로 정사각형이 아닙니다.

04 (1) 8 cm 6 mm=8 cm+6 mm
=80 mm+6 mm
=86 mm
(2) 4 km 320 m=4 km+320 m
=4000 m+320 m
=4320 m

05 1시간 15분 38초+2시간 27분 28초
=3시간 43분 6초

06 주어진 시각을 읽으면 4시 40분 30초입니다.
4시 40분 30초−1시간 30분 45초
=3시 9분 45초

필수 체크 전략 1 (14~17쪽)

1-1 10개	1-2 6개
2-1 3개	2-2 2개
3-1 10개	3-2 8개
4-1 12개	4-2 20개
5-1 64 mm	5-2 53 mm
6-1 ㉢	6-2 ㉡
7-1 6 cm 3 mm	7-2 16 cm 4 mm
8-1 2 km 400 m	8-2 4 km 600 m

1-1 가 도형에 있는 선분은 4개이고, 나 도형에 있는 선분은 6개입니다.
⇨ 4+6=10(개)

1-2 가 도형에 있는 선분은 3개이고, 나 도형에 있는 선분은 3개입니다.
⇨ 3+3=6(개)

2-1 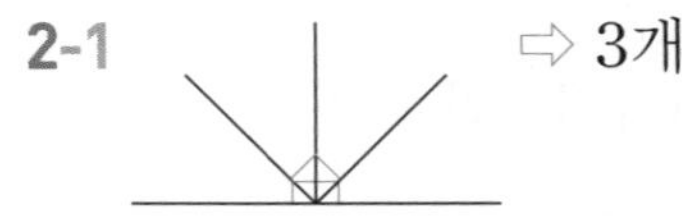 ⇨ 3개

2-2 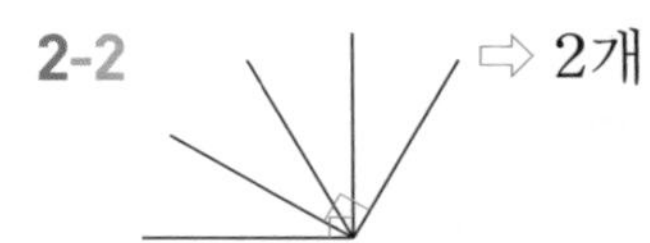 ⇨ 2개

3-1 각 1개짜리: ①, ②, ③, ④ → 4개
각 2개짜리: ①+②, ②+③, ③+④ → 3개
각 3개짜리: ①+②+③, ②+③+④ → 2개
각 4개짜리: ①+②+③+④ → 1개
⇨ 4+3+2+1=10(개)

BOOK 2

3-2 각 1개짜리: ①, ②, ③, ④, ⑤, ⑥ → 6개
각 2개짜리: ①+②, ④+⑤ → 2개
⇨ 6+2=8(개)

4-1 점 ㄱ에서 시작하여 그을 수 있는 반직선: 3개
점 ㄴ에서 시작하여 그을 수 있는 반직선: 3개
점 ㄷ에서 시작하여 그을 수 있는 반직선: 3개
점 ㄹ에서 시작하여 그을 수 있는 반직선: 3개
따라서 반직선은 모두 3+3+3+3=12(개)입니다.

4-2 점 ㄱ에서 시작하여 그을 수 있는 반직선: 4개
점 ㄴ에서 시작하여 그을 수 있는 반직선: 4개
점 ㄷ에서 시작하여 그을 수 있는 반직선: 4개
점 ㄹ에서 시작하여 그을 수 있는 반직선: 4개
점 ㅁ에서 시작하여 그을 수 있는 반직선: 4개
따라서 반직선은 모두
4+4+4+4+4=20(개)입니다.

5-1 1 cm가 6번, 1 mm가 4번인 길이는 6 cm 4 mm입니다.
⇨ 6 cm 4 mm=64 mm

5-2 1 cm가 5번, 1 mm가 3번인 길이는 5 cm 3 mm입니다.
⇨ 5 cm 3 mm=53 mm

6-1 ㉡ 2460 m=2 km 460 m
km는 모두 같으므로 m를 비교하면
500>460>400이므로 길이가 가장 긴 것은 ㉢입니다.

다른 풀이
㉠ 2 km 400 m=2400 m
㉢ 2 km 500 m=2500 m
m를 비교하면 2500>2460>2400이므로 길이가 가장 긴 것은 ㉢입니다.

6-2 ㉡ 1 km 560 m=1560 m
m를 비교하면
1560>1550>1500이므로 길이가 가장 긴 것은 ㉡입니다.

다른 풀이
㉠ 1550 m=1 km 550 m
㉢ 1500 m=1 km 500 m
km는 모두 같으므로 m를 비교하면
560>550>500이므로 길이가 가장 긴 것은 ㉡입니다.

7-1 1 cm 5 mm+4 cm 8 mm
=5 cm 13 mm=6 cm 3 mm

7-2 10 cm 8 mm+5 cm 6 mm
=15 cm 14 mm=16 cm 4 mm

8-1 4 km 100 m−1 km 700 m
=3 km 1100 m−1 km 700 m
=2 km 400 m

8-2 8 km 500 m−3 km 900 m
=7 km 1500 m−3 km 900 m
=4 km 600 m

필수 체크 전략 2 18~19쪽

01 10개 **02** 15 cm
03 3개 **04** 10
05 ㉣, ㉠, ㉢, ㉡ **06** 7 mm
07 5 cm 1 mm, 1 cm 9 mm
08 ㉡

01 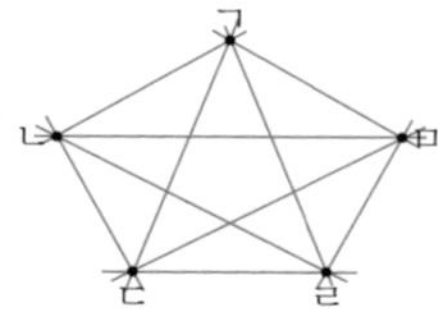

직선 ㄱㄴ, 직선 ㄱㄷ, 직선 ㄱㄹ, 직선 ㄱㅁ, 직선 ㄴㄷ, 직선 ㄴㄹ, 직선 ㄴㅁ, 직선 ㄷㄹ, 직선 ㄷㅁ, 직선 ㄹㅁ

⇨ 10개

02 직사각형의 짧은 변의 길이가 정사각형의 한 변의 길이가 되도록 자르면 가장 큰 정사각형이 됩니다.

⇨ (정사각형의 한 변의 길이)=15 cm

03 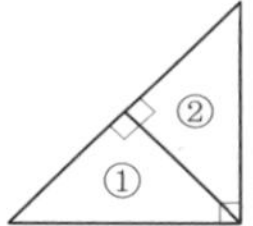

삼각형 1개짜리: ①, ② → 2개

삼각형 2개짜리: ①+② → 1개

⇨ 2+1=3(개)

04 이어 붙여 만든 직사각형의 긴 변의 길이에서 정사각형의 한 변의 길이를 뺍니다.

(직사각형의 긴 변의 길이)=16 cm

(정사각형의 한 변의 길이)=6 cm

⇨ 16−6=10 (cm)

05 ㉠ 3600 m=3 km 600 m

㉢ 3060 m=3 km 60 m

⇨ 6 km 300 m>3 km 600 m >3 km 60 m>3 km 6 m이므로 길이가 긴 것부터 차례대로 기호를 쓰면 ㉣, ㉠, ㉢, ㉡입니다.

다른 풀이

㉡ 3 km 6 m=3006 m

㉣ 6 km 300 m=6300 m

⇨ 6300 m>3600 m>3060 m>3006 m이므로 길이가 긴 것부터 차례대로 기호를 쓰면 ㉣, ㉠, ㉢, ㉡입니다.

06 (연필의 길이)=6 cm 2 mm

(지우개의 길이)=5 cm 5 mm

⇨ 6 cm 2 mm−5 cm 5 mm=7 mm

07 16 mm=1 cm 6 mm

• 3 cm 5 mm+1 cm 6 mm
=4 cm 11 mm=5 cm 1 mm

• 3 cm 5 mm−1 cm 6 mm
=2 cm 15 mm−1 cm 6 mm
=1 cm 9 mm

08 ㉠ 3 km 800 m+2 km 300 m
=5 km 1100 m=6 km 100 m

㉡ 8 km 300 m−1 km 800 m
=7 km 1300 m−1 km 800 m
=6 km 500 m

⇨ 6 km 100 m<6 km 500 m이므로 ㉠<㉡입니다.

필수 체크 전략 1 (20~23쪽)

1-1 9	1-2 5
2-1 5	2-2 7
3-1 14개	3-2 9개
4-1 60 cm	4-2 30 cm
5-1 ㉢	5-2 ㉠
6-1 55분 5초	6-2 1시간 19분 55초
7-1 (위부터) 5, 17	7-2 (위부터) 4, 34
8-1 1시 55분 10초	8-2 3시 15분 30초

1-1 (정사각형의 네 변의 길이의 합)$=\square\times4=36$
⇨ $36\div4=\square$, $\square=9$

1-2 (정사각형의 네 변의 길이의 합)$=\square\times4=20$
⇨ $20\div4=\square$, $\square=5$

2-1 (직사각형의 네 변의 길이의 합)
$=\square+2+\square+2=14$
⇨ $\square+\square+4=14$, $\square+\square=10$, $\square=5$

2-2 (직사각형의 네 변의 길이의 합)
$=\square+3+\square+3=20$
⇨ $\square+\square+6=20$, $\square+\square=14$, $\square=7$

3-1

①	②	③
④	⑤	⑥
⑦	⑧	⑨

1개짜리: ①, ②, ③, ④, ⑤, ⑥, ⑦, ⑧, ⑨
→ 9개
4개짜리: ①+②+④+⑤, ②+③+⑤+⑥,
④+⑤+⑦+⑧, ⑤+⑥+⑧+⑨
→ 4개
9개짜리: ①+②+③+④+⑤+⑥+⑦+
⑧+⑨ → 1개
⇨ $9+4+1=14$(개)

3-2

①	②	
③	④	⑤
	⑥	⑦

1개짜리: ①, ②, ③, ④, ⑤, ⑥, ⑦ → 7개
4개짜리: ①+②+③+④,
④+⑤+⑥+⑦ → 2개
⇨ $7+2=9$(개)

4-1 굵은 선의 길이는 정사각형의 한 변의 길이를 10개 더한 것과 같습니다.
⇨ $6\times10=60$ (cm)

4-2 굵은 선의 길이는 정사각형의 한 변의 길이를 10개 더한 것과 같습니다.
⇨ $3\times10=30$ (cm)

5-1 ㉡ 3분 40초=220초
초끼리 비교하면 $320>300>220$이므로 시간이 가장 긴 것은 ㉢입니다.

다른 풀이

㉠ 300초=5분 ㉢ 320초=5분 20초
분끼리 비교하면 $5>3$이므로 ㉠, ㉢이 더 깁니다.
초끼리 비교하면 $20>0$이므로 시간이 가장 긴 것은 ㉢입니다.

5-2 ㉡ 100초=1분 40초
1분으로 같으므로 초끼리 비교하면
$8<25<40$이므로 시간이 가장 짧은 것은 ㉠입니다.

다른 풀이

㉠ 1분 8초=68초 ㉢ 1분 25초=85초
초끼리 비교하면 $68<85<100$이므로 시간이 가장 짧은 것은 ㉠입니다.

6-1 오후 1시 5분 30초는 13시 5분 30초입니다.
⇨ 13시 5분 30초−12시 10분 25초
=55분 5초

6-2 오후 2시 10분 45초는 14시 10분 45초입니다.
⇨ 14시 10분 45초−12시 50분 50초
=1시간 19분 55초

7-1

	㉠ 시	2 분	15초
−	2 시간	㉡ 분	35초
	2 시	44 분	40초

- 초에서 15−35를 계산할 수 없으므로 분에서 받아내림이 있습니다.
- 2−1−㉡=44를 계산할 수 없으므로 시에서 받아내림이 있습니다.
  ⇨ 60+2−1−㉡=44, ㉡=17
- ㉠−1−2=2, ㉠=5

7-2

	㉠ 시	17 분	30초
−	1 시간	㉡ 분	40초
	2 시	42 분	50초

- 초에서 30−40을 계산할 수 없으므로 분에서 받아내림이 있습니다.
- 17−1−㉡=42를 계산할 수 없으므로 시에서 받아내림이 있습니다.
  ⇨ 60+17−1−㉡=42, ㉡=34
- ㉠−1−1=2, ㉠=4

8-1 시작 시각: 1시 20분 25초
⇨ 1시 20분 25초+34분 45초
=1시 55분 10초

8-2 시작 시각: 2시 50분 40초
⇨ 2시 50분 40초+24분 50초
=3시 15분 30초

필수 체크 전략 2 24~25쪽

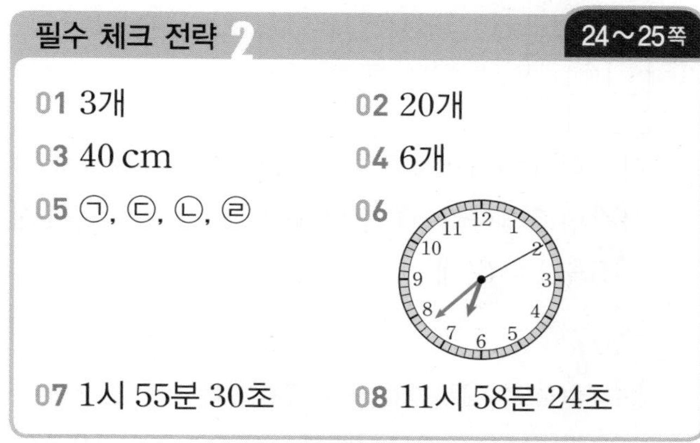

01
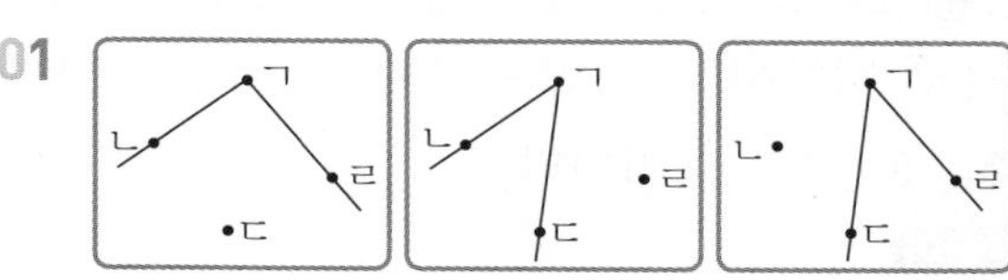

그림과 같이 나타내면 모두 3개 그릴 수 있습니다.

02
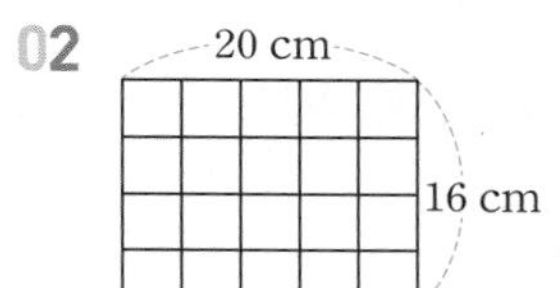

20 cm인 변에는 정사각형이 20÷4=5(개) 들어가고 16 cm인 변에는 정사각형이 16÷4=4(개) 들어갑니다.
따라서 정사각형은 모두 5×4=20(개)까지 만들 수 있습니다.

03 직사각형의 짧은 변의 길이를 □cm라 하면 3개를 이어 붙인 길이는 정사각형의 한 변의 길이와 같으므로 □×3=15, 15÷3=□, □=5입니다.
직사각형의 긴 변의 길이는 정사각형의 한 변의 길이와 같은 15 cm입니다.
따라서 직사각형의 네 변의 길이의 합은 5+15+5+15=40 (cm)입니다.

04 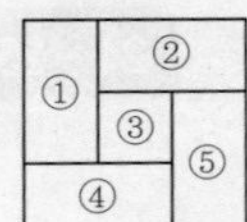

사각형 1개짜리: ①, ②, ③, ④, ⑤ → 5개
사각형 5개짜리: ①+②+③+④+⑤ → 1개
⇨ 5+1=6(개)

05 ㉠ 140초=2분 20초 ㉣ 70초=1분 10초
⇨ 2분 20초>2분>1분 20초>1분 10초이므로 시간이 긴 것부터 차례로 기호를 쓰면 ㉠, ㉢, ㉡, ㉣입니다.

다른 풀이

㉡ 1분 20초=80초 ㉢ 2분=120초
⇨ 140초>120초>80초>70초이므로 시간이 긴 것부터 차례로 기호를 쓰면 ㉠, ㉢, ㉡, ㉣입니다.

06 (지금 시각)=4시 45분 30초
⇨ 4시 45분 30초+1시간 52분 40초
=6시 38분 10초

07 시계가 나타내는 시각은 5시 15분 30초입니다.
200분=3시간 20분이므로 빼면
5시 15분 30초−3시간 20분
=1시 55분 30초입니다.

08 어제 오후 12시부터 오늘 오후 12시까지는 24시간입니다.
1시간에 4초씩 늦어지므로 24시간 동안 늦어진 시간은 24×4=96(초)입니다.
⇨ 96초=1분 36초
따라서 이 시계가 가리키는 시각은
12시−1분 36초=11시 58분 24초입니다.

주의

1시간에 4초씩 늦어진다는 것은 시계가 1시간에 (60분−4초)만큼 간다는 것입니다.

누구나 만점 전략 26~27쪽

01 ㄱ• •ㄴ ㄷ•

02 나

03 7개

04 3

05 8개

06 3시간 3분 5초

07 45 mm

08 5시 7분 55초

09 ㉢

10 ㉢

01 점 ㄴ에서 시작하여 점 ㄷ을 지나도록 곧은 선을 긋습니다.

02 가: 0개, 나: 4개, 다: 1개

03 가: 2개, 나: 5개 ⇨ 2+5=7(개)

04 (정사각형의 네 변의 길이의 합)
=□×4=12 ⇨ 12÷4=□, □=3

05

①	②	③
④	⑤	⑥

사각형 1개짜리: ①, ②, ③, ④, ⑤, ⑥ → 6개
사각형 4개짜리: ①+②+④+⑤,
②+③+⑤+⑥ → 2개
⇨ 6+2=8(개)

06 1시간 20분 15초+1시간 42분 50초
=3시간 3분 5초

07 1 cm가 4번이고 1 mm가 5번인 길이는 4 cm 5 mm입니다.
⇨ 4 cm 5 mm=45 mm

08 주어진 시각을 읽으면 6시 18분 5초입니다.
6시 18분 5초−1시간 10분 10초
=5시 7분 55초

09 ㉡ 46 mm=4 cm 6 mm
cm를 비교하면 5>4이므로 길이가 가장 긴 것은 ㉢입니다.

다른 풀이
㉠ 4 cm 5 mm=45 mm ㉢ 5 cm=50 mm
mm를 비교하면 50>46>45이므로 길이가 가장 긴 것은 ㉢입니다.

10 ㉠ 300초=5분
분끼리 비교하면 5>3이므로 ㉠, ㉢이 더 깁니다.
초끼리 비교하면 10>0이므로 ㉢이 가장 깁니다.

다른 풀이
㉡ 3분 30초=210초 ㉢ 5분 10초=310초
초끼리 비교하면 310>300>210이므로 시간이 가장 긴 것은 ㉢입니다.

창의 • 융합 • 코딩 전략 28~31쪽

01 7개	02 7개
03 8개	04 60 cm
05 18 cm	06 9 cm
07 4시 13분 25초	08 8시

01 선분을 세면 모두 7개입니다.

02
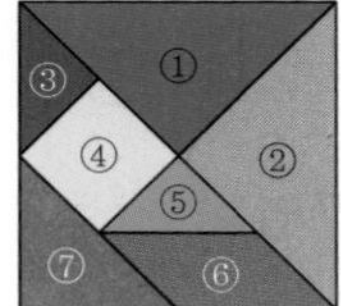

도형 1개짜리: ①, ②, ③, ⑤, ⑦ → 5개
도형 2개짜리: ①+② → 1개
도형 5개짜리: ③+④+⑤+⑥+⑦ → 1개
⇨ 5+1+1=7(개)

03 
접은 색종이를 다시 펼치면 그림과 같은 모양이 됩니다. 따라서 선을 따라 자르면 직사각형이 8개 생깁니다.

04 직사각형의 긴 변의 길이는 10+10=20 (cm)이고, 짧은 변의 길이는 10 cm입니다.
⇨ (직사각형의 네 변의 길이의 합)
=20+10+20+10=60 (cm)

05 위쪽으로 2분 동안 움직인 거리는
15 mm+15 mm=30 mm입니다.
오른쪽으로 4분 동안 움직인 거리는
15 mm+15 mm+15 mm+15 mm
=60 mm입니다.
아래쪽으로 움직인 거리는 30 mm입니다.
왼쪽으로 움직인 거리는 60 mm입니다.
⇨ 30 mm+60 mm+30 mm+60 mm
=180 mm=18 cm

참고
위쪽과 아래쪽으로 움직인 거리는 같습니다.
오른쪽과 왼쪽으로 움직인 거리는 같습니다.

06 굵은 선은 직사각형의 긴 변 6개와 짧은 변 6개를 더한 것과 길이가 같습니다.
9×6=54 (mm), 6×6=36 (mm)
⇨ 54 mm+36 mm=90 mm이므로
9 cm입니다.

07

산책 전의 시각은
3시 30분 45초입니다.
⇨ 3시 30분 45초+42분 40초
=4시 13분 25초

주의
산책을 끝낸 시각은 산책을 하기 전의 시각에서 산책을 한 시간을 더해야 합니다.

08 오후 2시=14시이므로 14시−7시=7시간 차이가 납니다.
따라서 파리가 오후 1시일 때 우리나라는 오후 1시+7시간=8시입니다.

2주 1일

개념 돌파 전략 1 | 확인 문제 34~37쪽

01 (1) $\frac{7}{9}$, $\frac{2}{9}$ (2) $\frac{2}{5}$, $\frac{3}{5}$

02 예

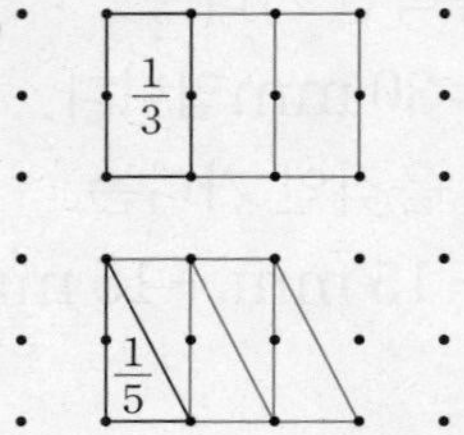

03 (1) $\frac{9}{14}$ (2) $\frac{46}{97}$ (3) $\frac{15}{26}$

04 (1) $\frac{3}{5}$ (2) $\frac{9}{10}$ (3) $\frac{8}{73}$

05 (1) 6.3 cm (2) 3.1 cm (3) 12.8 cm

06 (1) 0.7 (2) 0.3 07 0.9 m

08 1, 2, 3 09 2.9

01 (1) 색칠한 부분은 9칸 중의 7칸입니다.
⇨ $\frac{7}{9}$
색칠하지 않은 부분은 9칸 중의 2칸입니다.
⇨ $\frac{2}{9}$

02 $\frac{1}{3}$은 전체를 똑같이 3으로 나눈 것 중의 1이므로 그려야 하는 부분은 $3-1=2$만큼입니다.
$\frac{1}{5}$은 전체를 똑같이 5로 나눈 것 중의 1이므로 그려야 하는 부분은 $5-1=4$만큼입니다.

03 (1) $9>5>3$ ⇨ $\frac{9}{14}>\frac{5}{14}>\frac{3}{14}$
(2) $46>42>38$ ⇨ $\frac{46}{97}>\frac{42}{97}>\frac{38}{97}$
(3) $15>13>7$ ⇨ $\frac{15}{26}>\frac{13}{26}>\frac{7}{26}$

04 분자가 같은 분수는 분모가 작을수록 큰 분수입니다.
(1) $5<10$ ⇨ $\frac{3}{5}>\frac{3}{10}$
(2) $10<11$ ⇨ $\frac{9}{10}>\frac{9}{11}$
(3) $99>73$ ⇨ $\frac{8}{99}<\frac{8}{73}$

05 (1) 1 cm로 6번, 1 mm로 3번인 길이는 6 cm 3 mm입니다.
6 cm 3 mm
=6 cm보다 0.3 cm 더 긴 길이
=6.3 cm
(3) 1 cm로 12번, 1 mm로 8번인 길이는 12 cm 8 mm입니다.
12 cm 8 mm
=12 cm보다 0.8 cm 더 긴 길이
=12.8 cm

06 (1) 색칠한 부분은 전체를 똑같이 10으로 나눈 것 중의 7만큼입니다. 색칠한 부분을 분수로 나타내면 $\frac{7}{10}$입니다.
$\frac{7}{10}$을 소수로 나타내면 0.7입니다.

07 전체를 똑같이 10조각으로 나눈 것 중의 1조각을 사용했으므로 남은 리본은 9조각입니다. 전체를 똑같이 10으로 나눈 것 중의 9를 분수로 나타내면 $\frac{9}{10}$이고, $\frac{9}{10}$를 소수로 나타내면 0.9입니다. 남은 리본의 길이를 소수로 나타내면 0.9 m입니다.

08 소수점 왼쪽 부분이 같으므로 소수점 오른쪽 부분의 크기를 비교합니다.
4 > □이므로 □ 안에 들어갈 수 있는 한 자리 수는 1, 2, 3입니다.

09 소수점 왼쪽 부분을 비교하면 2 > 1이므로 1.8이 가장 작습니다.
소수점 오른쪽 부분을 비교하면 6 < 9이므로 2.9가 가장 큽니다.

04 물건의 길이는 1 cm 2 mm이므로 소수로 나타내면 1.2 cm입니다.

05 $0.3=\frac{3}{10}$입니다.
전체를 똑같이 10으로 나누었으므로 3만큼 색칠합니다.

06 소수점 왼쪽 부분의 크기가 같으므로 소수점 오른쪽 부분의 크기를 비교합니다.
6 < □이므로 □ 안에 들어갈 수 있는 수는 7, 8, 9로 모두 3개입니다.

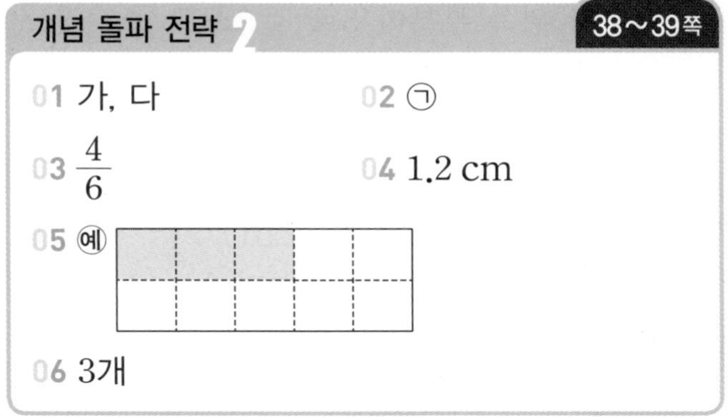

01 나누어진 모양과 크기가 같은 것을 찾으면 가, 다입니다.

02 전체를 똑같이 10으로 나눈 것 중의 색칠한 부분은 9만큼이므로 색칠하지 않은 부분은 10−9=1만큼입니다.
⇨ $\frac{1}{10}$

03 분자가 4로 같으므로 분모를 비교합니다.
$6<8<10$ ⇨ $\frac{4}{6}>\frac{4}{8}>\frac{4}{10}$

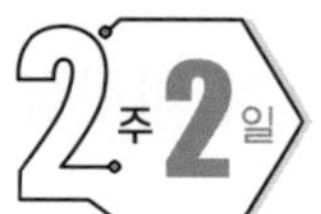

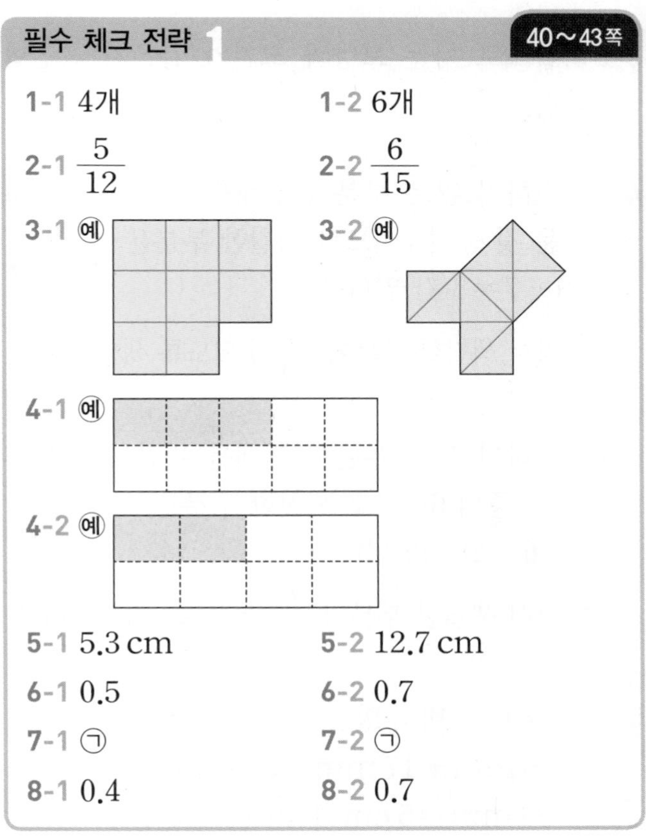

1-1 $\frac{4}{8}$는 전체를 똑같이 8로 나눈 것 중의 4이므로 $\frac{1}{8}$이 4개인 수입니다.

1-2 $\frac{6}{11}$은 전체를 똑같이 11로 나눈 것 중의 6이므로 $\frac{1}{11}$이 6개인 수입니다.

2-1 0과 1 사이를 눈금 12개로 나눈 것 중의 5번째를 가리킵니다. ⇨ $\frac{5}{12}$

2-2 0과 1 사이를 눈금 15개로 나눈 것 중의 6번째를 가리킵니다. ⇨ $\frac{6}{15}$

3-1 여덟으로 나눈 모양과 크기가 같은지 확인합니다.

3-2 아홉으로 나눈 모양과 크기가 같은지 확인합니다.

4-1 색칠하지 않은 부분이 전체를 똑같이 10으로 나눈 것 중의 7이므로 색칠한 부분은
10－7＝3(칸)입니다.
따라서 색칠한 부분이 $\frac{3}{10}$이 되도록 색칠합니다.

4-2 색칠하지 않은 부분이 전체를 똑같이 8로 나눈 것 중의 6이므로 색칠한 부분은
8－6＝2(칸)입니다.
따라서 색칠한 부분이 $\frac{2}{8}$가 되도록 색칠합니다.

5-1 (오늘 내린 비의 양)
＝36 mm＋17 mm＝53 mm
⇨ 53 mm＝5 cm 3 mm＝5.3 cm

5-2 (오늘 내린 비의 양)
＝48 mm＋79 mm＝127 mm
⇨ 127 mm＝12 cm 7 mm＝12.7 cm

6-1 0과 1 사이를 눈금 10개로 나눈 것 중의 5번째이므로 수직선에서 가리키는 곳은 $\frac{5}{10}$이고 소수로 나타내면 0.5입니다.

6-2 0과 1 사이를 눈금 10개로 나눈 것 중의 7번째이므로 수직선에서 가리키는 곳은 $\frac{7}{10}$이고 소수로 나타내면 0.7입니다.

7-1 ㉠ 5 cm 8 mm＝5.8 cm
소수점 왼쪽 부분이 5로 같으므로 소수점 오른쪽 부분을 비교합니다.
8＞7＞4이므로 가장 긴 길이는 ㉠입니다.

7-2 ㉠ 10 cm 3 mm＝10.3 cm
소수점 왼쪽 부분을 비교하면 10＜11이므로 ㉡이 가장 깁니다.
소수점 오른쪽 부분을 비교하면 3＜8이므로 가장 짧은 길이는 ㉠입니다.

8-1 남은 부분은 10－6＝4(조각)이므로
분수로 나타내면 $\frac{4}{10}$입니다.
따라서 남은 부분은 전체의 얼마만큼인지 소수로 나타내면 0.4입니다.

8-2 남은 부분은 10－3＝7(조각)이므로
분수로 나타내면 $\frac{7}{10}$입니다.
따라서 남은 부분은 전체의 얼마만큼인지 소수로 나타내면 0.7입니다.

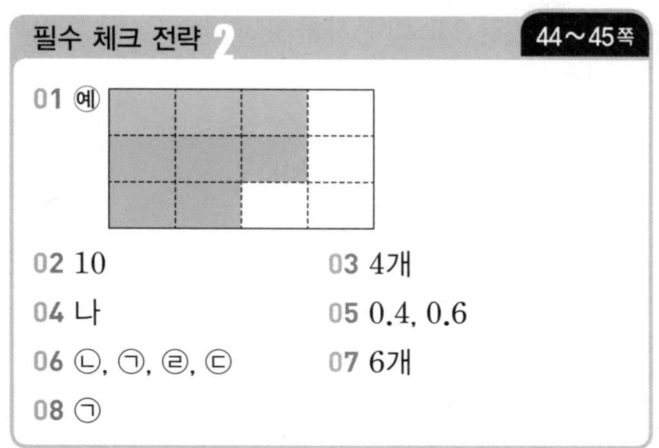

필수 체크 전략 2 44~45쪽

01 예

02 10 03 4개

04 나 05 0.4, 0.6

06 ㉡, ㉠, ㉣, ㉢ 07 6개

08 ㉠

01 전체를 똑같이 12로 나누었으므로 파란색으로 3칸, 초록색으로 5칸을 색칠합니다.

02 $\frac{3}{5}$은 $\frac{1}{5}$이 3개인 수이고, $\frac{7}{9}$은 $\frac{1}{9}$이 7개인 수입니다.
㉠=3, ㉡=7
⇨ ㉠+㉡=3+7=10

03 분자가 같으므로 분모를 비교합니다.
□>5이므로 □ 안에 들어갈 수 있는 수는 6, 7, 8, 9로 모두 4개입니다.

04 전체를 똑같이 4로 나눈 도형을 찾으면 나입니다.
참고
가는 전체를 똑같이 3으로, 다는 전체를 똑같이 6으로 나누었습니다.

05 색칠한 부분: 전체를 똑같이 10으로 나눈 것 중의 4이므로 분수로 나타내면 $\frac{4}{10}$이고 소수로 나타내면 0.4입니다.
색칠하지 않은 부분: 전체를 똑같이 10으로 나눈 것 중의 6이므로 분수로 나타내면 $\frac{6}{10}$이고 소수로 나타내면 0.6입니다.

06 ㉠ 7 cm 8 mm=7.8 cm
㉣ 7 cm 5 mm=7.5 cm
⇨ 7.9>7.8>7.5>7.2이므로 길이가 긴 것부터 차례로 기호를 쓰면 ㉡, ㉠, ㉣, ㉢입니다.

07 소수점 왼쪽 부분은 2로 같으므로 소수점 오른쪽 부분을 비교하면 □ 안에 들어갈 수 있는 한 자리 수는 2보다 크고 9보다 작은 수입니다.
따라서 3, 4, 5, 6, 7, 8로 모두 6개입니다.

08 ㉠ $\frac{1}{10}$이 27개인 수는 2.7입니다.
㉡ 0.1이 25개인 수는 2.5입니다.
따라서 2.7>2.5이므로 ㉠이 더 큽니다.

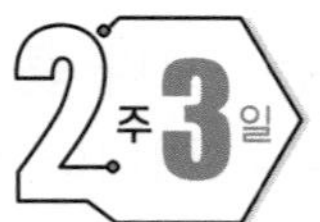

필수 체크 전략 1 46~49쪽

1-1 다	1-2 가
2-1 6	2-2 8
3-1 5	3-2 9
4-1 2개	4-2 3개
5-1 3.2	5-2 7.4
6-1 2.6	6-2 3.8
7-1 5.3 cm	7-2 6.4 cm
8-1 1.6 cm	8-2 1.9 cm

BOOK 2

1-1 가, 나는 전체를 똑같이 4로 나눈 것 중의 2를 색칠했으므로 $\frac{2}{4}$입니다.
다는 전체를 똑같이 3으로 나눈 것 중의 2를 색칠했으므로 $\frac{2}{3}$입니다.

1-2 가는 전체를 똑같이 8로 나눈 것 중의 3을 색칠했으므로 $\frac{3}{8}$입니다.
나, 다는 전체를 똑같이 6으로 나눈 것 중의 3을 색칠했으므로 $\frac{3}{6}$입니다.

2-1 분모가 같으므로 분자를 비교하면 □<7입니다.
따라서 □ 안에 들어갈 수 있는 수는 7보다 작은 수이므로 1, 2, 3, 4, 5, 6이고 가장 큰 수는 6입니다.

2-2 분모가 같으므로 분자를 비교하면 □>7입니다.
따라서 □ 안에 들어갈 수 있는 수는 7보다 큰 수이므로 8, 9, ...이고 가장 작은 수는 8입니다.

3-1 분자가 같으므로 분모를 비교하면 □>4입니다.
따라서 □ 안에 들어갈 수 있는 수는 4보다 큰 수이므로 5, 6, ...이고 가장 작은 수는 5입니다.

3-2 분자가 같으므로 분모를 비교하면 □<10입니다.
따라서 □ 안에 들어갈 수 있는 수는 10보다 작은 수이므로 5, 6, 7, 8, 9이고 가장 큰 수는 9입니다.

4-1 분모가 같으므로 분자를 비교하면
1<□<4입니다.
따라서 □ 안에 들어갈 수 있는 수는 2, 3으로 모두 2개입니다.

4-2 분모가 같으므로 분자를 비교하면
4<□<8입니다.
따라서 □ 안에 들어갈 수 있는 수는
5, 6, 7로 모두 3개입니다.

5-1 3>2>1이므로 가장 큰 수인 3을 ■에 놓고, 둘째로 큰 수인 2를 ▲에 놓으면 3.2입니다.

5-2 7>4>1이므로 가장 큰 수인 7을 ■에 놓고, 둘째로 큰 수인 4를 ▲에 놓으면 7.4입니다.

6-1 2<6<7이므로 가장 작은 수인 2를 ■에 놓고, 둘째로 작은 수인 6을 ▲에 놓으면 2.6입니다.

6-2 3<8<9이므로 가장 작은 수인 3을 ■에 놓고, 둘째로 작은 수인 8을 ▲에 놓으면 3.8입니다.

7-1 물건의 길이는 2 cm 7 mm입니다.
2 cm 7 mm+2 cm 6 mm=5 cm 3 mm
⇨ 5 cm 3 mm=5.3 cm

7-2 물건의 길이는 4 cm 5 mm입니다.
4 cm 5 mm+1 cm 9 mm=6 cm 4 mm
⇨ 6 cm 4 mm=6.4 cm

8-1 물건의 길이는 4 cm 1 mm입니다.
4 cm 1 mm−2 cm 5 mm=1 cm 6 mm
⇨ 1 cm 6 mm=1.6 cm

8-2 물건의 길이는 5 cm 3 mm입니다.
5 cm 3 mm−3 cm 4 mm=1 cm 9 mm
⇨ 1 cm 9 mm=1.9 cm

필수 체크 전략 2 50~51쪽

01 11
02 $\frac{4}{10}$
03 은희
04 $\frac{3}{8}$
05 7.3
06 9.8 cm
07 예

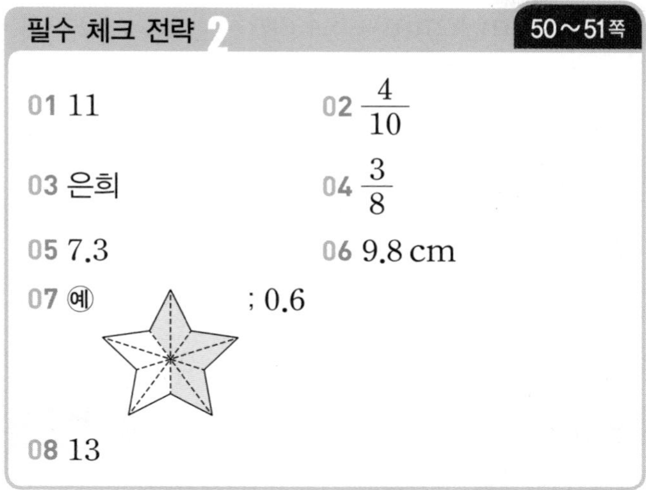

; 0.6
08 13

01 $\frac{1}{12}<\frac{1}{\square}<\frac{1}{7}$ ⇨ $7<\square<12$이므로 $\square=8, 9, 10, 11$입니다.
$\frac{10}{15}<\frac{\square}{15}<\frac{14}{15}$ ⇨ $10<\square<14$이므로 $\square=11, 12, 13$입니다.
따라서 □ 안에 공통으로 들어갈 수 있는 수는 11입니다.

02 1보다 작고 분모가 10인 분수 중에서 분자가 3보다 큰 분수는 $\frac{4}{10}, \frac{5}{10}, \dots, \frac{9}{10}$입니다.
0.5를 분수로 나타내면 $\frac{5}{10}$이므로 이 중에서 0.5보다 작은 분수는 $\frac{4}{10}$입니다.

03 은희가 마시고 남은 주스의 양은 $5-4=1$이므로 전체의 $\frac{1}{5}$입니다.
준기가 마시고 남은 주스의 양은 $8-7=1$이므로 전체의 $\frac{1}{8}$입니다.
$5<8$ ⇨ $\frac{1}{5}>\frac{1}{8}$이므로 남은 주스의 양이 더 많은 사람은 은희입니다.

04 피자 한 판을 8조각으로 나눈 것 중의 경호는 2조각, 윤호는 3조각을 먹었습니다.
$8-2-3=3$(조각)이므로 승우가 먹은 피자는 3조각입니다.
따라서 승우가 먹은 피자의 양을 분수로 나타내면 $\frac{3}{8}$입니다.

05 $7>5>3$이므로 가장 큰 수인 7을 ■에 놓고, 셋째로 큰 수인 3을 ▲에 놓으면 7.3입니다.

06 물건의 길이는 7 cm 9 mm이고
19 mm=1 cm 9 mm입니다.
7 cm 9 mm+1 cm 9 mm
=8 cm 18 mm=9 cm 8 mm
⇨ 9 cm 8 mm=9.8 cm

07 전체를 똑같이 5로 나눈 것 중의 3만큼 색칠한 것은 전체를 똑같이 10으로 나눈 것 중의 6만큼 색칠한 것과 같습니다.
따라서 색칠한 부분은 $\frac{6}{10}$이고 소수로 나타내면 0.6입니다.

08 0.7 cm는 7 mm입니다. ⇨ ㉠=7
0.1이 16개인 수는 1.6입니다. ⇨ ㉡=6
⇨ $7+6=13$

누구나 만점 전략 52~53쪽

01 나
02 $\frac{3}{5}$
03 2.8 cm
04 7개
05 $\frac{9}{10}$
06 0.4
07 19
08 12
09 ㉡
10 8.7

BOOK 2

01 나누어진 모양과 크기가 같은 것을 찾으면 나입니다.

02 분자가 3으로 같으므로 분모를 비교합니다.
$5<7<13 \Rightarrow \frac{3}{5}>\frac{3}{7}>\frac{3}{13}$

03 물건의 길이는 2 cm 8 mm이므로
소수로 나타내면 2.8 cm입니다.

04 소수점 왼쪽 부분이 같으므로 소수점 오른쪽 부분을 비교합니다.
$2<\square$이므로 $\square$ 안에 들어갈 수 있는 수는 3, 4, 5, 6, 7, 8, 9로 모두 7개입니다.

05 0과 1 사이를 눈금 10개로 나눈 것 중의 9번째를 가리킵니다.
$\Rightarrow \frac{9}{10}$

06 0과 1 사이를 눈금 10개로 나눈 것 중의 4번째이므로 수직선에서 가리키는 곳은 $\frac{4}{10}$이고 소수로 나타내면 0.4입니다.

07 분모가 같으므로 분자를 비교하면 $\square<20$입니다.
$\square=1, 2, 3, \ldots, 18, 19$
따라서 $\square$ 안에 들어갈 수 있는 수 중에서 가장 큰 수는 19입니다.

08 • $\frac{9}{12}$는 $\frac{1}{12}$이 9개인 수입니다. → ㉠=9
• $\frac{3}{8}$은 $\frac{1}{8}$이 3개인 수입니다. → ㉡=3
⇨ ㉠+㉡=9+3=12

09 ㉠ 3 cm 4 mm=3.4 cm
소수점 왼쪽 부분이 3으로 같으므로 소수점 오른쪽 부분을 비교합니다.
$9>4>2$이므로 가장 긴 길이는 ㉡입니다.

10 $8>7>5$이므로 가장 큰 수인 8을 ■에, 두 번째로 큰 수인 7을 ▲에 놓으면 8.7입니다.

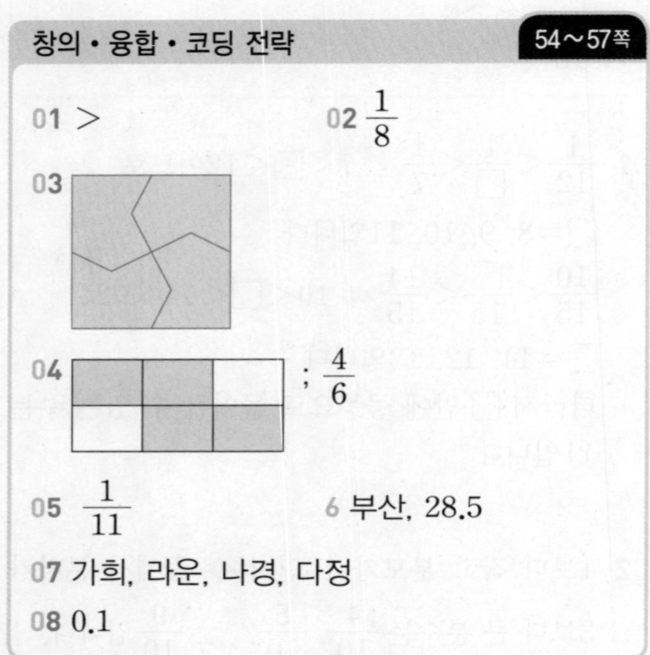

창의 • 융합 • 코딩 전략 54~57쪽

01 > **02** $\frac{1}{8}$

03

04 ; $\frac{4}{6}$

05 $\frac{1}{11}$ **6** 부산, 28.5

07 가희, 라운, 나경, 다정

08 0.1

01 이 나타내는 분수는 $\frac{1}{6}$이고 이 나타내는 분수는 $\frac{1}{8}$입니다.
분자가 같으므로 분모를 비교하면 $6<8$이므로 $\frac{1}{6}>\frac{1}{8}$입니다.

02

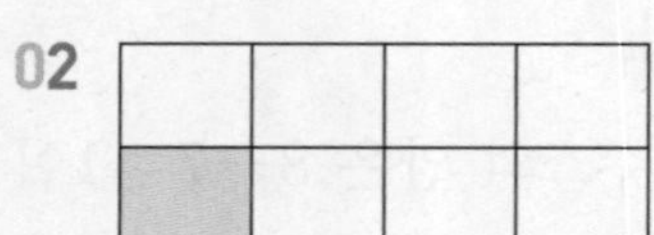

㉠ 부분을 ㉡ 부분으로 옮기면 색칠한 부분은 전체를 똑같이 8로 나눈 것 중의 1이므로 $\frac{1}{8}$입니다.

03 똑같이 나누어진 두 부분을 다시 똑같이 둘로 나눕니다.

04 한 번 누른 칸만 색칠합니다.
색칠한 부분은 똑같이 6으로 나눈 것 중의 4이므로 $\frac{4}{6}$입니다.

05 $\frac{1}{5} \rightarrow \frac{1}{5+3}=\frac{1}{8} \rightarrow \frac{1}{8}>\frac{1}{10}$
$\frac{1}{8} \rightarrow \frac{1}{8+3}=\frac{1}{11} \rightarrow \frac{1}{11}<\frac{1}{10}$
⇨ $\frac{1}{11}$

06 소수점 왼쪽 부분을 비교하면 28이 가장 큽니다.
따라서 28.5 ℃인 부산의 기온이 가장 높습니다.

07 7.5<7.9<8.3<8.6이므로 그림 속 식물의 키는 왼쪽부터
7.5 cm, 7.9 cm, 8.6 cm, 8.3 cm입니다.
나경이가 키우는 식물의 키가 가장 크므로 8.6 cm이고 라운이가 키우는 식물의 키는 7.9 cm입니다.
다정이가 키우는 식물은 가희가 키우는 식물보다는 크므로 다정이가 키우는 식물은 8.3 cm, 가희가 키우는 식물은 7.5 cm입니다.
식물의 키에 맞게 이름표 안에 이름을 씁니다.

08 홀수 번째 줄의 가장 왼쪽에 있는 소수는 0.1이고, 짝수 번째 줄의 가장 오른쪽에 있는 소수는 0.1입니다.
8은 짝수이므로 8번째 줄의 가장 오른쪽에 있는 소수는 0.1입니다.

신유형 • 신경향 • 서술형 전략 60~63쪽

01 10개
02 (1) 2개 (2) 3개 (3) ㉡
03 (1) 5 cm 7 mm+5 cm 7 mm
+5 cm 7 mm=17 cm 1 mm
(2) 17 cm 1 mm
04 15 cm 6 mm 05 8분
06 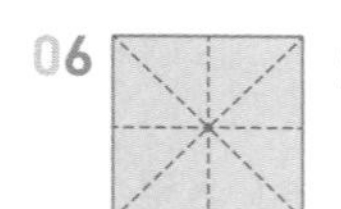 ; $\frac{1}{8}$
07 (1) 크게에 ○표 (2) 84 (3) $\frac{1}{84}$
08 편의점
09 (1) 5, 6 (2) 5.6, 6.1, 6.2, 6.3, 6.4, 6.5, 6.6
(3) 7개

01 사각형 1개짜리: 1, 2, 7, 8 → 4개
사각형 2개짜리: 12, 78 → 2개
삼각형 4개짜리: 3456 → 1개
도형 6개짜리: 123456, 345678 → 2개
도형 8개짜리: 12345678 → 1개
⇨ 4+2+1+2+1=10(개)

02 (1) 아 기 찾을 수 있는 직각은 2개입니다.
(2) 고 기 찾을 수 있는 직각은 3개입니다.
(3) 2<3이므로 찾을 수 있는 직각이 더 많은 것은 ㉡입니다.

03 5 cm 7 mm+5 cm 7 mm+5 cm 7 mm
=11 cm 4 mm+5 cm 7 mm
=17 cm 1 mm

BOOK 2

04 3 cm 9 mm＋3 cm 9 mm＋3 cm 9 mm ＋3 cm 9 mm＝15 cm 6 mm

05 2 cm 4 mm＝24 mm
1분에 3 mm씩 타므로
3 mm＋3 mm＋3 mm＋3 mm ＋3 mm＋3 mm＋3 mm＋3 mm＝24 mm에서
8분이 걸립니다.

06 가장 작은 삼각형은 전체를 똑같이 8로 나눈 것 중의 1이므로 $\frac{1}{8}$입니다.

07 (1) 단위분수는 분모가 클수록 작습니다.
(2) 수 카드로 만들 수 있는 가장 큰 두 자리 수는 84입니다.
(3) 만들 수 있는 가장 작은 분수는 $\frac{1}{84}$입니다.

참고
수 카드 중에서 가장 큰 수는 8이고 둘째로 큰 수는 4이므로 만들 수 있는 가장 큰 수는 84입니다.

08 0.6을 분수로 나타내면 $\frac{6}{10}$입니다.
$4<6<7$ ⇨ $\frac{4}{10}<\frac{6}{10}<\frac{7}{10}$이므로 집에서 가장 가까운 곳은 편의점입니다.

09 (1) 5.5보다 큰 소수이므로 ■가 될 수 있는 수는 5 또는 6입니다.
(2) 주사위 눈의 수가 1부터 6까지 있으므로 만들 수 있는 소수 중에서 5.5보다 큰 수는 5.6, 6.1, 6.2, 6.3, 6.4, 6.5, 6.6입니다.
(3) 모두 7개입니다.

주의
5.5보다 큰 수이므로 소수점 왼쪽 부분에 5도 들어갈 수 있습니다.

고난도 해결 전략 1회

64~67쪽

01 15개	
02 7 cm 4 mm, 1 cm 8 mm	
03 12 cm	**04** 2 cm 9 mm
05 40개	**06** ㉠
07 8개	**08** 6시 47분 20초
09 70 cm	**10** 2시 57분 45초
11 24 mm	**12** 2 cm 8 mm
13 1시간 25분	**14** 24 cm
15 1 cm 9 mm	**16** 5시간 55분

01

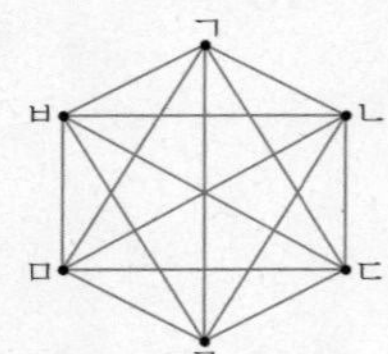

선분 ㄱㄴ, 선분 ㄱㄷ, 선분 ㄱㄹ, 선분 ㄱㅁ, 선분 ㄱㅂ, 선분 ㄴㄷ, 선분 ㄴㄹ, 선분 ㄴㅁ, 선분 ㄴㅂ, 선분 ㄷㄹ, 선분 ㄷㅁ, 선분 ㄷㅂ, 선분 ㄹㅁ, 선분 ㄹㅂ, 선분 ㅁㅂ
⇨ 15개

02 28 mm＝2 cm 8 mm
4 cm 6 mm＋2 cm 8 mm＝7 cm 4 mm
4 cm 6 mm－2 cm 8 mm＝1 cm 8 mm

03 직사각형의 짧은 변의 길이가 정사각형의 한 변의 길이가 되도록 자르면 가장 큰 정사각형이 됩니다.
⇨ (정사각형의 한 변의 길이)＝12 cm

04 (초콜릿의 길이)＝6 cm 6 mm
(사탕의 길이)＝3 cm 7 mm
⇨ 6 cm 6 mm－3 cm 7 mm
＝2 cm 9 mm

05 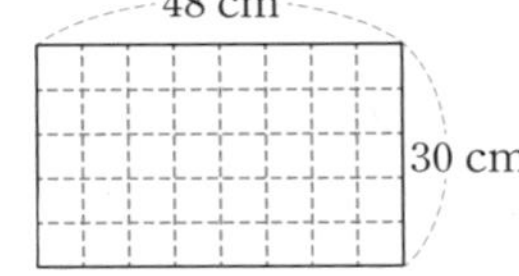

48 cm인 변에는 정사각형이 48÷6=8(개) 들어가고 30 cm인 변에는 정사각형이 30÷6=5(개) 들어갑니다.
따라서 정사각형은 모두 8×5=40(개)입니다.

06 ㉠ 4 km 600 m+3 km 800 m
=8 km 400 m
㉡ 10 km 200 m−1 km 900 m
=8 km 300 m
⇨ ㉠>㉡

07 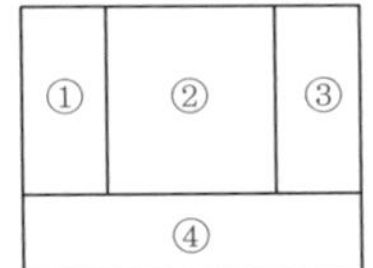

사각형 1개짜리: ①, ②, ③, ④ → 4개
사각형 2개짜리: ①+②, ②+③ → 2개
사각형 3개짜리: ①+②+③ → 1개
사각형 4개짜리: ①+②+③+④ → 1개
⇨ 4+2+1+1=8(개)

08 시계가 나타내는 시각은 9시 17분 20초입니다.
150분=2시간 30분이므로 150분 전의 시각은 9시 17분 20초−2시간 30분=6시 47분 20초입니다.

09 직사각형의 짧은 변의 길이를 □cm라 하면 4개를 이어 붙인 길이는 정사각형의 한 변의 길이와 같으므로
□×4=28, 28÷4=□, □=7입니다.
직사각형의 긴 변의 길이는 정사각형의 한 변의 길이와 같은 28 cm입니다.
따라서 직사각형의 네 변의 길이의 합은
7+28+7+28=70 (cm)입니다.

10 어제 낮 12시부터 오늘 오후 3시까지는 27시간입니다.
1시간에 5초씩 늦어지므로 27시간 동안 늦어진 시간은
27×5=135(초)입니다.
⇨ 135초=2분 15초
따라서 이 시계가 가리키는 시각은
3시−2분 15초=2시 57분 45초입니다.

11 10 cm=100 mm
(정사각형의 네 변의 길이의 합)
=19 mm+19 mm+19 mm+19 mm
=76 mm
⇨ (만들고 남은 철사의 길이)
=(처음 철사의 길이)
−(정사각형의 네 변의 길이의 합)
=100 mm−76 mm=24 mm

12 (삼각형의 세 변의 길이의 합)
=76 mm+76 mm+76 mm
=228 mm=22 cm 8 mm
(정사각형의 네 변의 길이의 합)
=6 cm 4 mm+6 cm 4 mm
+6 cm 4 mm+6 cm 4 mm
=25 cm 6 mm
⇨ 25 cm 6 mm−22 cm 8 mm
=2 cm 8 mm

13 (독서를 한 시간)
$=$3시간 10분$-$25분$-$1시간 20분
$=$2시간 45분$-$1시간 20분$=$1시간 25분

14 (변 ㅇㄹ)$=$(변 ㅅㄹ)$-$(변 ㅅㅇ)
$=12-8=4$ (cm)
(직사각형 ㄴㄷㄹㅇ의 네 변의 길이의 합)
$=8+4+8+4=24$ (cm)

15 (㉡에서 ㉢까지의 거리)
$=$8 cm 7 mm$+$6 cm 8 mm
$-$13 cm 6 mm
$=$15 cm 5 mm$-$13 cm 6 mm
$=$1 cm 9 mm

16 (오늘 공부를 한 시간)
$=$2시간 15분$+$1시간 25분
$=$3시간 40분
(어제와 오늘 공부를 한 시간)
$=$2시간 15분$+$3시간 40분
$=$5시간 55분

고난도 해결 전략 2회 68～71쪽

01 0.7, 0.3	**02** ㉠, ㉣, ㉡, ㉢
03 ㉡	**04** 22
05 12, 13, 14	**06** 8.2
07 23	**08** 3개
09 $\frac{7}{10}$	**10** $\frac{2}{6}$
11 0.3	**12** ㉡, ㉢, ㉤, ㉣, ㉠
13 11.6 cm	**14** 8.9
15 48분	**16** 0.5

01 색칠한 부분: 전체를 똑같이 10으로 나눈 것 중의 7이므로 분수로 나타내면 $\frac{7}{10}$이고 소수로 나타내면 0.7입니다.
색칠하지 않은 부분: 전체를 똑같이 10으로 나눈 것 중의 3이므로 분수로 나타내면 $\frac{3}{10}$이고 소수로 나타내면 0.3입니다.

02 ㉠ 6 cm 6 mm$=$6.6 cm
㉣ 6 cm 5 mm$=$6.5 cm
⇨ $6.6>6.5>6.4>6.2$이므로 길이가 긴 것부터 차례로 기호를 쓰면 ㉠, ㉣, ㉡, ㉢입니다.

03 ㉠ $\frac{1}{10}$이 36개인 수는 3.6입니다.
㉡ 0.1이 38개인 수는 3.8입니다.
따라서 $3.8>3.6$이므로 ㉡이 더 큽니다.

04 $\frac{9}{19}$는 $\frac{1}{19}$이 9개인 수이고, $\frac{13}{15}$은 $\frac{1}{15}$이 13개인 수입니다.
㉠$=9$, ㉡$=13$
⇨ ㉠$+$㉡$=9+13=22$

05 $\frac{3}{15}<\frac{3}{\square}<\frac{3}{10}$ ⇨ $10<\square<15$,
$\square=11, 12, 13, 14$
$\frac{11}{20}<\frac{\square}{20}<\frac{16}{20}$ ⇨ $11<\square<16$,
$\square=12, 13, 14, 15$
따라서 □ 안에 공통으로 들어갈 수 있는 수는 12, 13, 14입니다.

06 가장 큰 수인 8을 ■에 놓고, 셋째로 큰 수인 2를 ▲에 놓으면 8.2입니다.

참고
㉠ > ㉡ > ㉢일 때 만들 수 있는 가장 큰 소수는 ㉠.㉡이고 두 번째로 큰 수는 ㉠.㉢입니다.

07 1.9 cm는 19 mm입니다. ⇨ ㉠ = 19
0.1이 4개인 수는 0.4입니다. ⇨ ㉡ = 4
⇨ 19 + 4 = 23

08 분자가 같으므로 분모를 비교하면
□ > 6이므로 □ 안에 들어갈 수 있는 수는 7, 8, 9로 3개입니다.

09 1보다 작고 분모가 10인 분수 중에 분자가 6보다 큰 분수는 $\frac{7}{10}$, $\frac{8}{10}$, $\frac{9}{10}$입니다.
0.8을 분수로 나타내면 $\frac{8}{10}$이므로 이 중에서 0.8보다 작은 분수는 $\frac{7}{10}$입니다.

10 피자 한 판을 6조각으로 나눈 것 중의 연희는 1조각, 현수는 3조각을 먹었습니다.
6 − 1 − 3 = 2(조각)이므로 승희가 먹은 피자는 2조각입니다.
따라서 승희가 먹은 피자의 양을 분수로 나타내면 $\frac{2}{6}$입니다.

11 가장 작은 수인 0을 ■에 놓고, 셋째로 큰 수인 3을 ▲에 놓으면 0.3입니다.

주의
소수점 왼쪽 부분에는 0이 들어갈 수 있습니다.

참고
㉠ < ㉡ < ㉢일 때 만들 수 있는 가장 작은 소수는 ㉠.㉡이고 두 번째로 작은 수는 ㉠.㉢입니다.

12 나타내는 수를 소수로 바꾸어 소수의 크기를 비교합니다.
㉠ 4.2 ㉡ 4.9 ㉢ 4.7 ㉣ 4.5 ㉤ 4.6
⇨ 4.9 > 4.7 > 4.6 > 4.5 > 4.2이므로 크기가 큰 순서대로 기호를 쓰면 ㉡, ㉢, ㉤, ㉣, ㉠입니다.

13 (직사각형의 네 변의 길이의 합)
= 4 cm 2 mm + 1 cm 6 mm
+ 4 cm 2 mm + 1 cm 6 mm
= 11 cm 6 mm
⇨ 11 cm 6 mm = 11.6 cm

14 가장 큰 수인 9를 ■에 넣었을 때 만들 수 있는 소수: 9.8, 9.6, 9.5
둘째로 큰 수인 8을 ■에 넣었을 때 만들 수 있는 소수: 8.9, 8.6, 8.5
따라서 만들 수 있는 소수 중에서 네 번째로 큰 수는 8.9입니다.

15
8분

$\frac{1}{6}$은 전체를 똑같이 6으로 나눈 것 중의 1만큼이므로 전체 일을 하는 데 걸리는 시간은
8분 + 8분 + 8분 + 8분 + 8분 + 8분 = 48분입니다.

16
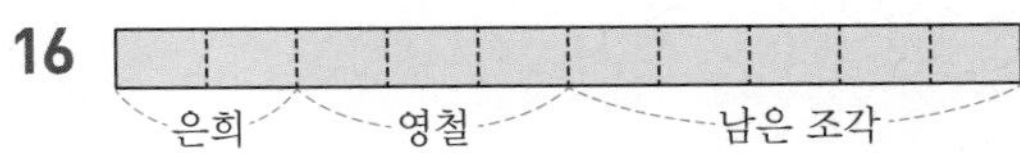

남은 조각은 전체 10조각 중의
10 − 2 − 3 = 5(조각)이므로 경희가 가진 조각은 전체의 $\frac{5}{10}$입니다.
⇨ 0.5

BOOK 2

memo